'The wave of the future'

미래의 물결을 타고 즐길 것인가. 아니면 피할 것인가.
그 선택은 전적으로 우리에게 달려있다.

2009년 가을, 해운대에서
사진: 정재천

추천사

우리나라의 원전 해외수출이 꿈이 아닌 현실로 다가왔다. 소리 높여 크게 자랑하고픈 국가적인 경사다. 이러한 경사는 먹고 살기도 어려웠고 제대로 된 연구기관 하나 없었던 이 땅에 연구용원자로를 건설했던 혜안을 보여준 선각자들이 있었기에 가능했다.

우리나라 유일의 발전설비 종합엔지니어링 회사로 성장한 청·장년의 KOPEC은 본인이 설립에 관여했고 사장을 역임했던 참으로 인연이 깊은 회사다. 30여 년 전 불모의 이 땅에 뿌려졌던 원자력발전소 전문 엔지니어링 회사의 설립이라는 씨앗이 큰 나무로 자라나 세계에 우리나라 원전기술을 마음껏 펼치고 있는 현재의 모습을 보며 가슴이 벅차오름을 느낀다. 본인과 이러한 끈끈한 인연을 맺고 있는 이 회사의 두 과학기술자가 '2050년경의 미래에는 원자력발전소가 어떠한 기술을 활용할 것이고, 어떠한 체제로 바뀔 것인가'를 예측하는 책을 발간하면서 본인에게 추천사를 부탁한 사실 역시, 마치 40년 후 결실을 보게 될 새로운 씨앗을 뿌리는 출발점에 본인이 또 한 번 초청받은 듯 마음이 설렌다.

최근 '미래예측'에 대한 국민적 관심이 매우 높아졌고 국내외의 다양한 미래예측서가 베스트셀러와 스터디셀러로 출판되고 있다. 그러나 대부분의 미래예측서는 앞으로의 사회·문화적 변화가 인류의 삶에 어떠한 영향을 줄 것인가에 대해 초점을 맞추고 있으며 기술 분야의 변화에 따라 영향을 받는 인류의 삶을 분석한 경우는 많지 않았다. 특히 본 저술과 같이, 특정기술 분야의 변화와 그 속에서 활동하는 종사자의 삶을 미시적으로, 심도 있게 예측한 서적은 드물 것이다.

서문에서 저자가 밝혔듯이 우리나라의 원자력발전기술은 건설과 운영에서는 이미 세계적인 수준을 달성하였다. 이처럼 단기간에 원전 건설과 운영의 인프라가 탄탄히 갖추어진 것은 중간진입전략을 택해왔기 때문이다. 특히 설계와 운영, 규제에 이르기까지 미국이라는 선도국의 안정된 체계를 따른 결과 여러 분야에서 빠른 결실을 거둘 수 있었고, UAE 원전 수출과 요르단 연구로의 수출 쾌거는 우리의 실력을 만천하에 과시하는 상징적인 이벤트이기도 하다. 과학기술처장관으로 재임 시 중간진입전략을 구상하고 강력히 추진하였던 본인에게 다시 한 번 고마운 마음을 넘치게 한다.

APR1400과 APR+로 대표되는 국내 원전의 국제 경쟁력을 획기적으로 높이고, 가장 최적화된 원전 운영이 가능하게 하기 위해서는 차별화되고 혁신적인 전략과 수단이 필요하다. 저자는 이 수단으로 원전의 그린화, 고신뢰화, 지식화, 자동·자율화 네 가지를 들었다. 이를 통해서 기존의 아날로그형 원전운영체계를 디지털적으로 바꾸어 원전기술의 선두주자로서 확실히 자리매김 할 수 있다는 것이다. 물론 이 디지털적인 원전보다 디지로그적인 원전이 더 나은 결과를 보여줄지도 모른다. 하지만 이 책에서 제시한 카테고리를 바탕으로 꾸준히 보완해 간다면 우리나라의 원전은 명실 공히 세계 일류의 반열에 들 수 있을 것이 틀림없다.

어릴적 영화에서 보았던 꿈과 같은 미래가 현실화하는 것을 보면서 결국 기술은 인간의 상상력을 가시화하는 도구라는 생각이 강해진다. 책의 저자 역시 변화될 미래원전의 모습을 보여주기 위해 많은 영화 포스터를 인용하고 있다. 본 책에서도 밝혔듯이 미래란 결국 인류의 상상으로 창출되는 실제의 세계이므로 현재의 트렌드를 바탕으로 한 시나리오는 설득력이 있는 가정이 될 것이다.

미래를 미스터리라고 표현한 사람도 있지만, 적어도 우리나라에 있어서는 원자력이 있는 미래는 선물이 가득한 크리스마스 축제와 같을 것이다. 우리와 지구상의 모든 인류에게 무한의 에너지를 공급할 수 있는 디지털화된 원자력발전소야 말로 이 땅의 우리들이 진정한 사랑의 정신을 온 세계에 전할 수 있는 길임에 틀림없을 것이다. 이 책이 원전기술의 미래에 대한 독자 제현의 관심과 다양한 아이디어를 이끌어내는 기폭제가 되기를 기대한다.

한국전력공사 원자력고문

정근모 박사

| 들어가면서 |

누군가는 말한다. "미래는 꿈꾸는 자의 것이다." 또 누군가는 말한다. "미래란 예측하는 것이 아니다. 만들어가는 것이다."

또 어떤 이들은 꿈이란 클수록 좋다고도 말한다. 거대담론(巨大談論)을 얘기하다 보면 자신과 사회가 나아가야할 방향을 알 수 있다는 것이다. 맞는 말이다. 꿈이 커야 원대한 가치를 추구할 수 있고 그래야 뭔가 그럴듯한 과실을 얻을 수 있다.

꿈을 이루기 위해서는 엄청난 자기혁신이 필요하다. UAE 원전 수출과 요르단 연구용원자로 수출이라는 겹경사는 원자력산업이 우리나라의 새로운 성장동력으로 자리매김했으며, 대한민국의 원자력 기술이 모방의 단계를 넘어 혁신의 단계에 들어섰음을 보여준 사건이다. 하지만 원자력산업계에 종사하는 우리에게는 기술의 완전 자립을 이뤄 원자력발전소의 상품성을 높이고, 설계를 혁신적으로 개선할 것인가에 대한 고민이 더욱 크고 무겁게 다가온다.

그간 원자력연구원을 중심으로 원자력 발전분야에 대한 미래예측과 연구가 진행되어 왔다. 하지만 이 예측과 연구는 대부분 수소생산 원자로나 액체금속로, 중소형원자로인 SMART 등 어떠한 원자로형을 미래에 개발하고 실용화시킬 것인가에 대해 초점이 맞춰져 진행되어 왔다. 시대를 앞서가는 새로운 원자로가 이 땅에서 개발되고 실용화되는 것은 멋진 일이다. 하지만 한 가지 아쉬운 점은 이러한 원자로형을 뒷받침할 단위기술이 어떻게 발전하고 접목될 것인가에 대한 예측은 별로 없었다는 점이다.

따라서 이 책에서는 원자력발전기술에 대한 마이크로 트렌드를 예측하려고 한다. 원자로형을 중심으로 미래를 예측하는 행위를 매크로 트렌드라고 정의할 때 마이크로 트렌드는 '원자력발전을 위한 각 단위기술이 어떻게 발전되어 원전에 종사하는 사람들에게 영향을 미칠 것인가에 대한 답을 얻기 위한 행위'라고 정의해본다.

이를 위해 많은 미래예측서에서 그려낸 미래기술을 수용하면서, 현재의 원자력발전소가 점진적으로 변화하여 2050년에는 어떠한 모습이 될 것인가를 알아보기 위해 노력하였다. 2050년은 현재의 추세를 이어나가 큰 오류 없이 예측이 가능한 최대 한도라고 판단하였다.

다양하고도 전문적인 지식이 융복합된 원자력발전 기술의 특성상 하나의 트렌드만 가지고 미래기술을 예측 할 수는 없다. 하지만 누군가 첫 발을 내딛어 길을 열게 되면 다음 사람이 그 길의 가시덤불을 걷어내고, 그 다음 사람이 길을 닦을 수 있듯, 우선 첫 발을 내딛는 심정으로 원자력발전소 미래기술의 카테고리를 그린화, 지식화, 신뢰화, 자율화로 선정하고 필자의 졸렬한 생각을 풀어내었다.

그린화는 현재의 미래다. 원자력발전기술이 녹색성장의 견인차가 되기 위해서는 이산화탄소 배출의 강점과 경제성 이외에도 지속적으로 성과를 나타낼 수 있는 기술이 필요하다.

지식화는 미래의 댓돌이다. 영화와 같은 미래가 점점 현실화되고 있는 이 시점에 댓돌을 놓듯, 우리의 지성과 지혜를 모으고 네트워크 할 수 있는 방향을 만들자.

신뢰화는 원자력의 영원한 화두다. 그러나 화두만 붙들고 매진하여 얻을 수 있는 신뢰도는 없다. 수치로 보여줄 수 있는 신뢰도와 수치로 보여줄 수는 없으나 믿음을 주는 대상, 그것이 원전의 미래다.

자율화·자동화는 미래의 미래다. 인간과 사회에 대한 통찰을 통해 새로운 미래기술이 개발될 것이다. 원전에 근무할 젊은 연령층이 줄어든다는 미래의 물결을 보면, 로봇이 인간을 대체하는 원전이 그려진다.

당초 회사 내부의 보고서를 작성할 목적으로 시작했던 '2050년 원전기술의 미래예측' 기획을 한권의 책으로 발간하게 된 계기는 '다산선생의 지식경영'이라는 책에서 선조들의 학술대회 현장을 생생히 경험하였기 때문이다.

다산 정약용이 남인학자들과 온양 봉곡사에서 열었던 10일간의 모임은 참으로 귀한 울림을 전한다. 어지러운 초고상태로 있던 성호이익의 '가례질서(家禮疾書)'를 꼼꼼한 토론과 검토를 거쳐 규모 있는 한 권의 책으로 엮었을 뿐만 아니라 이때의 기록을 빠짐없이 남겨 '서암강학기'를 엮은 것이다.

학술대회를 열고 그 과정에서 책 한권을 엮었을 뿐만 아니라 그 과정을 기록으로 남긴 다산의 위대함에 이 졸저 한권을 비(比)한다는 것이 어불성설이기는 하지만 필자에겐 한없는 용기를 준 큰 가르침이었다.

글을 쓰고 자료를 엮는 과정에서 많은 분들의 도움을 받았다. 전문적인 식견으로 글감을 제공하거나 글을 제공하고 두서없는 글을 읽고 고쳐주신 모든 분들께 감사드린다.

2009년 겨울

정재천

子曰; 視其所以 觀其所由 察其所安 人焉廋哉 人焉廋哉

그 행하는 것을 보고, 그 말미암은 바를 따지고, 그 지향하는 바를 살핀다면 사람들이 어찌 자신을 숨길 수 있으리오! 사람들이 어찌 자신을 숨길 수 있으리오!

2500년 전 공자는 인간행위의 현재(以)와 과거(由)의 추세를 이용하여 미래(安)를 예측할 수 있다고 말했다.

-논어 爲政篇-

차 례

제 1 부

원전기술 미래예측을 위한 방법론

"굳이 변화하지 않아도 된다. 꼭 살아남아야 할 필요가 없다면 말이다."

W. 에드워드 데밍

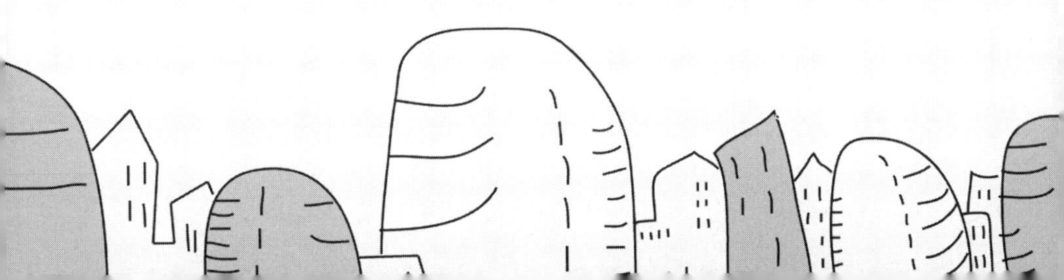

미래기술 예측을 준비한다.

❁ 미래 예측은 왜 필요한 것일까?

이 물음에 대한 답은 무수히 많을 것이다. 개인의 역사든 국가의 역사든 간에 과거와 현재, 그리고 미래를 관통하는 수많은 사건들은 개인과 사회 그리고 국가에 이르기까지 끊임없이 영향을 미쳐왔고, 지구상에 인류가 존재하지 않게 되는 그 날까지 영향을 미칠 것이다. 이에 대비하고자, 인류는 미래를 알기위해 끊임없이 노력해왔다. 우리가 사주팔자와 점을 보는 것 또한 개인의 미래를 알고자 하는 오래된 욕망의 하나인 것처럼 말이다.

미국에서 주택을 담보로 하는 은행대출을 부실하게 운영하여 초래된 금융위기로 인해 전 세계가 경기침체에 빠지고 그 여파로 우리나라의 많은 직장인들이 하루아침에 일자리를 잃게 되는 현재의 위기상황은 부실담보가 파생금융상품의 형태로 포장되어 국제적으로 유통될 때부터 이미 시작되었다. 이때부터 많은 경제학자들이 다양한 예측과 경고를 끊임없이 발표하였지만 정작 이 경고를 받아들인 개인이나 국가는 많지 않았다. 이 지구상에는 너무도 많은 예측이 쏟아지고 있기 때문이다.

국내적인 시각에서 분석해보자. 고속도로 톨게이트를 지체 없이 통과하도록 해주는 하이패스는 1990년 초에 개발이 시작되어 2000년도에 서울 외곽순환고속도로에 처음으로 설치되었다. 최초 개발로부터 약 20년이 흐른 현재, 거의 모든 고속도로는 이 새로운 시스템을 채택하고 있다. 문제는 하이패스가 고속도로 출구 한곳에 도입되면 어림잡아 세 사람의 일자리가 사라지게 된다는 것에 있다. 출구에서 수금을 하는 단순한 일자리는 사라지는 반면 단말기 시스템 개발과 제작, 운영 등 고도화된 새로운 일자리는 늘어난다. 사회적인 변화가 생긴 것이다.

기술의 변화가 사회와 개인의 변화를 유발하고, 사회적인 변화가 개인의 생활에 직접적인 영향을 미치는 이러한 현상은 법칙이나 경향을 이용하여 예측할 수 있다. 예측을 통해 불행과 파국을 피할 수 있고 나아가 변화에 대비할 수 있다면 우리에게 미래예측은 필수적인 것이 되지 않겠는가.

❁ 그렇다면 국가와 산업 차원의 미래 예측이 왜 필요한가?

국가 또는 산업이 발전하기 위해 가장 필요한 요소는, 미래를 예측하고 적절히 대비하는 것이다. 아울러 사안이 발생한 후 이의 해결책을 모색하는 수동적인 자세(Reactive)에서 벗어나 선행(Proactive)적인 자세로 전환하는 것이 필요하다. 미래 예측이란 조직의 모든 역량을 모아야 하는 역동적인 활동이고, 미래 비전 설정과 관련한 정보를 획득하는 것이며, 현재의 올바른 선택과 일관된 행동을 유도하기 위한 필수 불가결한 요소이기 때문이다.

미래예측 전문가인 박영숙[1)]은, "미래학은 지적 유희가 아니라 국가의 생존전략 중 하나이다. 선진국을 중심으로 세계 50개국이 의회나 정부 안에 미래위원회를 두고 있는 것이 이를 방증한다."라고 말한다.

❁ 어떻게 존재하지도 않는 미래를 연구할 수 있다는 것일까?

이 질문에 대해 대부분의 미래학자들은 "과거 통계 자료를 통해 이론을 세우고 실습하는 등 충분히 미래를 연구할 수 있고, 미래 연구는 고정된 한 가지 시나리오가 아니라 여러 가지의 가능성에 대한 검토일 뿐"이

1) 유엔 미래포럼 한국지부

라고 말한다.

역사학자 워런 웨이거(Warren Wagar)는 "역사를 공부하는 이유와 마찬가지로 미래를 연구해야 한다."고 말한다. 과거의 흔적을 통해 역사를 추정해 보듯이, 미래도 여러 자료를 통해 시나리오를 짜 볼 수 있다. 이 둘의 목적은 모두 사회의 흐름을 이해하고 통찰력을 갖기 위해서이다.

미래학자들은 '기술 혁명'이 사회 변화의 원동력이라는데 의견 일치를 보고 있다. 미래 신기술 예측 전문가인 윌리엄 하랄(William Halal) 조지워싱턴대 경영대학 교수는 "세상의 변화는 과학 기술 혁명에 의해 일어난다. 우리는 과학 기술 혁명으로 인한 미래 변화를 일반인들이 현실에서 최대한 활용할 수 있도록 기여해야 한다."고 말한다.[2)]

미래는 준비하는 자의 몫이라고 한다. 미래는 전혀 알 수 없는 미지의 영역이 아니라 객관적인 데이터와 과학적인 추론, 합리적 해석을 통해 어느 정도 방향을 가늠할 수 있다. 정확한 예측은 인간의 능력을 넘어선 것이겠지만 객관적인 방법으로 미래를 예측하면서 준비하는 것과 그렇지 않은 것 사이에는 결과에 있어서 큰 차이가 난다. 기업이나 사회, 국가적인 차원에서 미래예측은 중요하다. 미래예측의 과학적인 방법론을 추구하고자 하는 것이 바로 미래학이다. 미래학은 이제 우리사회에서도 중요한 화두가 되어야 한다.

❀ 미래예측 결과는 어떻게 활용될 수 있을까?

미래예측 결과가 가장 효율적으로 사용될 수 있는 첫 번째 분야는 인력양성과 관련한 것이다. 미국 정부의 발표에 따르면 10년 후에는 현존 직종의 80%가 소멸 또는 진화한다고 한다. 회사원은 자영업자로 바뀌고, 단순 직무 수행이 아닌 목적 업무 수행을 하게 되며, 회계사, 엔지니어 등 특수 기술에 의존하는 것이 아니라, 발견 창의성, 책임감 등 하이퍼 인간능력에 의존하며 멀티 플레이어가 우대받는 사회가 된다는 것이다.

2) 조선일보, 서평, '미래학은 예언이 아니다, 과학이다', 2008년 1월 4일자

2003년에 개설한 미국 교육부와 노동부의 웹사이트3)에는 10년 후 떠오를 산업을 정확히 예측하여 각 분야에 필요한 인력을 정확히 몇 백 명 단위까지 알려준다. 10년 후의 일자리를 미리 예측하여 알려줌으로써, 업무와 상관없는 학과를 전공한 노동력으로 인해 인력의 수요공급 불균형이 발생하여 피해자가 나오는 상황을 미연에 방지할 수 있기 때문이다.

일본 역시 이러한 예측을 근거로 하여 2006년부터 이공계 실험교실 프로젝트를 경제산업성과 문부과학성이 협력하여 실시하고 있으며, 지역별 연구기관·기업 등을 활용하여 이공계 실험수업을 지원하고 있다. 미국은 2007년부터 'No Child Left Behind' 법안을 제정, 수학·과학·독서 과목에 있어서는 각 급 학교가 연방정부의 국립평가위원회에서 설정한 엄밀한 기준을 준수토록 하고 있다. 일본은 2006년도부터 여성 과학기술인력 육성을 위한 '여중고생의 이공계 진로선택 지원 사업'을 문부성을 중심으로 시행하고 있다. EU에서는 2007년부터 '여성과학 프로그램'을 발족하여 과학을 대중화시키고 이공계에서 활약하는 여성들의 현실적인 모델을 소개하는 TV 시나리오 작가에게는 7천 유로씩을 지원하고 있기도 하다.4)

미래예측이 적극적으로 활용되고 있는 두 번째 분야는 바로 정부의 R&D 투자 방향을 결정하는 일일 것이다. 정부 주도의 R&D는 우리의 미래 먹을거리를 창출하는 매우 중요한 사안이다.

그림과 같이, 2009년 정부의 연구개발 예산은 약 12조 3천억 원이고 R&D 분야의 예산 증가율은 10.8%로서 여타 분야에 비해 최고의 증가율을 보이고 있다. 특히 성장 동력 창출을 위한 경제 재도약 기반을 마련하고자 하는 현 정부의 노력은 기초·원천 분야의 투자확대와 녹색기술을 중심으로 한 신성장동력 발굴을 위해 에너지 자원 분야와 환경 분야에 2조 원 가까운 예산을 투입하고 있다.

그렇다면 에너지 분야를 담당하는 우리는 나라의 발전과 미래를 위해 무엇을 해야 할까? 이에 대한 답은 미래 기술예측에 달려있다. 이 예측은

---

3) www.careervoyages.gov

4) 한국과학기술정보연구원, "S&T 혁신정책 동향분석 2007", www.now.go.kr

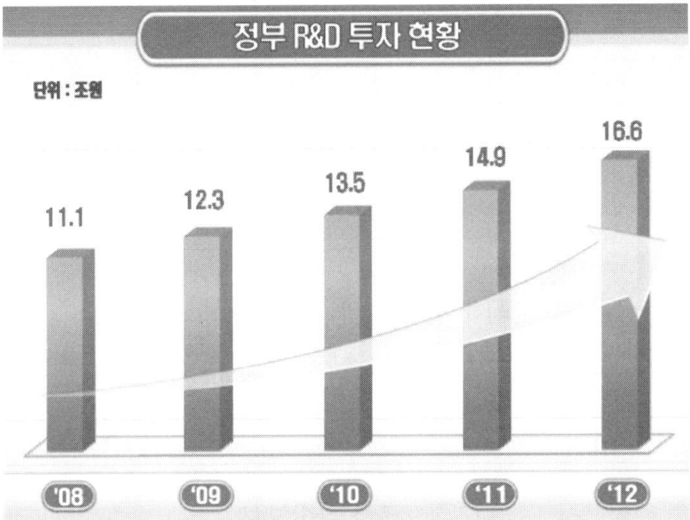

정부의 R&D 투자 현황[5]

오류가 최소화 되어야 한다. 우리와 우리 자손의 미래가 달려 있기 때문이다.

❁ 미래를 예측하기 위한 원칙에는 어떠한 것이 있을까?

20여 년간 정보통신 산업의 방향을 예측해 온, 미국 미래연구센터의 폴 사포(Saffo)는 '효과적인 미래 예측의 원칙'을 다음과 같이 소개한다.[6]

| S-커브를 연구하라 |

변화는 직선이 아니다. 처음에는 완만하게 시작됐다가, 어느 순간 폭발적으로 빨라진 뒤 결국 정체기에 도달하는 S자 형태를 그린다. 미래를 제대로 예측하려면 폭발적인 변화가 시작되는 시점이 언제인지를 파악해야 한다. 한 예로 인터넷 산업이 갑자기 번창한 것은 인터넷이 개발된 지 20년이나 지난 후였다.

5) 지식경제부 R&D 정책방향 (2009년도), 2008. 12. 23 발표자료
6) 조선일보 기사, '폴 사포의 미래예측의 기술', 2007. 6. 27

| 사소한 단서들에 주목하라 |

때로는 무의미하고 실패한 것 같은 사소한 징후들이 모여 미래 예측의 강력한 단서를 제공할 때가 많다. 그 예로 온라인 게임에서의 아이템 거래는 1990년대 후반 시작되었고 한동안 주춤했지만 현재 온라인 게임 아이템의 시장규모는 연 10억 달러 규모에 이른다.

| 강력한 정보를 믿지 말라 |

미래 예측에서 흔한 과오가 '강력한' 정보 하나에 지나치게 의존하는 것이다. 그 결과, 이와 배치되는 작은 정보들을 무시하는 경향이 있다.

| 1년 앞을 보려면 지나간 2년을 돌아보라 |

과거는 미래를 내다보는 훌륭한 거울이라는 사실을 누구나 알고 있다. 그러나 가까운 과거는 미래 예측에 그다지 도움이 안 된다. 과거 1년간의 주가 동향으로 앞으로 1년간의 주가를 예상할 수 있겠는가? 그러므로 과거를 넓게 돌아보고, 패턴을 파악해야 한다.

| 미래예측을 하지 말아야 할 때도 있다 |

상황이 너무 불확실해서 예측이 무의미한 경우도 있다. 예를 들어 '베를린 장벽' 붕괴 후 불확실 요소들이 너무 많아, 한동안 예측이 불가능했다. 이럴 때에는 한발 뒤로 물러서서 상황이 정리되고 변수가 줄어들 때까지 기다리는 편이 낫다.

고바야시 가로우는 그의 저서[7] '피터 드러커-미래를 읽는 힘'에서, 경영환경이 갈수록 변화무쌍해지고 그 위에 연속적인 변화와 함께 비연속적·비약적 변화가 일어나고 있기 때문에 점점 더 앞날을 예측하기 어렵다고 기술한다.

---

7) 고바야시 가로우, "피터 드러커-미래를 읽는 힘", 청림출판

"이러한 상황에서 드러커는 첫째 미래의 움직임 가운데 오늘 이미 발생하고 있는 일들 중에서 비교적 확실한 것, 지속적이며 모순이 적은 것에 관심을 가질 것을 강조한다. 그 예로 인구의 변화 등이 있다. 두 번째로는 현 시점에서 이미 시작되고 있는 미래, 즉 그 형태가 충분히 완전하지는 않지만 서서히 나타나고 있는 경향 등에 관심을 갖고, 그것을 철저하게 해석해야 한다고 말한다. 특히 과학 기술이 적용되지 않는 분야와 예기치 못한 대성공(혹은 대실패)의 배후에 숨어 있는, 인간의 지혜가 미처 발견치 못한 요소, 그리고 컵 속의 물에 비유하자면 아직 가득 차지 않았던 사회적 인식이 갑자기 가득 차버리는 식의 사회적 지각의 변화를 예리하게 읽어내는 것이 중요하다. 세 번째로 자신이 하고 있는 사업의 위치와 전체 시장에 대한 점유율을 바탕으로 새로운 발상을 시도할 수 있다고 알려준다."

이러한 미래 학자들의 의견을 종합해 보면 원자력발전 분야에 대한 미래 예측 원칙을 희미하게나마 알아볼 수 있다. 시골 마을을 지날 때 산 밑 오두막집에서 흐릿하게 비쳐오는 불빛을 보면서, 전체적인 형태는 아직 알 수 없지만 거기에 집이 있고, 사람이 살고 있다는 것을 분명하게 인식할 수 있는 것과 같다. 이렇듯 원자력 발전 기술이 어떻게 발전해 나아갈 것인지의 윤곽선은 어느 수준까지는 파악할 수 있을 것이다.

❁ 그렇다면 어떻게 원자력발전 기술을 예측할 것인가?

2050년 원자력발전 기술의 미래 예측을 위해서는 먼저 원자력발전이 지나온 과거를 조망해 볼 필요가 있다. 어떠한 사회·문화적 상황과 기술적 토대 위에 원자력 기술이 개발되고 개선되었는지 깊이 되새겨 보는 것이야 말로 미래를 정확히 예측할 수 있는 바탕이 된다. 이와 함께 다가올 미래인 2050년에 사회·문화적으로 예상되는 변화의 수위는 어느 정도이고, 이에 함께 미래에 일반화될 기술의 수준은 어떠할 것인가를 예측하는 것으로부터 원자력발전의 미래를 그리는 작업이 시작될 수 있지 않을까 생각한다.

❁ 원자력발전 기술의 미래 예측에서 우리가 가장 궁금하게 생각하는 것은 무엇일까?

무엇보다도 "원자력발전소의 모습이 현재와 같을 것인가?" 하는 질문이다. 현재와 같이 콘크리트 격납용기 속에 압력이 잔뜩 걸려있는 고온의 배관과 장치들이 설치되어 있는 형태일까? 아니면 크기가 지금의 절반도 안 되는 원자로 건물 속에 축소된 각종 배관과 설비 들이 자동차 엔진룸과 같이 조밀하게 설치되어 있는 모습일까.

이러한 궁금증을 시원하게 설명하기란 쉽지 않다. 하지만 확실한 것은 열역학 제1의 법칙이 나온 지 100년이 훨씬 흘렀어도 아직까지 열에너지를 전기 에너지로 변환하는 기관의 효율은 대체로 1/3 정도 밖에 유지하지 못한다는 사실이다. 현재 상황이 이렇다면 근본적인 한계를 뛰어넘지 않고 완전히 변화된 원자력발전소를 상상할 수 있을까?

또 하나의 궁금증은 원자력이 온실가스에 의한 지구온난화의 궁극적 대안이 될 수 있을까? 아울러 원자력 발전이 신재생, 대체에너지에 포함될 수 있을 것인가 하는 것이다. 우리시대 대표적인 미래 예측가인 엘빈 토플러는 "새로운 원자력발전소가 생기거나 신재생, 대체 에너지원의 형태가 등장할 때마다 석유 경제 시대는 종말을 향해 달리고 있다."[8] 라고 단정한다. 석유를 대체하는 에너지 중 하나는 원자력발전 에너지라는 것이다.

미국 에너지정보국의 전망에 따르면 2025년의 세계 총 에너지 수요는 2025년까지 2001년 대비 54%까지 증가할 것으로 예상된다. 그렇다면 이러한 에너지 증가를 요즈음 각광 받고 있는 풍력, 태양력, 조력 등 신재생 대체 에너지가 담당할 수 있을 것인가.

그 해답을 얻으려면 영광 원자력본부 인근에 조성된 태양광 발전단지(솔라 파크)를 견학하면 된다. 수많은 외국산 솔라셀로 이루어진 거대한 시설의 총 예상 출력은 고작 3 MW. 이는 영광 원자력발전소 3호기 출력의 0.3%에 불과하다. 이용률까지 살펴보면 솔라 에너지는 아직까지는 대

---

8) 엘빈 토플러. "부의 미래", 청림출판

체 에너지로 볼 수 없다는 생각이 분명해 진다. 눈이나 비가 오는 날, 흐린 날 등을 고려할 경우 이용률은 8% 미만이다. 풍력 발전 역시 국내에서는 불어오는 바람의 세기가 고르지 않아 안정적인 전원 공급원으로 의지하기 어렵다. 물론 "비관론자가 천체의 비밀이나 해도에 없는 지역을 항해하거나 인간 정신세계에 새로운 지평을 연 사례는 단 한 번도 없다"고 훈계하는 헬렌 켈러와 "비관론자는 어떤 전투에서도 승리하지 못했다"라는 아이젠하워의 교훈처럼 긍정적인 생각도 필요하겠지만 말이다.

인간의 창의력이란 요술주머니와 같아서 한 세대 앞을 정확하게 예측한다는 것이 무리가 있고 또한 나노(nano, 10^{-9}) 테크놀로지를 넘어 욕토(yocto, 10^{-24}) 테크놀로지의 세상으로 들어서게 되면, 새로운 에너지가 지구상의 모든 에너지 문제를 일거에 해결할 수 있을지도 모른다. 하지만 현 시점에서 확실히 예측할 수 있는 것은, 2050년에도 현재의 구조와 유사한 원자력발전소가 전력 공급의 중추적 역할을 하고 있을 것이란 사실이다.

원자력발전이 2050년에도 전기 생산의 큰 부분을 차지한다고 해서 원자력발전소의 운영과 정비 체제가 현재와 유사할 것이라고는 예상하기 힘들다. 미래학자들이 예측하는 2050년이란 공통적으로 인간의 새로운 지식이 모든 영역에서 부를 창출하며, 여성의 참여가 전 산업부분에서 남성과 대등하게 될 것이므로 현재와 같은 노동과 지식이 혼재된 원자력발전소 운영과 정비 방법은 더 이상 존재하지 않을 것이며, 어쩌면 지능화된 로봇이 인간의 노동력을 대신할지도 모른다.

❁ 왜 2050년을 기준으로 미래예측을 하려 하는가?

미래예측의 정확성을 비교적 높일 수 있으면서, 그 예측결과를 생산적으로 이용할 수 있는 최적의 기한은 얼마인가? 이에 대해 국내의 중견 미래학자들은 미래예측의 대상으로 2030년을 선택하였고, 그 이유를 다음과 같이 설명한다. "25년 정도라야 너무 멀지도 가깝지도 않은 미래다. 현실성을 고려할 때 적정한 기간이다. 아울러 과학 기술 분야에서 예측 가능한 최대 기간이 25년 정도다."[9] 제임스 데이터 하와이대학 미래학

교수도 미래란 앞으로 평균 20~30년 후를 의미한다고 기술한다.[10)]

❁ 그렇다면 왜 우리는 2050년에 사용될 수 있는 원자력발전 기술을 예측해야 하는가?

우리는 이에 대한 답을 원자력발전 기술이 검증된 실증기술을 요구하고 있다는데서 찾을 수 있다. 원자력발전 기술은 경제성 보다는 안전성에 최우선 순위를 두고 발전해왔다. 따라서 시장에서 상용화된 기술이라 하더라도 실제 원전에 도입하기 위해서는 최소한 10년 정도의 리드타임이 소요된다. 일례로 1980년대에 산업현장에서 광범위하게 도입되기 시작한 PLC[11)]가 원자력발전소의 안전계통에 도입되는데 무려 20여년의 시간이 걸렸다. 또한 원자로 노형의 개발 또는 개선에 약 5년의 시간이 요구되고, 발전소의 설계시점부터 건설이 완료될 때까지 통상 5년여의 시간이 추가로 요구되는 것을 감안할 때 대중적인 미래예측이 2030년을 대상으로 이루어질 경우, 원자력발전 기술은 2050년을 대상으로 하는 것이 가장 바람직하다고 판단된다.

원자력발전 기술 역시 각 세대의 사회와 문화 그리고 기술 수준에 철저히 종속되어 발전되어 왔다는 점에 주목해보자. 다가올 미래인 2050년에 원자력 발전 기술이 어떠한 모습을 지니게 될 것인가는 2030~2040년경에는 어떠한 기술이 개발되고 실용화 될 수 있을 것인가를 예측하는 것으로부터 시작될 수 있지 않을까 한다. 물론 우리의 예측이 빗나가, 2050년에는 원자력발전 분야의 기술이 획기적으로 발전되어 현재 우리가 상상할 수 있는 범위를 벗어날 수 있을지도 모른다. 지난 역사가 우리에게 주는 교훈은 30~40년 정도의 미래라면 과거와 현재를 잇는 추세선을 따라 예측이 가능한 범위에 있을 것이라는 점이다.

9) 전상인 엮음, "2030 한국의 미래, 앞으로 10년에 달렸다", 에코리브르

10) 제임스 데이터(James Dator), "다가오는 미래(Advancing Futures)", 예문

11) PLC : Programmable Logic Controller, 원자력발전소의 원자로보호와 제어계통에 주로 쓰인다.

어떠한 방법으로 기술예측을 할 것인가.

나비효과[12]는 작고 사소한 사건 하나가 나중에 커다란 효과를 초래한다는 과학이론으로 후에 카오스 이론으로 발전한다. 브라질에 있는 나비의 날갯짓이 미국 텍사스에 토네이도를 발생시킬 수도 있다는 이 이론의 핵심은 초기 조건의 미세한 차이가 시간의 흐름에 따라 점점 커져서 결국 그 결과에 엄청나게 큰 차이가 난다는 것이다. 하기야 3개월 후의 주식동향만 정확히 예측할 수 있다면 부자가 되지 않을 사람이 없고, 내일의 일기예보만 정확히 할 수 있어도 우산장사는 돈을 벌지 못할 것이다. 이러한 이론을 대하면 40년 후의 기술을 예측한다는 것이 부질없다는 생각이 들기도 한다.

하지만 인간의 역사에 있어 큰 물줄기는 분명히 존재했다. 우리는 그 물줄기를 역사라고 부른다. 또한 우리는 역사를 석기시대, 청동기 시대, 철기 시대 등 그 시대에 인간이 어떠한 도구와 기술을 사용했는지를 가지고 구분하고 있다. 즉, 인간의 사회·문화적인 기록인 역사를 기술로써 분류하는 것은 그만큼 기술이 사회·문화적인 요소와 강하게 결합되어 있다는 것을 의미한다.

"미래는 우연히 일어나는 것이 아니라 현재 사람들의 행동이나 활동을 통해 만들어가는 것이다."라고 세계 미래학회에서는 주장하고 있다.[13]

12) 미국의 기상학자 에드워드 N. 로렌츠가 처음으로 발표한 이론

13) WFS의 웹사이트(www.wfs.org), 사이언스 타임즈, www.sciencetimes.co.kr에서 인용

따라서, 2050년의 사회와 문화의 변화를 예측한다면 그 시대에 맞는 기술의 변화도 예측할 수 있을 것으로 판단된다. 이를테면, 고령화 사회에서 필요한 것은 건강과 복지를 위한 지원이고 이를 위한 기술이 바로 원격진단과 같은 헬스케어와 로봇과 같은 말 잘 듣는 도우미가 될 것이다. 젊은 연령층은 점점 줄어들고, 여권의 신장과 업무수행능력 향상으로 여성의 영역도 증가한다. 일본에서는 여성 프로야구 선수도 등장했다. 현실이 이렇다면 여성의 근력을 보강해서 힘든 일도 힘 들이지 않게 할 수 있는 기술이 필요할 것이라는 시나리오도 작성이 가능하다.

물론 기술이 미래사회와 문화를 변화시키기도 할 것이다. 미래에는 컴퓨터 법관이 탄생하고, 기계화, 자동화, 전산화가 모든 산업영역으로 확대되어 반복적인 업무에서 인간을 해방시킨다고 한다. 2020년이 되면 제조현장은 로봇이나 기계로 자동화 되어 인간 노동력은 더 이상 필요하지 않게 된다는 전망도 있다. 이 시기가 되면 사람은 지성이 좌우하는 좌뇌적인 업무를 기계에 내어주고 감성이 지배하는 우뇌적인 영역의 일을 찾게 된다고 한다. 사람의 활동 영역이 변화된 것이다. 이쯤 되면 원전 현장에서도 사람이 협동하여 일을 하는 모습은 상상하기 힘들 것 같다.

사회·문화 변화는 미래의 기술 변화에 직·간접적인 영향을 준다, 따라서 기술예측의 시나리오를 작성하기 위해서는 기술적인 추세와 기술외적인 추세의 상호작용 또한 세심히 관찰할 필요가 있다. 물론 이 추세 관찰의 최초 목적과는 다르게 작은 사회·문화적 변화가 나비효과에 의해 확대되어 큰 기술적 변화를 초래할 수도 있다.

본 2050년 원자력발전소 기술예측은 먼저, 가상적인 시나리오를 제시하고 이 시나리오를 가능하게 하는 기술적 추세를 설명하는 방법으로 진행하였다. 기술적 추세는 미래예측서나 뉴스 보도기사, 또는 학회 논문지 등을 참조하여 현재의 추세를 작성하는 것을 원칙으로 하였으며 이 추세를 연장하여 미래의 추세로 발전시키기 위한 주관적인 생각도 배제하지는 않았다.

제 2 부

2050년 원자력발전소 적용기술 예측 시나리오

"우리 모두 리얼리스트가 되자. 그러나 가슴 깊은 곳에는 불가능한 꿈을 가지자."

체 게바라

03

2050년 주제어실

다음의 시나리오는 미래에 실현될 것으로 예측되는 미래기술이 2050년의 원자력발전소에 어떻게 접목될 수 있는지를 알아보기 위해 작성한 것이다. 이 시나리오에서 제시한 기술은 각종 미래예측서와 발표된 자료를 기반으로 선정하였으나 각 기술의 적용시점은 예측전문가마다 의견이 일치하지 않는 부분이 있음을 밝힌다.

나원전씨는 오늘 아침 함경남도 신포에 위치한 신원산 원자력발전소 주제어실에 들어선다. 엘리베이터를 타고 주제어실에 도착하자 입구에 설치된 디스플레이에는 '어서 오세요 나원전씨 좋은 아침입니다.'라는 환영인사가 예쁜 3차원 아바타[14]를 통해 전달된다. 그리고는 홍채와 얼굴 영상을 측정한 결과를 가지고 분석한 '오늘의 건강지수'[15] 역시 생생하게 표시된다. '어제 잠은 잘 주무셨군요. 아주 상쾌한 컨디션이지요?' 아바타는 2000년대 초 큰 인기를 끌었던 영화 '마이너리티 리포트'의 한 장면처럼 환영인사와 건강측정 그리고 회사에서 입력한 캠페인 문구를 종알거린다.

20년 전, 전날 마신 술이 깨지 않아 '음주 원자로운전'을 했던 사례가 규제기관에 발각되어 사회적으로 큰 파장을 일으켰던 일이 있은 이후로 알코올이 호흡에서 검출되면 주제어실에는 출입조차 할 수 없고, 건강지수가 일정수준 이하가 되어도 회복실에서 일정시간 이상 휴식을 취하는 것이 의무화 되었다. 카메라와 마이크가 거리 곳곳에 설치되어 욕설을 하면 바로 '벌금'이 부가되었던 영화 '데몰리션 맨'의 한 장면과 같이 앞으

14) 아바타는 가상사회에서 자신의 분신을 의미하는 시각적 이미지이다. 3차원 아바타는 아바타를 인체의 신체비례를 따라 3차원으로 표현한 것이다. 현재는 환자의 상태를 전자적으로 기록하기 위한 인체모델링에 주로 쓰인다.

15) 홍채를 이용한 건강진단 방법은 러시아에서 오래전 시작되었으며 이의 결과가 데이터베이스와 연결되어 개개인의 건강을 측정한다.

로는 욕설도 관리되지 않을는지. 이미 1990년대 초부터 운전원의 모든 대화내용이 녹음되기 시작하였고, 동영상으로 저장되기 시작 된지도 30년이 넘었으니 앞으로 어떠한 감시기구가 도입될지는 도무지 예측할 수가 없다.

❃ 스마트안경

나원전씨가 주제어실 입구에 비치된 투명 스마트안경[16]을 끼고 어젯밤 야간 근무 책임자였던 금발전씨와 악수를 나누자 어제 야간 근무조에서 일어났던 모든 근무기록이 스마트안경 상에 동영상과 문자로 표시된다. 인간의 몸을 통신매체로 하는 생체통신기술[17]을 이용한 것이다. 또한 그의 스마트안경에는 오늘 수행해야할 주요한 점검 포인트가 시간대별로 나타난다.

2010년경 연구 성과가 쏟아져 나오기 시작한 소형 웨어러블 컴퓨터[18]와 헬멧 부착형 디스플레이(HMD)[19], 그리고 증강현실[20] 기술이 바로 스마트안경에 적용된 기반기술이다. 2030년에 개발된 와이셔츠 단추크기의 웨어러블 컴퓨터 칩은 40년 전 사용했던 사무용 컴퓨터의 용량과 속도를 지니고 있다. 증강현실을 이용하여 나원전씨는 주제어실에 설치된 실제의 대형 디스플레이와 홀로그램, 그리고 각종 절차서 정보 등을 한꺼번에 볼 수 있다. 마치 21세기의 최신 전투기 조종사가 이용한 HMD가, 전투기의 운항정보를 제공하고 적기를 탐색하는 레이더 정보를 표시할 뿐만 아니라 눈으로 주시하는 방향으로 미사일이 발사되도록 하는 각종 장치와 연결되었듯이, 2050년 현재의 스마트안경은 과거 조종사의 HMD에 설치된 것보다 성능과 기능은 100배 이상 높아졌으면서도 복잡한 연결선이 없고,

16) 스마트 안경 : 스마트안경은 전투기조종사가 사용하고 있는 헤드업 디스플레이(Headup Display)가 원형이 된다.

17) 생체통신기술 : 인간의 육체가 통신의 매개로 되는 기술

18) 웨어러블 컴퓨터 (wearable computer) : 옷을 입듯이 몸에 착용할 수 있는 특수 컴퓨터

19) HMD (Head Mount Display) : 안경이나 헬멧의 형태로 작은 디스플레이 장치를 내장하여 눈앞에 스크린이 펼쳐지는 기기이다.

20) 증강현실 (Augmented Reality) : 실세계에 3차원 가상물체를 겹쳐 보여주는 기술

스마트안경과 생체통신기, 입는 컴퓨터를 착용한 모델[21)]

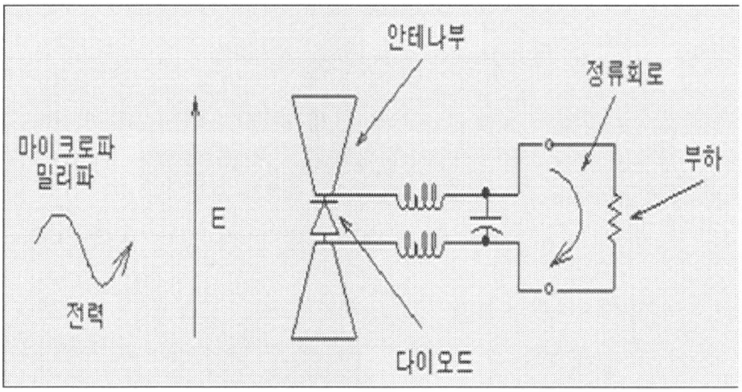

공중에 날아다니는 전파로부터 에너지를 수확하는 렉테나

무게도 과거의 선글라스 정도에 불과하다.

이를 가능하게 한 또 하나의 기술이 바로 사이버보안이 보장된 개인용 무선통신망과 에너지 수확기술이다. 개인용 무선통신망은 발전소 내에서는 어디든 스마트안경과 메인 서버가 연결되도록 하며 이때 외부의 해킹으로 인해 사이버공격이 일어나지 않도록 결정론적인 암호화 통신망을 구

21) 정보통신부의 2006년도, IT분야 기술예측 자료에서 인용

성하고 있다. 이는 디지털 기기의 통신을 위해 시리얼 통신방식으로 진화한 결정론적인 통신방법에 양자 암호화 기술을 복합한 것이다. 또 하나의 획기적인 점은 스마트안경에 전원공급을 위한 배터리가 사용되지 않는다는 것이다. 에너지 수확기술[22]을 이용하여 원전에 날아다니는 전파로부터 에너지를 얻는다.

❂ 첨단화된 주제어실

그는 주제어실 오른쪽의 3차원 홀로그램[23]을 주시한다. 오늘 나원전씨를 지원할 원격케어 담당자들과 간단한 회의를 하기 위해서이다. 원격케어 담당자들은 사실 나원전씨와 같이, 오늘 각 원전에서 근무하는 아침 근무자들이다. 40년 전만 하더라도 매 근무 시프트마다 발전부장 주재 하에 10여명의 주제어실 근무자가 한곳에 모여 회의를 하고 그날의 업무를 지시받았지만, 원자력발전소가 자율운전시스템[24]을 도입한 2020년 이래로 꾸준히 근무자가 감소하여 이제는 각 원전의 주제어실에는 오직 운전책임자와 안전책임자 두 사람만 근무하게 되었다. 그렇다고 해도 각 원전에 근무하는 모든 사람이 서로의 원격케어[25] 멤버가 되어 생생한 3차원 영상으로 항상 주제어실에 상주하는 것처럼 보이므로 어색하지는 않다. 이 홀로그램은 언제나 활성화되어 있다. 오늘의 안전책임자는 이안심씨다.

나원전씨가 원격케어할 다른 원전에 대한 정보는 주제어실 뒷면에 표시되며, 원격케어하기 위한 원전을 선택하여 지원할 수 있도록 되어 있다.

나원전씨는 주제어실 왼쪽 3차원 홀로그램을 주시한다. 오늘 전력생산을 담당할 현장 슈퍼바이저와 현장 정비를 책임지는 슈퍼바이저, 방사선

---

22) 에너지 수확기술(Energy Harvest) : 별도의 전력 공급원 없이 전파의 고주파로부터 전력을 얻거나 배관의 열원에 열전대를 설치하여 전력을 얻는 방법이 사용된다.

23) 홀로그램 : 실물과 똑같이 보이는 3차원 입체 영상으로서, 홀로그래피의 원리를 이용하여 만들어지며 입체상을 재현하는 간섭 줄무늬를 기록한 매체이다.

24) 자율운전시스템 : 멀티에이전트 기반의 디지털제어기술과 초고속통신기술을 기반으로 원전의 운전과 정비를 자동화하는 기술. 본 시스템 도입을 통해 최소 인력으로 전자동 원전 운영이 가능해 진다.

25) 원격케어 : 원전의 각종 운전정보들을 원격지에서 전송받아 전문가가 검토 한 후 진단 결과를 원전의 종사자에게 알려주는 시스템.

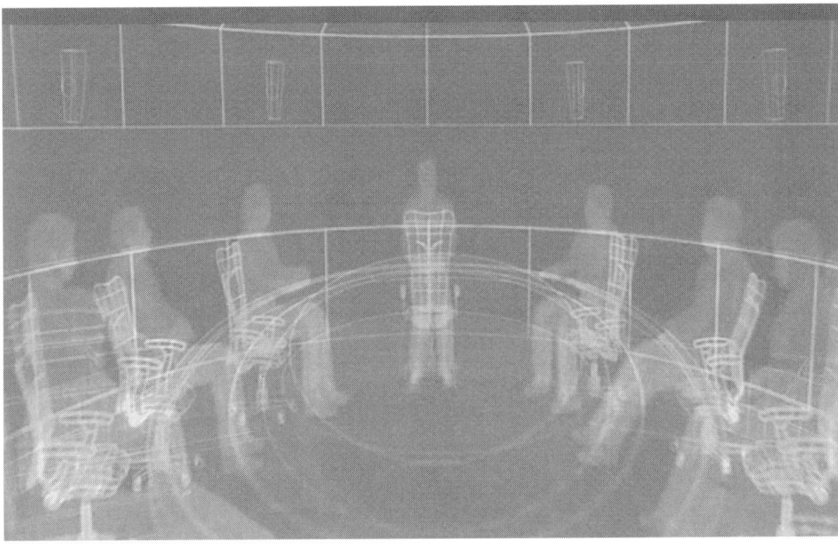

3차원 홀로그램을 이용한 사이버공간 회의. 영화 '레지던트 이블' 3편의 한 장면

휴머노이드 로봇의 모습. 영화 '바이센테니얼 맨'의 한 장면

및 핵연료 관리 슈퍼바이저, 그리고 발전소의 보안을 책임지는 슈퍼바이저로부터 각 현장의 특이 사항과 오늘의 작업내용을 간략히 보고 받기 위해서이다. 각 슈퍼바이저들은 그들을 도와줄 휴머노이드 로봇[26)]의 근무현황을 나원전씨의 스마트안경 화면상에 디스플레이 한다.

나원전씨는 주제어실 정면을 주시한다. 비록 주요한 운전기록이 스마트안경에 표시된다고 해도 2010년 이래로 대형 디스플레이는 주제어실의 가장 중요한 설비이다. 하지만 과거처럼 단순한 표시기능 만을 갖는 수동적인 디스플레이가 아니다. 전면에 형성된 전기장을 이용하여 쌍방향 통신을 통한 제어가 가능하도록 제작된 최신 장비다.

2000년대 초만 하더라도 원전의 기기를 조작하기 위해서는 직접 스위치 버튼을 눌러야 했고 감시 시스템의 화면을 선택하기 위해서는 디스플레이 위에 얇은 막으로 설치된 터치스크린을 건드려야 다음 화면으로 이동되었다. 이 터치스크린이 모든 발전소 제어에 사용되기 시작된 것도 2020년이니 산업체에서 터치스크린을 도입하고도 약 20년이 흐른 이후에야 적용된 것이다.

❁ 전기장 센서 및 햅틱기술

나원전씨는 기기 제어를 위해 디스플레이를 직접 접촉하지 않는다. 바로 전기장 센서[27)]가 설치되어 주제어실의 어떤 위치에서나 디스플레이 상의 버튼을 누르기만 하면 한 번의 확인절차를 거쳐 원하는 작동이 가능하도록 하기 때문이다. 전기장의 도움으로 컴퓨터 사용자의 모든 움직임이 인식되고 보통 마우스나 키보드로 실행하는 명령을 손동작으로 대체할 수 있다. 뿐만 아니라 시스템과의 상호작용을 통해 소프트웨어의 지시에 따라 기기를 조작하거나, 수리할 수 있다. 손만 있으면 컴퓨터를 자유자재로 사용할 수 있는 것이다.[28)]

26) 휴머노이드 로봇 : 사람처럼 두발로 걷는 인간형 로봇

27) 전기장 센서 : 전기장의 도움으로 컴퓨터 사용자의 모든 움직임이 인식되고 보통 마우스나 키보드로 실행하는 명령을 손동작으로 대체할 수 있는 센서

28) 테오도르 핸쉬, "세상을 뒤집을 100가지 미래상품", 콜로세움

인공 팔의 힘을 햅틱 기술을 이용하여 실제로 체험하는 모습. 영화 '아이언맨'의 한 장면

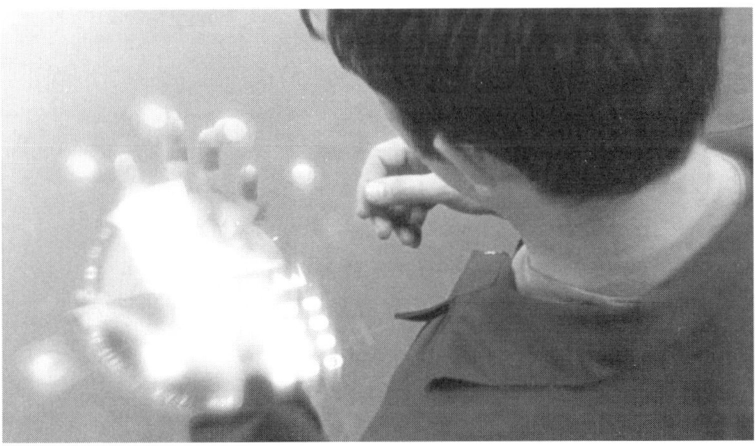

가상공간의 기기 조작. 사진인용 : http://oojoo.tistory.com

또한 버튼을 누를 때 전기장 햅틱(haptic) 기술[29]이 적용되어 과거 기계식 버튼을 누를 때 운전원이 느꼈을 작동감이 그대로 재현될 뿐만 아니라 현장 기기의 기동과 정지 느낌이 생생히 전해져 온다. 이는 가상 터치 기술이 원전의 안전성에 영향을 줄 수 있다는 규제기관의 지적에 따라 최근에 보완된 기술이다. 물론 나원전씨가 잘못 누를 경우 디스플레이와 스마트안경 상에는 동시에 알람이 떠 경고를 하게 된다.

❀ 운전원의 인적오류 저감기술

원자력발전소의 안전성에 영향을 미칠 수 있는 가장 큰 요소가 인적오류[30]라는 분석이 나온 2000년 이후, 인적 오류를 줄이기 위한 많은 연구가 있었다. 이 중 대표적인 것이 운전원이 일으키는 대부분의 오류는 판단경로 자체를 잘못 선정하였기 때문에 발생하였다는 연구결과였다. 이 연구결과가 발표된 이후 주제어실 운전원의 모든 행위는 철저히 검증된다. 먼저 나원전씨가 쓰고 있는 스마트안경에는 눈동자를 감시하는 소형 카메라가 내장되어 있다. 눈동자 감시가 인간의 기본권을 침해한다는 지적에 따라 도입이 쉽지 않았지만 누적된 피로를 해소하지 못한 운전원이 제때 조치를 취하지 못해 2030년 발생한 원자로과도상태 사례가 규제기관에 적발되어 강제조항으로 도입된 것이다.

스마트 안경이 귓바퀴에 고정되는 부분에는 근적외선을 이용하여 뇌파를 측정하는 센서가 설치되어 있다. 이 센서에 의해 측정된 뇌파 역시 운전원의 인지력을 알아내는데 사용된다.

원전성능과 운전원 직무 처리정도, 상황인식, 작업부하 그리고 인체측정과 생리학적 요소의 5개 항목으로 구성된 인적수행도 평가도 주기적으로 시행된다. 평가 항목 중 어느 한 요소라도 평가점수가 낮게 나오면 운전원은 재교육 모드에 돌입한다. 재교육 후에 치뤄지는 평가시험 결과가

---

29) 전기장 햅틱기술 : 전기장 인식 기술과 햅틱 기술을 이용하여 시스템의 반응이 인체로 다시 전달되도록 하는 기계-인간의 상호작용 기술

30) 인적오류 : 인간이 특정한 상황에서는 제대로 된 판단을 해내지 못해 잘못된 방향으로 행동을 하는 현상을 말한다.

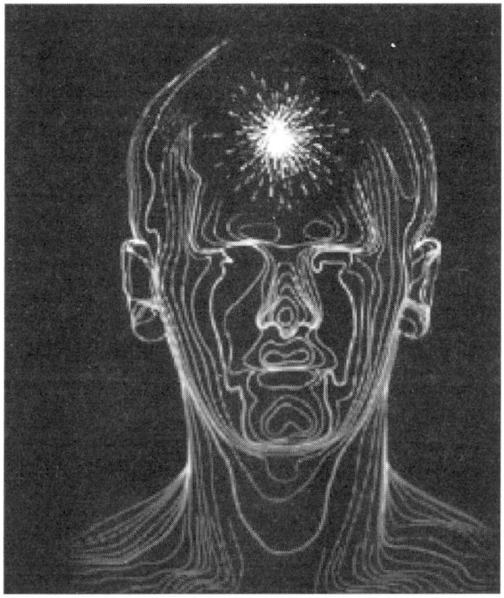

2050년에는 두피 외부에서 근적외선 등을 이용하여 뇌파를 측정한다.

나쁘면 운전원의 인센티브는 감소되고 평균 이상의 점수를 취득할 경우 추가적인 보너스가 주어지므로 좋은 점수를 받기 위한 교육 열기가 대단하다.

인적오류를 줄이기 위해 도입된 또 하나의 방법은 인공지능 컴퓨터를 이용하는 것이다. 2015년부터 도입되기 시작한 이 컴퓨터는 운전원의 모든 액션을 전자적으로 검증하고 경고를 발생하며, 이를 운전원이 연속적으로 무시할 경우 원격케어를 자동으로 요구한다. 하지만 이 인공지능 컴퓨터[31]도 1억 번의 실행 당 한 번의 오류는 보이는 것으로 평가되어 지원도구로 사용할 뿐 완전 자동화된 무인제어실은 구현될 수 없었다. "역시 사람의 지능만한 것은 없지." 나원전씨는 중얼거린다.

31) 인공지능 컴퓨터 : 기계에 의한 지적행동이 가능한 컴퓨터로써 탐색, 지식표현, 인공지능 언어 및 도구, 추론과 학습 등의 도구를 사용한다.

❁ 인공지능의 도입과 안전 슈퍼바이저의 역할

이안심씨 역시 인공지능 컴퓨터의 지원을 받고 있다. 인공지능에 의해 자동화된 자율운전 시스템이 도입된 이후 안전책임자의 역할이 크게 줄었기 때문에 이제 안전책임자는 현장 슈퍼바이저들의 액션이 원전의 안전성과 신뢰도에 영향을 미쳤는지 여부를 판단하는데 더 많은 시간을 할당하게 되었다. 이안심씨도 나원전씨와 같이 스마트안경을 쓰지만 나타나는 정보는 나원전씨의 것과 같지는 않다. 원자로 감시정보[32], 리스크 분석 정보[33], 신뢰도 정보[34] 등이 나원전씨가 수행한 주제어실의 기기 조작과 현장의 설비 정비 또는 핵연료모듈 교체 업무 등에 따라 실시간으로 계산되어 디스플레이 된다. 원전이 비정상적인 상태에 돌입하거나, 이제는 일상화된 50% 이상의 부하추종 운전이 이뤄질 경우, 실시간으로 시뮬레이션된 원자로의 과도 상태와 원자로의 현재 상태가 인공지능에 의해 비교된다. 물론 비교 결과를 인공지능이 출력하면 이 결과를 확인하여 자율운전을 승인하는 것도 이안심씨의 역할이다.

❁ 전자종이 디스플레이를 이용한 절차서

스마트 안경에 모든 절차가 표시되고 인공지능화 된 주제어실 기기 등이 있다고 해서 고전적인 절차서가 없는 것은 아니다. 하지만 이 절차서는 종이로 만들어진 것은 아니다. 전자종이 디스플레이 기술을 이용한 전자책이다. 이 절차서 한권에는 수천 권 분량의 기술행정 절차서, 정상, 비정상, 비상 절차서 등이 들어있다. 질감은 종이와 거의 같고 쉽게 구부러지지만 구겨지지는 않는다. LCD나 LED 광원을 이용한 디스플레이의 최대 단점이었던 깜빡임 현상도 보이지 않는다. 또한 보통의 물건처럼 외부의 빛을 반사해서 보게 되므로 눈이 쉽게 피로해지지 않는다. 종이로 만든

---

32) 원자로 감시정보 : 원자로심의 안정성을 감시하는 것으로써 노심의 열적, 수평/수직 중성자속 분포, 제어봉 구동 등을 감시한다.

33) 리스크 분석 정보 : 원전의 운전, 정비, 원전설계 등의 다양한 정보를 입력으로, 확률론적 안전성 평가 결과와 기타 전문가 의견, 결정론적 안전성 분석결과 등을 종합적으로 이용하여 원전 운영을 효과적이며 효율적으로 개선하기 위한 활동을 말함. 미국 NRC는 SECY-98-300을 통해 옵션 1,2,3의 활용방안을 제시하고 있다.

34) 신뢰도 분석정보 : 개별적으로 고려될 수 있는 아이템이 주어진 조건에서 요구기능을 수행할 수 있는 확률을 분석하는 행위

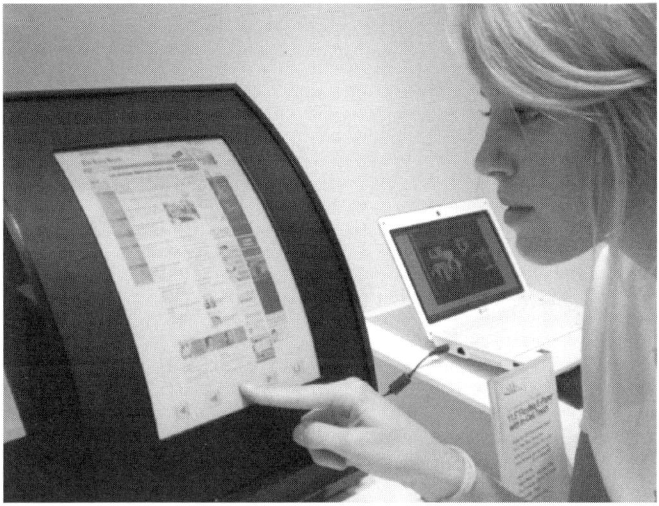

휘어지는 전자종이 디스플레이는 필기체 인식기능까지 있어 양방향 소통이 가능하다.

책과 같이, 전자책의 글자는 외부의 빛과 환경에 의해 인간의 눈에 전달되기도 한다. 전자책은 LCD와 같이 전하를 띤 미립자의 위치로 형태를 정하는 것이 아니라 전하의 재배열 시에만 전력을 소모한다. 반딧불의 자체발광현상을 연구한 바이오 기술 덕분에 백라이트가 필요 없어 많은 정보를 표시하면서도 전력소모량은 매우 적다. 또한 모든 전원은 RF 전원 공급기에 의해 무선으로 공급된다. 무선 전원공급은 가까운 거리에서만 가능하므로 발전소 외부로 전자책을 이동할 경우에는 바이오 이온 배터리를 이용한다. 이 배터리는 완전충전 시 6개월 동안 사용할 수 있다.

모든 절차서는 양면으로 제본된 형태인데 왼쪽에는 텍스트 형태의 정보가 기록되고 오른쪽에는 3차원 동영상 형태의 정보가 표시된다. 물론 동영상은 관련 절차서의 진행현황을 보여주는 것이다. 절차서는 자동 모드와 수동 모드를 선택하여 사용하도록 되어있다. 자동 모드는 기술행정 절차서와 정상, 비정상 절차서의 작동시 사용한다. 운전책임자인 나원전씨가 절차서를 선택하고 자동 실행시키면 이 정보는 안전책임자인 이안심씨의 절차서에도 동시에 기록되고 이중으로 확인된다. 현장의 3차원 동영상은 절차서 실행에 따라 작동된 기기로부터 전송되어 온 것이다. 발전소의 모든 기기는 촘촘하게 설치된 웹 카메라에 의해 실시간으로 감시되고 있다. 영상뿐만 아니라 설비의 작동음과 미세한 진동까지도 그대로 전달되므로 운전원은 현장의 분위기를 더욱 생생하게 느끼게 된다. 텍스트 기반의 절차와 함께 3차원 동영상이 도입됨으로써 인적오류에 의한 불시정지나 사고의 가능성은 거의 없어졌다.

과거에 지어져 설비자체에 에이전트[35]기능이 없는 오래된 원자력발전소에서 몇 년에 한 번씩 불시정지가 일어났다는 소식이 들려오기는 하지만 신형 디지털 원전이 도입된 지 10년 이래로 불시정지 건수는 한건도 기록되지 않았다. 비상 운전 절차는 자동운전 개념이 없고 자동기능이 보조되는 수동운전에 의해 수행된다. 이는 과거의 발전소 운전개념이 아직도 없어지지 않고 있기 때문인데, 현장 운전원들이 사고의 가능성이 거의 없음을 들어 자동화 운전을 요구했지만 규제위원회에서는 이 부분만큼은 사람이 개입하도록 강력하게 요구하고 있다. 하지만 같은 시기에 수동개념을 도입했던 항공 산업의 경우도 이미 모든 항공기가 무인화된 것을 보면 시대에 뒤떨어진 개념이 아닌가 한다.

❁ 콤팩트한 주제어실

모든 면에서 2050년 원자력발전소의 주제어실은 첨단 전투기나 우주왕복선의 조종석을 닮아있다. 2000년대 미국에서 개발된 스텔스기인 랩터(F-22) 전투기는 조종사의 HMD와 증강현실을 이용한 캐노피 전면의 정보 투시기 등 나름대로의 첨단 기능을 가졌었다. 이 기술이 자동차에 적용되어 계기판이 없어지고 유리창에 모든 정보를 표시하는 자동차가 일반화되더니 이제는 원자력발전소 주제어실까지 점령하게 된 것이다.

---

35) 에이전트 : 목표를 달성하기 위해, 자치능력을 가진 소프트웨어 또는 컴퓨터 시스템으로 자율성, 지능성 및 사용자의 의향과 환경을 인지하여 목표 지향적으로 동작한다. 다른 에이전트들과의 통신 및 협업을 가능하게 하는 멀티에이전트 시스템 기술로 집약된다.

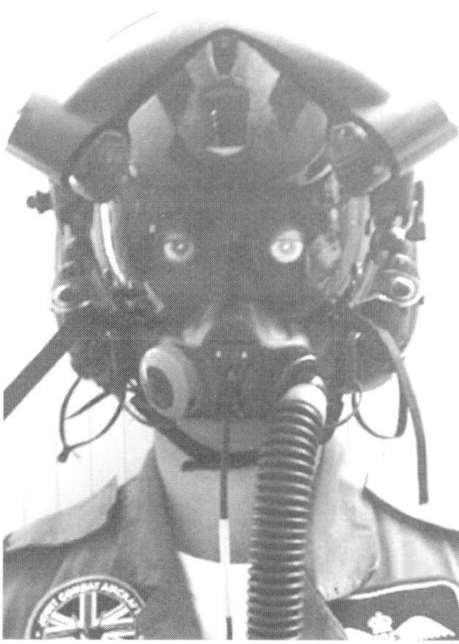

전투기 조종석과 조종사용 헬멧. 조종석 상단에 증강현실을 이용한 정보 투시기가 위치한다.

❂ 주제어실의 환경

주제어실은 이제 더 이상 계기들이 꽉 들어찬 곳이 아니다. 계기가 내는 불빛과 경보판의 껌뻑이는 램프가 어우러져 정신없이 돌아가는 현란한 세상이 아니라 차분한 배경음악이 깔리고 조명과 온도, 바람, 습도 등이 조절되는 정원과 같은 곳이다. 이곳의 천정조명은 외부에 설치된 유리섬유관을 통해 자연광으로 제공된다. 또한 투명 콘크리트[36] 구조물로 되어 있는 한쪽 벽면은 발전소 밖의 분위기를 은은하게 제공한다. 최대한 자연의 빛과 바람을 살리도록 설계된 이 제어실의 모든 환경은 근무자가 설정할 수 있다. 제어실 거주환경은 엄격한 인간공학적 기준에 맞도록 다양한 설정치가 프로그램 되어 있다.

❂ 운전원 피로도 절감 노력

과거 주제어실 운전원들은 5조 3교대 형태로 근무했었다. 3개의 조는 아침, 오후, 밤 근무조로 나누어 평균 8시간씩 근무하고 밤 근무가 끝나면 하루를 쉬게 되는 형태였다. 낮과 밤이 바뀌는 생활을 하다 보니 운전원의 육체적 정신적 능력이 저하되고 인지 능력이 떨어진다는 호소가 늘어나고 건강을 해친다는 보도가 나오면서 이에 대한 대책을 세우게 되었다. 2000년대 초 본격적으로 논의되기 시작한 야간근무자의 건강위협은 심각한 수준으로, 타 산업분야 야간 근무자의 평균수명이 교사나 공무원들 보다 13살이나 적은 것으로 조사되어 큰 파문이 일으켰다[37]. 체르노빌 원전 방사능 누출사고는 1986년 8월 26일 새벽 1시 23분에 일어났다. 당시 소련 원자력 발전소 책임 엔지니어가 피곤에 지쳐 단추를 잘못 눌러 순식간에 엄청난 양의 방사능이 누출된 이 사고 당시, 구소련의 많은 기술자들은 2교대 근무를 하고 있었다.

이러한 근무형태를 분석한 인지심리학자와 뇌과학자 들은 부주의, 집중력장애, 판단과 행동의 둔화, 순간적인 졸음 등의 근본적인 원인은 수

---

36) 투명 콘크리트 : 시멘트에 광학 섬유유리를 수평으로 압축 배열하는 기술을 이용하여 빛을 투과하는 성질이 있는 콘크리트
37) 출처 주간조선, 2002. 11. 15

면부족에 의한 것으로 판단하고 있다. 따라서 2030년경 여객기 승무원등 모든 야간근무종사자에 대한 뇌파를 스마트안경에서 측정하여 신체리듬을 관리하는 프로그램이 본격 도입되면서부터 이러한 해법이 전 산업체에 퍼지게 되었고 수면부족의 문제가 사라졌다. 원자력발전소에서도 야간 필수 인원의 수를 배로 늘리고 각자의 신체리듬에 따라 3시간씩 교대로 야간에 잠을 잘 수 있도록 했다. 물론 빨리 숙면에 이르도록 하는 인공적인 수면뇌파 유도장치[38]가 개발되어 널리 사용되고 있다. 뿐만 아니라 각 운전원에게는 야간 교대근무 후 집에서도 숙면을 취할 수 있도록 이 수면뇌파 유도장치가 지급되어 있다.

❀ 감시인가 보호인가?

2010년도에 원자력발전소 주제어실에 근무하던 운전원이 상기와 같은 모습을 본다면 파라다이스와 같은 느낌을 받을 것 같다. 그러나 이는 착각이 아닐까 한다. 모든 사람의 행위는 기록되고 감시된다. 마치 조지오웰(George Orwell)의 소설 '동물농장'에서 묘사된 것과 같이 철저히 감시되어 정해진 절차에 따라 움직이도록 유도한다. 물론 '동물농장'처럼 독재자에 의한 지배를 받는 것이 아니라 회사와 직원의 상호협의에 의해 원자력발전소의 안전성을 최고 수준으로 높이고자 하는 목적으로 감시의 수준을 높인 것이다. 그러나 개인의 주관적인 판단으로 업무를 처리하거나, 인간적인 관계에 의해 타인의 편의를 제공한다거나 하는 근무시간 중의 비공식적인 업무처리는 철저히 차단된다.

❀ 운전원의 근무관리

인사관리는 개인의 직무 만족도를 측정하는데 주안점을 둔다. 한달에 한번 의사와 심리학자가 근무자와의 면담을 위해 방문한다. 물론 원격 홀

38) 수면뇌파 유도장치 : 영화 '백 투 더 퓨처 2편'에 나오는 것과 같은 뇌파를 역으로 이용한 장치이다. 수면상태로 들어가기 전에 알파파가 많이 발생한다는 사실로부터 유추하여 역으로 알파파를 유도함으로써 수면에 들게 하는 장치가 현재 유럽에서 개발되고 있다. 정재승의 과학콘서트에서 인용

로그램 상에서의 방문이다. 신체검사를 위해 각종 센서가 달린 슈트와 모자, 안경을 쓰면 1분 이내에 모든 검사가 끝나고 의사와 심리학자에게 결과가 전달된다. 의사는 50년 전 의사들이 그러했던 것처럼 '아픈데 없냐'고 묻는 것으로 진단을 시작한다. 문진과 센서 스캔 결과의 정밀 진단이 빠르게 진행되면, 심리학자와의 면담이 시작된다. 사실 발전소 근무 초기 나원전씨나 이안심씨에게 심리학자와의 면담시간은 그리 유쾌하지 못했다.

심리학자들은 자신의 체크리스트 상에 표기한 항목에 대한 두 사람의 정보를 취득하기 위해 태어나서부터 자랄 때, 성인이 되어서 결혼과 육아, 그리고 사회생활에 이르기까지 끊임없이 질문을 하고 무언가를 기록했다. 두 사람은 마치 자신의 모든 것이 빠져나간 느낌을 받았었고, 특히 여성인 이안심씨는 자신의 사생활과 관련된 정보가 노출되지 않도록 질문의 각을 요리조리 피해 나가기도 했다. 하지만 이 면담과정에서 쌓인 개개인의 데이터베이스는 전담 심리학자 이외에는 누구도 열람할 수 없도록 엄격히 관리되고 아울러 개인의 심리관리가 회사근무 뿐만 아니라 개인의 생활에도 도움이 된다는 점을 인식한 후 심리학자와의 상담이 기다려진다.

회사는 근무자의 인지능력이 최고에 달할 시점을 중심으로 근무표를 짤 수 있고, 개인도 인지능력이 높은 시점에 중요한 개인사를 결정할 수 있으니 이야말로 일거양득이 아닌가. 회사로서도 의료진과 심리학자를 고용하는 비용이 만만한 것은 아니다. 하지만 이 과정을 도입한 이후 설비 가동률과 신뢰도가 2% 이상 상승하고, 불시정지 건수가 거의 없어진 것에 크게 고무되어 향후 면담 주기를 2주 단위로 단축할 것을 고려중이다.

❋ 주제어실 한곳에서 2호기의 원전을 제어

원자력 발전소의 주제어실 설계 시 가장 큰 논의사항은 하나의 주제어실을 이용하여 몇 호기를 제어할 수 있는가에 대한 것이었다. 40년 전 2개 호기의 원전을 하나의 주제어실에서 관리하자는 계획이 상정되었을 때 가장 크게 부딪힌 벽은 미러 이미지(Mirror Image)에 대한 해결책이 없다는 점이었다. 운전원이 2개 호기를 항상 동시에 감시하고 제어해야 하므로 한 호기의 냉각재펌프 작동 스위치가 오른쪽에 붙어 있다면 2호기의 것은 왼쪽에 붙어 있을 수밖에 없는데, 만일 위급 상황이 발생한다면 오른쪽 스위치 작동에 익숙한 운전원이 왼쪽 스위치를 제대로 누를 수 있겠느냐는 것이다. 마치 거울속의 내 얼굴이 실제의 모습과 좌우가 바뀐 형태로 보이는 것과 같은 이치이다. 하지만 2050년 현재의 원전은 이러한 고민을 할 필요가 없어졌다. 바로 에이전트가 도입되었기 때문이다.

운전원은 에이전트에게 모든 명령을 내리고 에이전트는 실제 작동을 수행한다. 물론 에이전트의 최종 작동 사항은 운전원에 의해 검토되고 문제가 발생할 경우, 에이전트를 무시하고 직접 작동을 수행할 수 있는 안전개념도 도입되어 있다. 20년 이상의 운전실적이 말해 주듯이 에이전트에 의한 실행 오류는 어느 발전소에서도 보고되지 않았다. 나원전씨와 이안심씨가 근무하고 있는 이 제어실은 원자력발전소 2개 호기의 운전을 담당하고 있다.

❁ 운전지원 에이전트

과거의 기술에서 정의하는 실시간 요건은 운전원의 액션이 정해진 시간 내에 완성되는지 여부를 지표로 이용하지만, 2050년의 실시간 요건은 문자 그대로 광속(光束)으로 처리되는 것을 기본으로 한다. 컴퓨터의 성능이 획기적으로 향상되었고 고집적화 되었기 때문에 모든 설비에는 초소형 컴퓨터가 기본으로 장착되고 자체의 에이전트가 구현되게 된다. 에이전트는 운전원 또는 원격케어 조직의 개입이 없으면 모든 시스템 작동과 관련한 감시, 제어, 통신, 보호 기능을 자체적으로 수행한다. 또한 단거리 무선네트워크를 이용하여 자신이 수행하고 있는 액션 정보를 실시간으로 중앙제어실의 서버로 송신한다.

이 에이전트는 가상현실과 연계되어 사람처럼 행동하게 할 수도 있다. 마치 알라딘의 램프에서 문지르기만 하면 등장하는 요정 '지니'와 같이 모든 설비가 사람처럼 다가오는 것이다. 에이전트 기반의 설비가 부분적인 지능을 갖게 되면 자율성을 부여하여 자동 운전이 가능하다. 설비의 언어를 이해하듯, 기계와 인간의 진정한 소통이 가능해진다.

에이전트의 중요한 역할 중 하나는 발전소의 절대 안전도를 계산하여 자동으로 안전 구역을 설정해준다는 것이다. 에이전트는 원전의 운전상태가 기술지침서상에 있는 운전제한조건에 대한 여유도를 충분히 확보하고 있는지를 실시간으로 확인하여 운전 가능한 안전구역을 파란 삼각형으로 표시한다. 운전원은 에이전트가 제공하는 이 정보를 이용하여 다수의 원전을 동시에 제어할 수 있는 것이다.

❁ 운전원의 삶의 질 개선

인간의 평균수명이 길어지고 삶에 질에 대한 욕구가 강력해짐에 따라 도심에서 멀리 떨어져 있는 원자력발전소에 젊고 유능하며 지적인 인재들을 근무시키는 것이 불가능해졌다. 발전소가 대표적인 3D 업종으로 분류된 지는 이미 20년이 넘는다. 그러다 보니 유능한 인재의 유인책으로 발전소에서 100 km 이내 거리에 있는 도심에 고급 사택을 제공하고 자동운전 셔틀을 제공하는 정책을 써왔다.

나원전씨와 이안심씨도 발전소에서 한 시간 거리에 있는 함흥의 사택에서 통근을 한다. 통근 거리가 길다보니 라이프스타일도 바뀌었다. 모든 사내교육은 통근시간에 셔틀에서 이 러닝 프로그램[39]에 의해 이루어진다.

20년 전 회사 측은 노조와의 협상을 통해 근무시간에 통근시간을 포함하는 것으로 협약을 맺었다. 발전소 운전원의 근무조건이 크게 개선됨에 따라, 2020년 이래로 신입사원의 퇴직률이 상승하여 일 년 내내 인력채용 공고를 내야 했던 현상이 급격히 줄어들어 올해 신입사원 모집은 약 10대 1의 높은 경쟁률을 보였다. 발전소 근무자에 대한 각종 수당이 추가됨으로 이들의 급여수준은 전국 최고 수준이다.

---

39) 이 러닝 프로그램 : 웹을 통해 온라인으로, 저장된 콘텐츠를 이용하여 원전의 이해당사자들이 자율적으로 학습을 하거나, 실시간으로 진행되는 교육을 수강하는 것

컴퓨터속에 사는 요정, 에이전트

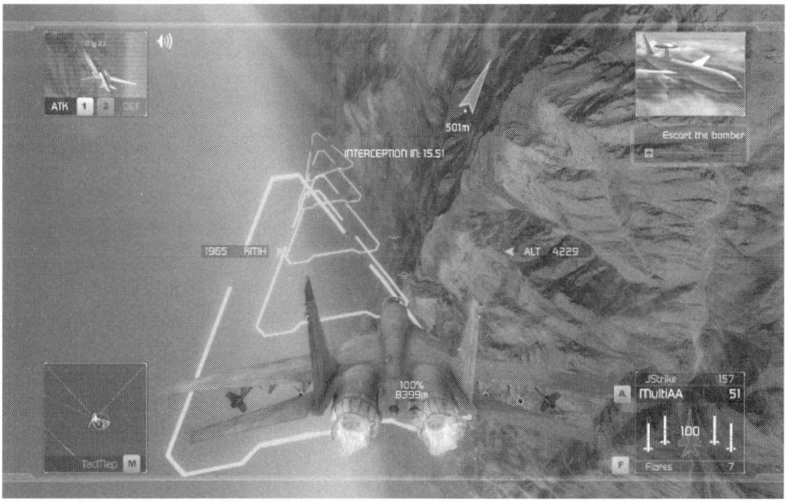

미사일이 빗발치는 전장에서 전투기에 안전한 비행구역을 알려주는 게임 화면. 조종사는 파란 삼각형 안에 비행기를 위치시키면 안전하다. 이와 같이 미래의 원전에서는 발전소의 안전도를 계산하여 절대 안전 구역을 설정하여 시뮬레이션 환경으로 자동 실행되므로, 운전원은 단지 원전의 상태가 파란 삼각형을 벗어나는지 여부만 확인하면 된다.

❁ 사랑받고 존경받는 원자력발전소

2050년의 원자력발전소는 국민으로부터 절대적 신뢰도를 받고 있다. 비록 20세기 후반에 최고의 강대국이자 적대적 관계였던 미국과 소련에서 국민으로부터 외면 받을 만큼의 큰 사고가 일어나기는 했지만 그 후 21세기에 들어 국민을 안심시키기 위해 꾸준하게 홍보하고 노력해온 결실을 맺게 되었기 때문이다. 이와 함께 석탄과 기름이 내뿜는 이산화탄소가 지구를 덥게 하여 결과적으로는 우리의 삶의 질을 떨어뜨린다는 것을 일반인들이 인식하고, 그린 에너지 대열에서 원자력을 대안으로 찾게 되었을 때 그간의 원자력에 대한 부정적인 감정은 상당 수준 완화되었다. 체르노빌과 TMI 사고의 기억은 과거 속으로 묻혔고, 학교 교육과 홍보를 통해 원전을 긍정적으로 생각하는 세대가 사회의 주역으로 활동하게 된 2050년은 원전에 대한 국민의 지지도가 단군 이래 가장 높은 시대이다.

미래 원전이 국민으로부터 신뢰를 받을 수 있었던 것은 몇 세대가 지나는 동안 원자력발전소가 보여준 믿음직한 모습 때문이다. 말로 하는 '원자력발전소는 안전하고 경제적입니다'가 아닌, 각종 지표상으로도 정말로 안전하고 경제적이기 때문이다. 값싸고 질 좋은 전기를 언제든 공급할 뿐만 아니라 이산화탄소의 배출이 적어 탄소거래시장에서 막대한 부가가치를 올리기도 했으므로, 사람들은 원전을 '황금 알을 낳는 거위'로 생각한다.

04 현장 슈퍼바이저 원현장씨

❁ 원현장씨 현장에 가다

원현장씨의 하루는 점호로 시작된다. 원씨가 군복무 중이던 어느 추운 겨울 아침 6시. 아직 해가 뜨려면 한 시간 이상 남은 시간에 눈 비비며 일어나 투덜거리던 아침의 말년 병장에게 점호시간은 참으로 길었다. 당직사령의 신경질적인 목소리와 병사들의 고함과도 같은 복창소리가 귀에 들리는 듯하다. 하지만 원현장씨의 점호시간에 모여드는 직원은 아무도 없다. 다만 현장 순시로봇과 정비로봇이 전송하는 자기진단 결과서만 3차원 모니터에서 깜빡거릴 뿐이다.

2050년 원자력발전소에서는 사람을 찾기 어렵다. 직장생활 30년차인 원현장씨가 입사하던 당시에는 그래도 사람이 그리울 정도로 발전소에 사람이 없지는 않았다. 하지만 회사 초년병 시절 전 원전에 자율운전 프로그램이 도입되더니 10년 전부터 발전소에서 사람을 보기가 어려워졌다. 자율운전 프로그램이 도입되면서 발전소의 모든 정보는 발전본부와 실시간으로 공유되고 중요변수는 전력거래소까지도 직접 전송된다. 발전소, 발전본부, 전력거래소의 3중 관리체제가 발전소 운영과정에 개입하는 것이다. 규제기관 역시 모든 발전소 실시간 정보를 공유하고 감시하므로 자율운전이 적용된 발전소에 시어머니는 더 많아진 격이다.

이렇게 자율운전이 일상화된 데는 다 이유가 있다. 첫째로 원자력발전소의 방사선 환경에서 일할 인력을 구할 수 없어서다. 단일민족의 자부심이 무너진 지는 이십여 년이 지났고 자녀의 교육과 문화생활 향유를 모든 것에 우선시 하는 요즈음의 새로운 세대에게 몇 백 명의 고급인력이 벽지에서 가족과 같이 근무하거나, 아니면 가족과 떨어져 주말 부부생활을 하면서 발전소 안전과 전력생산에 매진하던 그 열정을 기대하는 것은 꿈이 되어버린 것이다. 두 번째 이유로는 발전소 냉각재 펌프나 터빈과 같은 주요 설비가 임대로 운영되고 있기 때문이다. 설비의 가동과 정비책임이 전력회사에서 임대회사로 넘어감에 따라 발전회사에서는 설비를 가동하는데 주 관심을 둘 뿐, 정비나 교체 프로그램은 자산관리회사에게 의존한다. 임대회사는 설비를 안전하고도 경제적으로 운전하는데 총력을 기울이므로 자체의 예측진단 프로그램을 가동하여 매우 엄격하게 설비를 관리하고 있다. 따라서 발전회사 직원에 의한 별도의 확인과정은 사실상 필요 없다.

발전회사의 운영과 정비를 담당하는 직원은 지역발전본부에서 근무한다. 지역발전본부의 지하에는, 각 발전소에서 올라오는 각종 정보와 지식을 이용하여 발전소별 상황을 파악하고 판단할 수 있는 엔지니어링 워크스테이션이 갖추어져 있다. 이 지역발전본부는 지역 내의 대형 원자력발전소뿐만 아니라 함경남도의 전역에 설치된 스마트그리드 시스템을 위한 중규모의 연료전지 발전설비까지 원격으로 관리한다. 원현장씨와 같은 현장 슈퍼바이저는 대부분 신포 원전지구에서 100 Km나 떨어진 함흥에서 근무를 하며 순번제로 발전소에 파견되어 1개월간 일상근무를 한다.

오늘 원현장씨의 감독 하에 근무를 담당하는 로봇은 세 종류다. 정해진 트랙에 따라 일정 구역을 순시하면서 설비를 감시, 진단하고 각종 데이터와 정보를 수집하는 지능형 로봇과 사람과 같이 이족보행을 하면서 자율적인 판단과 슈퍼바이저의 지시에 따라 현장을 관리하는 휴머노이드 로봇이 있다. 마지막은 원격 조작을 통해 지시를 하면 사전에 설정된 프로그램에 따라 어렵고 힘든 일을 도맡아 하는 원격조작 로봇이다. 원현장씨가 원격조작 로봇에게 작업지시를 내리면 휴머노이드 로봇이 업무가 잘 진행되고 있는지를 관리하고 원현장씨에게 진행상황을 실시간으로 보고한다.

만일 로봇이 미쳐버린다면 어떠한 일이 벌어질까? 로봇을 원전에 본격적으로 도입하면서 설계자들이 고민한 사항 중 하나다. 장기간의 토론과 수정 끝에 결론에 도달한 것은 바로 '오가작통법(五家作統法)[40]'. 로봇을 다섯 개씩 묶어 상호 감시하게 하는 것이다. 각 로봇은 자신의 경계조건 이외에도 나머지 네 로봇의 경계조건이 학습되어 있으므로 자신이 감시해야 하는 로봇이 경계조건을 넘어서는 행동을 하게 되면 즉각 기능을 자동정지 시키고 그 업무를 임시로 담당한다. 로봇의 경계조건은 온톨로지 기반으로 작성된다.

❁ 휴머노이드 로봇

2020년에 이미 산업 현장은 로봇이나 기계로 자동화되어 인간 노동력은 더 이상 필요하지 않게 되었다. 사람은 지성이 좌우하는 좌뇌적인 업무를 기계에 내어주고 감성이 지배하는 우뇌적인 영역의 일을 찾게 되었다. 사람의 활동 영역이 변화된 것이다. 원전 현장에서도 설비운전과 정비를 위해 사람이 협동하여 일을 하는 모습이 사라졌다. 로봇이 발전소에 처음 도입될 당시만 해도 발전소의 구조는 로봇이 이동하기에는 적합하지 않았다. 그간 많은 연구개발을 통해 모든 로봇이 쉽게 이동할 수 있는 공간을 확보하는 표준배치설계가 완료되었지만 높은 천장이나 지하 바닥면에 대한 배치까지는 손을 댈 수 없었다. 따라서 이 부분에 대해서는 인체와 유사한 구조를 가진 휴머노이드 로봇을 사용하고 있다.

휴머노이드 로봇은 신원산 원전과 같은 최신의 원자력발전소 보다 점점 노후화되는 구형 원자력발전소와 같은 3D 작업현장에서 숙련 노동자를 대체하는데 더욱 다양하게 활용된다. 인구 감소에 수반하는 산업 생산 인력의 절대적 부족을 메우면서도 고방사선의 극한환경에서 아무 문제없이 일할 수 있는 로봇의 존재는 가히 혁명적이라고 하겠다. 휴머노이드

---

40) 오가작통법 : 조선 단종 때 강도와 절도를 방지할 목적으로 다섯 가구를 하나의 '통(統)'으로 묶고, 그 통 안에서 강도나 절도범을 숨겨준 사례가 발각되면 다섯 가구 전체를 변방으로 이주시키는 법

로봇은 두발로 보행을 하며, 계단을 오르내리고, 한 발로 서기도 하는 등 인간의 보행을 90% 정도의 수준으로 흉내 내고 있다. 이 로봇이 걷는 것을 보고 있으면 마치 원숭이가 두 발로 걷는 것과 같은 생각이 든다. 이 로봇은 자율 모드와 통제 모드로 운전된다. 자율 모드는 자체적인 온톨로지에 의해 움직이는 체제를 말하고 통제 모드는 인간의 생각에 따라 로봇이 움직이는 것을 말한다. 물론 뇌로 이 로봇을 움직이려면 통제자와 로봇에 대한 학습과정이 필요하다.

휴머노이드 로봇을 운영하는 또 하나의 핵심 기술은 바로 사람과 로봇의 의사 소통을 가능하게 하는 뇌-기계 인터랙션 기술이다. 원현장씨가 착용하는 스마트 안경에서 수집된 뇌파는 무선망을 이용하여 휴머노이드 로봇에게 전달되고 이를 이용하여 로봇을 제어하는 것이다. 통제 모드를 사용하여 인간은 자신의 생각에 따라 로봇을 제어하여 업무를 수행한다. 로봇을 인간의 언어로 제어하는 기술은 아직도 연구실을 벗어나지 못하고 있다. 음성인식기와 필기체 인식 등이 가능한 휴머노이드 로봇은 모든 전자사전을 내장하고 있어 단어나 일정한 수준의 대화를 인식할 수는 있지만 다양한 의사 전달체계를 복합적으로 사용하는 인간의 언어를 해독할 수 있는 능력은 아직도 어린 아이와 같은 수준이다.

2000년대 이후 연구진이 집중적으로 연구했던 인지공학과 인공지능은 2030년에는 이미 일반 산업체에서 활용되기 시작하여 이후 20여년간 신뢰도와 안전성 평가 단계를 거쳐 이제 원자력 로봇에도 활용되기 시작하였다. 이처럼 인간의 인지력을 기계에 이식하는 여러 가지 기술이 발달하게 되어 로봇도 반복적인 업무만을 수행하던 것에서 좀더 발전된, 생각하는 기계로 진화되었다. 하지만 여전히 로봇은 인간의 영역인 감성적인 사고를 할 수는 없다. 사람이 눈물을 흘리면 사전에 학습된 대로, 가까이 다가와 가볍게 안아주면서 위로의 말을 전할 수는 있어도 사람의 감정과 소통할 수는 없는 것이다.

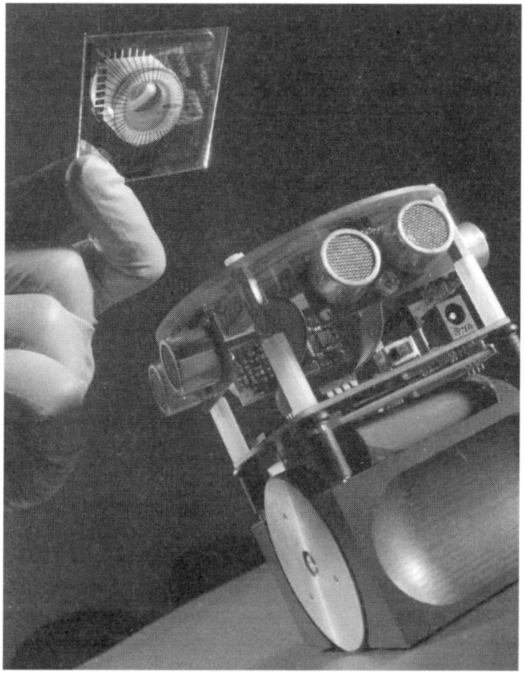

영국 레딩대학 연구진이 만든 살아 있는 쥐의 뇌세포로 움직이는 로봇. ScienceDaily 기사인용 (2008. 8)

❁ 지능형 로봇과 원격제어 로봇

이 로봇은 20세기 초에 등장했던 전차와 같이 발전소 바닥에 설치된 궤도를 따라 움직인다. 하나의 지능형 로봇이 관리하는 범위는 정해져 있다. 지능형 로봇의 활동은 설계단계부터 결정된다. 작업을 담당하는 로봇은 작업구역과 관리대상 기기의 중량 등을 고려하여 최대 부하가 결정된다.

감시를 담당하는 로봇은 소형의 가벼운 몸체를 가지고 있어 천정이나 벽면, 핸드레일 등에 설치한 트랙을 이용하여 이동한다.

격납용기 내에서 작업하는 로봇은 높은 방사선작업 환경에서도 안정적으로 작동할 수 있어야 한다. 따라서 복잡한 원자력 시설에 적용할 수 있는 지능 로봇은 고온 고압의 환경에서 형상 변형률이 100배에 이르러도 문제가 없고 로봇의 작업 정밀도도 우수하여 인간의 손보다 세밀한 작업이 가능하도록 제작되었다. 뿐만 아니라 지능 로봇의 센서 및 제어시스템은 100 MGy의 방사화 환경에서도 문제없이 작업할 수 있다. 로봇의 지능화 정도 역시 정해진 작업의 경우에는 로봇의 오류가 거의 "0"에 가까워졌고 돌발 사태에 대한 대처율도 인간의 절반 수준까지 가능해졌다.

감시를 위해 사용되는 지능형 로봇은 외부 환경을 인식하고 스스로 상황을 판단하며 자율적으로 동작하도록 제작되어 있다. 이 로봇은 과거의 발전소 현장근무자와 같이 일정 구역을 트랙을 이용하여 순시하면서 설비의 상태를 감시한다. 이 로봇에는 회전설비의 진동을 원격 측정하는 레이저 변위감시기와 적외선 열영상으로 촬영하여 온도의 분포를 보는 열영상 카메라, 공간의 소리를 3차원으로 측정하여 기기의 이상음과 배경 잡음을 분리하는 음향감시 카메라가 설치되어 있다.

감시용 지능 로봇에 적용된 기술 중 하나는 로봇에 동물의 뉴런을 결합해 만든 인공뇌이다. 이 인공뇌는 자극을 전달하는 신경계의 기본 세포인 뉴런에 접속된 '다중전극판(MEA)'을 이용하여 구동부인 기계와 연결된다. 이렇게 만들어진 뇌는 로봇의 주행을 결정하고 주위의 신호에 반응하므로 사람이나 컴퓨터의 추가 제어 없이 능동적으로 설비의 감시를 수행한다.

대형 중량물을 취급하는 원격제어 로봇 역시 지능이 부여되어 있다. 이 로봇은 현장 슈퍼바이저가 지정하는 순서에 따라 움직인다. 슈퍼바이저가 로봇의 활동 범위와 취급대상 기기에 대한 정보를 제공하면 로봇은 스스로의 작업계획을 수립하고 최적의 이동경로와 안전조치 사항을 마련한다. 이 로봇은 방사선 환경에서 20톤 이상의 대중량 기기를 0.1 mm 정밀도를 가지면서 안정하게 취급할 수 있도록 제작되었다. 이 로봇은 또한 제어하는 사람의 액션에 따라 움직이고 로봇의 움직임이 제어하는 사람에게 전달되는 쌍방향 가상현실과 햅틱기술을 사용하여 원격에서 조작할 수도 있다. 모든 로봇은 높은 신뢰도와 생존성, 그리고 강인성을 지니고 있다.

입으면 로봇이되는 전신 외골력 체계인 XOS Exoskeleton. 월간 밀리터리리뷰 사진 인용

❁ 외골격 강화 모듈

아무리 휴머노이드와 원격 로봇이 현장의 정비와 교체작업을 담당한다고는 하나 사람이 필요한 작업도 있기 마련이다. 해체해야 할 시한폭탄이 있다고 하자. 재깍거리는 시계는 폭발시간이 다가옴을 숨 가쁘게 알려주는데 폭탄을 해체하는 사람의 눈에 보이는 연결선은 빨간색과 파란색 두 개. 여러분이라면 어떤 선을 자를까. 아니 로봇이라면 어떤 선을 자를까?

로봇은 절대 선을 자르지 못한다. 왜냐고? 두 선에 대한 정보가 전혀 없기 때문이다. 하지만 영화에서 007은 진땀을 흘리면서 파란색 선을 자른다. 잠시 화면이 정지된 다음 시한폭탄의 시계는 멈추고, 영화는 해피엔딩으로 끝나면서 007은 여주인공과 뜨거운 키스를 나누지 않던가...

로봇은 인간의 인지능력을 따라오지 못한다. 감각에 의존하는 일이 특히 그렇다. 따라서 아무리 로봇이 사람의 일을 대신하는 세상이 왔어도 인간은 필요한 법이다. 그렇지만 사람의 근육은 일정 중량 이상은 들거나 움직이지 못하므로 인간의 활동을 강화시키기 위해 보완장구를 착용하게 된다. 그 보완장구 중 하나가 외골격 강화 모듈이다. 외골격 강화 모듈이 무엇이냐고? 에어리언 2에 등장하는 파워로더를 떠올려보라. 사람이 움직이는 대로 로봇이 움직이지 않던가. 그것이 바로 외골격 강화 모듈이다. 물론 방사선량이 매우 높거나 위험한 지역은 원격 로봇을 사용할 수도 있다. 하지만 아무리 카메라의 성능이 좋아도 인간의 시야각을 모두 제공할 수는 없는 노릇이므로 부분적으로 인간이 직접 투입되는 경우도 많이 있다.

❁ 유비쿼터스 기술을 이용한 원격이동 감시

2000년도에 본격적으로 발전소에 도입되기 시작한 상태기반 운전 개념은 설비의 상태를 진동이나, 열영상, 초음파 누설음, 전류신호 등을 이용하여 진단한 후 고장이 일어났다고 판단되면 고장부위를 수리하거나 발전소를 정지시키는 것이었다. 하지만 유비쿼터스 기술을 이용한 원격이동 감시 기술이 도입됨으로써 이러한 체계는 선행진단체계로 바뀌었다. 선행진단이란 기기의 운전이력, 고장모드를 미리 파악하고 상태정보와 운전정보를 이용하여 설비의 결함 발생을 미리 예측하는 것을 의미한다.

필요한 모든 곳의 온도, 압력, 오염, 균열 등에 환경정보를 실시간 수집하여 관리, 통제할 수 있도록 구성한 네트워크가 구성되어 있으므로 Anytime, Anywhere, Anything 통신이 가능한 환경을 구현한 것이다. 문제는 센서로부터 수집되는 정보가 너무 많다는 데에 있다. 센서 네트워크 상의 정보를 응용, 서비스하기 위해 센서 노드의 하드웨어와 운영체제 상에 존재하면서 데이터 운용 및 관리 기능을 수행하는 미들웨어 에이전트가 개발되어 실행되고 있다.

❁ 설비의 신뢰도를 온라인으로 관리하는 에이전트 시스템

로봇이 모든 일을 대신하므로 원현장씨는 낮잠만 즐기면 될 것인가? 천만에 말씀. 40년 전의 원전은 지금에 비하면 낙원이었다. 즐거움과 어려움을 함께 나누고 헤쳐 나가면서 쌓이는 동료의식은 무엇과도 바꿀 수 없는 행복 그 자체였다. 하지만 2050년 원전은 컴퓨터가 지배하는 매트릭스와 같은 세계다. 지식기반시스템, 전문가시스템, 신경회로망, 수학적 모델, 그리고 통계학적 방법 등과 같은 양자컴퓨터를 이용한 의사결정 시스템이 발전소를 안전하고, 경제적으로 제어하지만 이 컴퓨터를 최종적으로 관리하고 정상여부를 판단하는 것은 오로지 인간의 몫이다. 인간만이 이 시스템을 평가할 수 있는 것이다. 아무리 인간이 최상위에서 설비를 관리한다고 해도 실시간으로 설비 신뢰도를 분석, 관리할 수 있는 에이전트 시스템이 없었다면 원격 자율운전은 불가능했을 것이다.

설비 건전성 평가 에이전트의 역할에 따라 우리나라 원전의 불시정지 및 사고 건수는 최근 십년간 "0"에 가깝다. 완전히 "0"이 되지 않은 이유는 60년 전에 지어진 폐로를 앞둔 구형의 발전소에서 변압기 고장으로 인한 발전정지가 한건 있었기 때문이다. 이 발전소에는 설비관리 에이전트가 완벽하게 적용될 수 없었다. 에이전트는 각종 정보와 데이터를 이용하여 사건과 고장에 대한 실시간 정량적 분석을 하기 때문에 고장이 발생할 조짐이 있는 설비는 임대회사에게 충분한 시간 전에 자동으로 통보한다.

설비관리가 얼마나 철저한가는 원전에 사용하는 나사 하나에도 RFID 태그가 붙어있다는 사실에서 실감할 수 있다. 이 RFID 태그를 이용하여 에이전트는 나사의 수명을 관리하고 볼트와 너트의 결합 토크 값을 센서 네트워크를 통해 실시간으로 통보한다. 만일 정비과정에서 이 토크 값을 초과하여 볼트가 조여지면 즉시 원현장씨에게 통보된다. 연속적인 감시가 필요한 모든 설비는 부품 단위까지 내장형 센서[41]를 부착한다. 설비의 제작단계에서 부착하는 이 센서는 근거리 무선통신망을 이용하여 설비의 상태정보를 제공한다.

원전 현장의 각종 정보로는 위와 같은 유비쿼터스 기반의 내장형 센서 네트워크로부터 올라오는 정보와 휴머노이드 로봇이 직접 계측하여 전송하는 정보로 나누어진다. 과거 진동신호나 열영상 신호등을 발전소 근무자가 일주일이나 한달 간격으로 측정하여 이전 계측한 결과와 대조해 보던 분석 방법은 설비의 불시정지를 줄이는데 성공적으로 사용되었지만, 배관의 지지대, 배관, 행거나 전선 등의 단순한 설비의 고장 또는 결함을 탐지하기에는 역부족이었다. 2000년대 들어 원전의 안전계통 설비고장에 의한 불시정지 건수는 크게 감소한 반면, 비안전계통에 의한 정지건수는 줄이지 못했던 것은 자동화된 설비의 관리체제가 모든 설비를 대상으로 하지는 못했기 때문이었다.

기기 상태 정보만을 이용하여 진단하는 방법은 진단의 정확도와 성능저하 시기 예측과 같은 결함 예측의 신뢰도 측면에서는 한계를 보이고 있다. 따라서 2050년 원전에서는 보다 정확하고 효율적인 진단 및 관리를 수행하기 위해, 과거의 설비 고장이력과 설비이력을 지식체제로 갖추고 있어 설비를 교체할 것인가 또는 정비할 것인지를 최종적으로 결정하여 보고하는 설비건전성평가 에이전트를 갖추고 있다. 컴퓨터 프로그램인 에이전트는 인간의 언어나 필기체 글씨 등을 인식할 수 있는 기본 바탕위에 현장 슈퍼바이저의 감정 등에도 반응할 수 있는 양방향 인터렉티브 기능도 내장되어 있다. 모든 에이전트는 고유의 규칙인 온톨로지를 기반으로 작동된다. 인간이 학습하지 않았거나 정의되지 않은 사항에 대해서는 절대 판단할 수 없다. 이 판단은 원현장씨의 몫이다. 하지만 원현장씨도 상위 시스템 상에서 원전을 총괄 관리하는 사람에 의해 감시되고 있고, 규제기관에서도 독립적으로 확인을 하고 있으니 이래저래 2050년을 사는 사람은 감시와 감독에서 자유스러울 수가 없는 모양이다.

41) 내장형 센서는 미국 Rand 연구소가 2006년 발표한 'The Global Technoloty Revolution 2020' 중 하나이다.

설비건전성평가 에이전트가 설비신뢰도 기반에 의해 정비를 권고하였고 원현장씨가 이를 승인하였다고 해도 하나의 독립적인 단계가 남아있다. 바로 정비의 효과와 그 가치를 판단하는 것이다. 오늘 100원의 돈을 들여 설비의 부품 일부를 교체할 것인지, 아니면 10000원을 들여 통째로 교체하고 몇 년 동안 다리 뻗고 편히 지낼 것인지를 판단하는 것이다. 이 판단을 위해 가치기반정비 전략이 사용된다. 이 전략 프로그램은 설비의 이용률과 비용효과, 그리고 환경부담 및 규제기준 등을 종합적으로 고려하여 정비효과를 현재의 가치로 산출, 지역발전본부의 책임자와 임대회사에 제공한다. 책임자와 임대회사는 회의를 통해 설비의 교체 또는 정비 여부를 결정한다. 가치기반 정비전략[42]에 대한 검토는 실시간으로 이뤄지며, 이 전략 단계가 추가되어도 원전의 안전성과 설비의 신뢰도에는 영향을 주지 않는다는 것이 입증되어있다.

❁ 의사결정 기술

에이전트 기술에 있어 또 하나의 요소기술은 바로 의사결정기술이다. 2010년에도 의사결정지원 솔루션이 사용되었다. 대표적인 예가 증권회사에서 제공하는 6개월 이동평균선이다. 하지만 이 기술은 주로 통계적 추론과정을 거쳐 의사결정을 지원하는 기법을 사용하였다. 그러나 2050년 원전에서는 인간의 인지사고적 관점의 추론과정을 모사한 의사결정기술을 사용한다. 물론 사람의 인지사고적 관점의 추론과정 역시 오류의 가능성을 가지고 있다. 프로이드는 사람의 초자아가 '자기도취적인 동일시'[43]를 통해 오류에 빠질 수 있음을 말한다. 이렇듯 불완전한 자아세계를 지닌 인간의 감성적인 인지능력에는 분명 오류의 함정이 존재한다.

인간의 인지사고는 우뇌적인 감성부분과 좌뇌적인 논리부분을 총 동원하게 된다. 우뇌적인 감성부분을 도입한 에이전트는 2050년에도 초보적

---

42) 가치기반정비 (value Driven Maintenance) : 설비의 정비 시점을 현재의 가치로 계산하여 결정하는 기법으로 네덜란드의 Maintovation사가 개발

43) Calvin S. Hall, '프로이드 심리학 입문', 범우사

인 수준의 구현만이 하다. 하지만 좌뇌적인 논리부분이라면 문제는 달라진다. 모든 좌뇌적인 논리는 거의 완벽하게 기계에 의해 재현이 가능한 것이다. 변호사, 판사, 의사, 엔지니어 등 주로 논리적 훈련에 의해 일을 수행하는 직업군은 대부분 기계에 의해 대체되었다.

❁ 시뮬레이션으로 신뢰도를 입증한다.

원전의 확률론적 안전성분석은 2050년 원전에서도 계통의 안전성을 평가하고 담보하는 중요한 방법론이다. 40년 전 원전에서는 이 분석을 위해 원전 고유의 고장데이터와 일반데이터(Generic Data)를 사용했었다. 하지만 원전 고유의 고장률을 구하는 것이 어려운 문제였기 때문에 분석의 오차범위는 일정 부분 존재했다. 하지만 2050년 현재는 과거 70년간 이상 원전 산업계에서 축적한 원전 특성에 맞는 고유의 설비 고장데이터를 분석에 활용할 수 있으므로 매우 정밀하게 계통과 설비, 부품 단위까지의 신뢰도 분석이 가능하게 되었다.

신뢰도를 시험에 의해서만 입증할 수는 없다. 적은 규모의 설비라면 직접 시험도 가능하겠지만 원전의 각 계통의 신뢰도를 입증하기 위해서는 축소 모델을 사용할 수밖에 없다. 이는 시간과 경비가 대규모로 투자되어야 하므로 보통 문제가 아니다. 따라서 지난 40여 년간 실제 모델을 만들어 시험을 실시하는 대신 컴퓨터상에서 연산 모델로 재현하고 각종 해석과정을 거쳐 시뮬레이션 하는 방법이 꾸준히 개선되어 왔다. 3D 가상현실과 연계한 모델링 과정과 해석과정이 도입됨에 따라 축소 시험체를 직접 만들어 시험하는 것보다 빠르고 경제적으로 각종 신뢰도 시험이 가능하게 되었다.

상용 분석 모델을 컴포넌트화된 시뮬레이션 프로그램과 간단히 결합하고 입출력 조건과 경계조건만 결정해주면 실제와 같은 3차원 동영상으로 시험 결과를 얻을 수 있다. 마치 가상 게임을 하듯 분석환경을 이용하는 것만으로도 복잡한 연산, 시험과 완전히 '굿바이' 할 수 있는 세상에 살고 있는 것이다.

05

원자력발전소 자율운전 체계를 도입하다.

자율운전과 원격운전 개념이 복합된 미 공군의 무인공격기 프레데터의 운영모습이다. 자신이 쏜 미사일에 맞은 인간이 산산이 분해되어 피범벅이 되어가는 광경을 보면서 이 병사는 무엇을 생각할까. 이건 꿈이라고, 사실이 아니라고 생각하지는 않을까? 그렇다면 이 무기와 컴퓨터 게임과 다른 점은 대체 무엇이란 말인가? 미 공군 홈페이지의 사진을 e-밀리터리 사이트에서 재인용

기술발달의 결과로 발전소 현장 설비는 대부분 자율운전 체계를 갖추게 되었다. 대부분의 원자력기술이 군용기술에서 출발했듯이 자율운전의 많은 개념은 무인기 조작과 같은 군용기술을 참조하여 개발되었다. 위성통신기술과 첨단제어기술이 복합된 이러한 무인비행체 제어기술은 원자력발전소의 자율운전 체제에 직접적으로 활용되고 있다.

하지만 군용규격은 원자력발전소에서 요구하는 안전성 측면의 요구사항을 만족시킬 수 없다. 파괴를 미션으로 하는 군용장비의 규격과, 인간을 안전하고 편안하게 하며 환경을 지키고 가꾸기 위한 원자력규격이 같을 수는 없다. 바로 기술에 담긴 철학적 배경이 다른 것이다. '청출어람'의 대표 격이 바로 자율화된 원전 기술이 아닐까.

원전에 도입된 무인화 개념과 자율 운전 개념을 완성하기 위해, 원전의 모든 단위 기기 역시 자율화에 대비하고 있다. 원자로, 압력용기, 배관 등의 표면에는 MEMS 기반의 센서가 어레이 형태로 부착되어 배관의 감육이나 누설의 징후가 포착되면 정확한 위치와 심각도를 실시간으로 정비원에게 알려주어 필요한 조치가 가능하도록 하고 있다. 나노 복합재료가 원자로 내장재와 같은 핵심기기에 사용되면서, 나노 센서물질을 소재를 만들때 첨가하는, 침투형 센서를 적용하기도 한다. 이 침투형 센서는 재료의 변형, 응력의 수준 등 다양한 정보를 복합적으로 알려주므로 소재의 수명까지도 정확하게 예측하고, 교체시기를 결정할 수 있도록 해준다.

모든 센서 신호는 Zigbee+와 같은 단거리 무선개인통신망44)을 이용하여 수집한다. 이 단거리 무선통신망에는 네트워크의 보안과 통신의 오류 방지 등의 기술이 적용되었다. 수집된 데이터는 그 양이 방대하므로 이 신호들을 선별하고 처리하는 초고속의 컴퓨팅 기술이 필요하다. 또한 계산된 결과로부터 실제의 정비원이나 운전원 액션을 요구하기 위한 의사결정논리가 아울러 요구된다. 이러한 연산은 분산 컴퓨팅 기술이나 양자 컴퓨팅 기술을 이용하여 해결하고 있다.

44) WPAN (wireless personal area network): 무선 개인영역 통신망

❁ 자가진단 자가보수

한여름 모기가 귓불을 물어도 바로 느끼는 것이 인간의 신경계다. 극심한 고통에 시달릴 때면 촘촘하게 분포된 신경을 누군가 제거해 주었으면 하기도 한다. 하지만 이 신경 덕분에 사람은 육지에 사는 포유류 중 가장 수명이 긴 종의 하나가 된다. 이처럼 신경계가 발달할수록 고등종(種)으로 진화한다. 기계도 마찬가지이다. 각 기기에 그물망 같이 설치된 센서네트워크가 가동하면 기계는 사람과 같이 신경계를 갖게 된다. 이 신경계의 정보를 이용하여 온라인 자가진단이 이루어지고, 나아가 자가보수까지 가능해 진다면 기계는 더 이상의 무기물이 아니다. 유기체가 되는 것이다.

자가보수는 어느 정도 가능할 것인가. 격납용기 건물을 한번 살펴보자. 균열이 예상되는 콘크리트 복합모듈의 내부에는 균열이 일정규모 이상으로 성장할 경우 사전에 모듈 내부에 심어놓은 캡슐형 보수제를 자동으로 터뜨려 균열을 복구하는 방법을 사용한다. 나노 복합재료가 사용된 배관이나 압력용기도 역시 나노 치료물질에 의한 자가치료가 가능하다. 그 밖의 설비들에 고장이 발생하면 정비 로봇에 의한 보수가 실시된다. 자가보수를 진행하는 동안에는 다른 설비가 이 기능을 담당하게 한다.

❁ 사이버테러 대응과 소프트웨어의 신뢰성 향상

자율화된 원전 내에서는 기기의 제어와 보호에 무선통신이 광범위하게 사용되기 때문에 사이버 테러와 해킹에 대한 대응책을 마련하는 것도 매우 중요하다. 원자력발전을 반대하는 극단주의자들이 여전히 활동을 하고 있고, 통신망이나 컴퓨터에 해커가 침입하는 일도 일상화되어 있으므로 이를 원천 봉쇄할 수 있는 방화벽 기술과 해커를 탐지하거나 바이러스를 감지하는 기술의 신뢰도가 무척 중요하다. 2050년 원전의 각 무선통신망에는 양자암호화 칩이 설치되어 일차적으로 사이버 테러나 해킹의 첫 번째 방벽으로 작용하고있다.

두 번째 방벽은 여러 겹의 미로를 통신망에 설치하여 사이버 공간에 불필요한 접근을 통제하는 것이다. 이를 테면 개발 환경에 대한 접근을 통제하거나 원격 접근이 되지 않도록 하고 단 방향으로만 통신이 가능하도록 핸드쉐이킹을 금지한다거나 하는 방법을 사용할 수 있다. 제 3의 방벽은 좀 더 능동적으로 사이버 위협을 탐지하고 방어하는 것이다. 사이버 수사대와 같이 접근을 시도한 IP를 끝까지 추적하여 발본색원(拔本塞源)하는 것도 하나의 방법이 된다. 제 4의 방벽은 자율운전 시스템을 설계하고 운영하는 조직의 사이버보안 태세를 교육과 훈련을 통해 확보하는 것이다. 매월 15일 민방위 훈련을 실시했던 것과 같이 자동시험설비를 이용한 침투시험을 실시하고 대응 태세를 점검하는 것이다. 물론 문제가 발생하면 대응 체계와 절차를 다시 세우게 된다.

하지만 '열 포졸이 한 도둑을 못 지키는 것'처럼 한 가지 방법으로 사이버 보안 문제를 해결할 수는 없다. 따라서 원전을 건설하고 운영에 참여하는 모든 회사는 직원 개개인이 먼저 유비쿼터스 시대의 디지털 패러다임에 적응하는 사이버 보안의 중요성을 인식할 수 있도록 끝임 없이 주지시키고 있다.

자율운전을 위한 시스템을 개발하기 위해 필요한 또 하나의 요소기술은 계측제어시스템에 사용되는 소프트웨어의 안전성과 신뢰성을 극대화하는 것이다. 2050년 원전의 소프트웨어에도 결함은 존재한다. 그러나 소프트웨어의 결함 분포 함수를 이용하여 결함이 발생할 시점을 정확히 예측할 수 있기 때문에 결함이 치명적인 결과로 나타나는 것은 방지할 수 있다. 소프트웨어 성장 모형은 소프트웨어의 신뢰도를 만족할 수 있는 수준으로 관리하는 방법론으로 사용된다. 아울러 소프트웨어의 중요도에 따라 차등 품질을 적용하여 중요한 소프트웨어는 시험을 대폭 강화하여 결함을 일으킬 수 있는 예상 원인에 대한 모든 검사를 수행하고 비교적 중요도가 떨어지는 소프트웨어에 대해서는 품질관리의 수준을 낮추는 방법을 사용하기도 한다.

또 하나의 중요한 개선점으로는 소프트웨어를 사용하는 시스템의 큰 이슈였던 공통유형고장 문제가 해결된 것이다. 다중화된 보호장치를 도입

인공지능 컴퓨터가 인간을 조종해 범죄를 저지르는 내용을 다룬 영화 '이글아이'. 컴퓨터의 범죄를 막는 것은 누구일까? 그야 당연히 인간이지...

하더라도 소프트웨어가 동일하면 어느 한 채널의 소프트웨어 결함이 다른 채널에도 동일하게 전파되기 때문이다. 이를 해결하기 위해 서로 다른 컴퓨터 시스템, 입력 경로의 차별화 그리고 다중 버전의 소프트웨어를 사용하고 있다.

❁ 대칭설계 개념

자율운전을 위한 설비는 고장이 발생하더라도 원전의 운전과 안전성에 영향을 주지 않도록 하기 위해 주설비와 부설비가 동일한 기능을 갖도록 대칭설계를 기본으로 제작된다. 이렇게 대칭화된 설비의 집합인 시스템 역시 대칭화하거나 대체 운전이 가능하도록 부분 대칭화를 실시한다. 만일 주운전 설비에서 고장이 발생하면 백업 설비가 이를 대체하여 운전하게 하며, 두 설비가 모두 고장이 났을 경우에는 시스템간의 대체 운전이 가능하도록 함으로써 원전의 이용률이 저하되지 않도록 한다.

설비 대칭화와 시스템 대칭화 또는 대체 운전 형식은 확률론적 안전성 분석, 설비 신뢰도분석, 설비 치명도 및 중요도 분석, 정지유발기기 분석 등의 과정을 통해 최적화한다. 이러한 모든 과정은 통합된 프로그램을 이용하여 설계 시 기준선을 작성하고 원전의 수명기간 중 취득되는 데이터를 이용하여 결과를 개선한다.

2050년 발전회사가 달라진다.

지역화된 발전회사

2050년의 발전회사가 과거와 달라진 점으로는 발전소에 근무하는 사람보다도 지역 대도시의 발전본부에 근무하는 사람이 더 많아졌다는 것이다. 과거 발전소에 위치했던 발전본부가 대도시로 옮긴 것은 자녀 교육과 직원들의 문화생활에 대한 욕구를 충족시키기 위해서였지만 이를 가능하게 한 것은 발전소의 자율운전 체계와 원격 감시, 원격 케어 등 이를 뒷받침 할 수 있는 기술이 높은 신뢰성을 갖추고 있기 때문이다. 서울에 있었던 본사는 지역발전본부로 나뉘어졌고 하나의 에너지 센터로 운영되고 있다. 더 이상 본사라는 물리적 개념은 존재하지 않는다. 본사의 개념은 본부 협동체의 성격으로 가상적으로만 존재하고 주식시장에서나 통용되는 개념으로 바뀌었다.

글로벌화한 인재채용

또 하나의 변화는 발전본부에 근무하는 인력에 외국인 비율이 높아졌다는 것이다. WTO 협약에 의해 모든 인력 채용은 반드시 국제공고를 하도록 의무화되어 있으므로 외국인 직원채용에는 어떠한 제한사항도 없다. 동시통역기가 인간의 언어능력을 거의 모사할 수 있게 되었고, 음성인식기와 발생기가 정확하게 사람의 귀와 입을 대신할 수 있게 된 이후, 지구는 진정으로 하나가 되었다.

❁ 렌탈 발전소

30년 전만해도 발전소의 설비는 전문분야별로 상주회사에 의해 관리되어 왔다. 이를테면 원자로계통 기계분야는 정비인력이 대규모로 상주하면서 매 정기보수기간에 약 20일 동안 중점적으로 보수를 담당하고 기타 일정에는 상시 관리항목을 점검하는 것이 오랜 기간 동안 이어진 관례였다. 하지만 원자력발전소가 렌탈 개념으로 바뀐 이후 각 렌탈 영역별로 설비관리를 책임지는 형태가 일반화되었다. 이는 정수기를 렌탈하여 사용하면 정수기회사는 자사의 프로그램에 의해 필터교체 시기를 결정하고 항상 정수기를 관리하는 형태와 유사하다. 1990년대 제리미 리프킨이라는 학자가 예견했던 '소유에서 접속으로'라는 개념이 대표적인 설비산업인 원자력발전소에도 적용하게 된 것이다.

발전소 계약에 대해서도 설명해야겠다. 초기에 대규모의 비용이 투자되어야 하고, 자금회수는 100년에 걸쳐 일어나게 되자 전력회사가 자체의 자금을 이용하여 발전소를 짓고 전기를 생산 판매하는 형태의 서비스는 불가능하게 되었다. 이에 따라 원자력발전소의 프로젝트 파이낸싱을 담당하는 회사가 설립되었고, 이 파이낸싱 회사는 큰손과 개미군단을 모아 발전회사에 투자한다. 개미투자자의 대부분은 은퇴한 직장인들로써 안정적인 이자수익을 기대할 수 있어 또 다른 연금 수익원이 되고 있다.

나원전씨와 이안심씨가 근무하는 이 발전소의 원자로만 해도 원자로용기와 제어봉, 내부 내장재 등을 공급한 회사가 서로 다르다. 또한 발전소 서비스에 대한 책임도 공급사가 전적으로 책임을 진다. 만일 제어봉 고장이 발생하여 원자로가 정지했다면 제어봉을 공급한 회사는 사전에 계약된 내용에 따라 페널티 비용을 지급한다. 그러므로 제어봉 공급회사는 신뢰도가 최대가 되도록 항상 신경을 쓴다.

07 발전소 건설 현장이 바뀐다.

❁ 원전 건설 공법의 변화

2050년 원전의 토목과 건축기술에서 가장 큰 변화는 콘크리트 공법의 변화일 것이다. 철근을 이용하여 골격을 만들고, 그 둘레에 거푸집을 쌓은 다음 골재와 시멘트를 섞어 채워 양생하는 고전적인 습식 공법은 더 이상 사용되지 않는다. 철근을 대체하는 나노 탄소 하이브리드 섬유[45) 표면에 나노 충진재를 부착시키는 건식 공법이 사용되는 것이다. 이러한 나노 건축 재료의 도입을 통해, 원자력발전소의 모든 건축물은 공장에서 모듈 형태로 생산하여 현장에서 조립하는 Pre-Fab 체제가 가능하게 되었고 첫 콘크리트 타설로 부터 초기 노심 장전을 의미하는 건설공기도 24개월 이내로 획기적으로 단축되었다. 건식 공법의 또 하나의 효과로는 건설비용의 저감을 들 수 있다. 40년 전에 비해 건설비용은 30% 이상 낮아졌다.

❁ 폐기를 고려한 원전 건설

2050년의 원자력발전소는 설계 단계에서 폐기단계에 대한 대책을 철저히 수립하게 된다. 이 기술 역시 나노 복합소재를 이용한 건식 건축공법을 이용함으로써 가능해졌다. 나노 복합소재는 방사선에 대한 취성이나

45) 이영오 외, "PVA 및 PE 섬유를 하이브리드한 고인성 섬유보강 시멘트 복합체의 성능평가", 대한건축학회 학술발표대회 논문집, (2007-10), 서수연 외, "CFS(Carbon Fiber Sheet)로 휨 보강된 RC부재의 보강겹수에 따른 구조성능 변화", 대한건축학회 논문집(구조계), v.24 n.2(2008-02)

방사화가 매우 낮아 일반 재료와 같이 재활용할 수 있다. 아직 사례는 없지만 이론적으로는 원자력발전소를 뜯어서 다른 지역에 옮기는 것도 가능해졌다.

원전을 주기기와 보조기기 그리고 현장공사로 구분하여 건설하던 기존 방식은 100년 전부터 50여 년간 유지되었고, 이후 원전을 아일랜드로 나누어 블록 방식으로 건설하는 형태로 바뀌어 약 30여 년간 운영되었다. 2040년 이후 원전 건설은 완전 모듈화하여 건설되고 있다. 제작사가 하나의 모듈에 기계설비, 전기, 계측 등을 모두 연결하여, 시험을 거쳐 현장에 납품하면 각 모듈을 맞추는 조립작업을 통해 원전이 완성된다. 사전에 모듈의 단위시험이 완료되었으므로 레고 블록을 쌓듯 현장건설공정이 단순해졌다. 토목, 건축, 기계, 전기 등으로 공정을 분할하고, 선행공사가 완료된 후 다음 공정이 시작되던 과거의 연속공정방식은 더 이상 존재하지 않는다. 물론 모듈 납품 전에 현장 토목공사와 일부 건축공정은 먼저 진행한다. 건설이 끝나면 각 모듈별로 현장 인수검사를 실시하고 계통 시운전 단계로 돌입한다. 사전 제작된 모듈은 바지선 등 대형 선박을 이용하여 운송한다.

❁ 초장주기(超長週期) 운전과 부하추종(負荷追從) 운전을 위한 핵연료

과거 경수로형 원자로는 3.5%~6% 정도의 농축도를 가지고 있어 약 18개월마다 한 번씩 핵연료 교체를 위한 정지기간이 필요했다. 하지만 핵무기가 지구상에서 사라진 이후 원자로의 핵연료 농축도도 점점 높아져 이제는 약 72개월 주기로 교체주기가 바뀌었다. 핵연료의 교환도 코어 슈라우드에 핵연료봉을 모두 장전한 상태에서 노심을 통째로 교체하는 모듈화 방법이 도입되어 사용되고 있다.

초장주기 운전에 따라 정비의 개념도 바뀌었다. 핵연료 재장전이 간편해짐에 따라 핵연료 주기에 맞추어 18개월마다 시행하던 정기보수공사의 개념은 사실상 없어지고 6년에 한번씩 한 달에 걸쳐 보수를 시행한다. 설비의 상태 감시결과 신뢰도에 이상이 있다고 판단되면 로봇 시스템을 이용

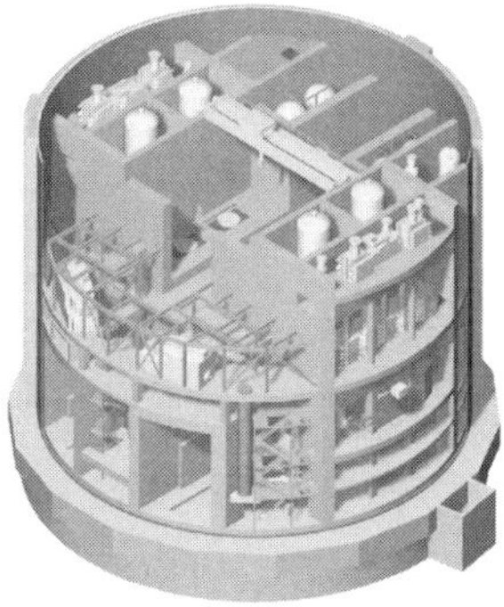

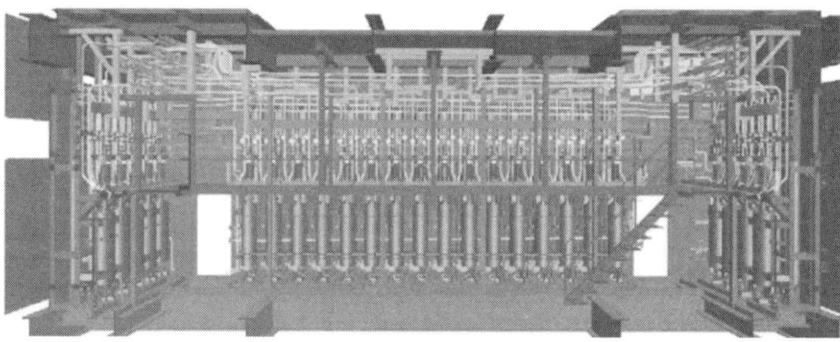

레고 블록 쌓듯 원자로를 조립하는 모습. 2050년의 원전은 조립식 아일랜드 건설방식(위)이 아니라 시험이 가능한 최소 모듈로 제작(아래)되어 현장에서 조립된다.

하여 운전 중 정비를 시행하는 것이 일상화되었다. 원자로냉각재 계통 설비를 제외한 대부분의 계통은 운전 중 정비를 시행하고 냉각재 계통에 대해서는 신뢰도 평가 결과에 따라 출력감발 정비, 우회 정비를 시행한다. 신뢰도가 확보될 수 없다고 판단되면 정지 후 정비를 하도록 규정되어 있지만 어느 원전에서도 정비를 위한 원전 정지는 발생하지 않았다.

이와 같은 초장주기 운전이 가능해 진 것은 경수로 핵연료의 안전성이 현저하게 향상되었기 때문이다. 원자력 발전에 대한 의존도가 70%에 가깝게 높아지면서 국민들은 원자력 발전의 안전성에 대해 더욱 많은 관심을 갖게 되었고, 원자력관련 기관들은 안전성을 높일 수 있는 방법에 대해 연구개발을 진행했다. 이 중 하나가 핵연료 온도를 낮춘 '저온 핵연료'

를 사용하는 것이었다. 동일한 출력에서 핵연료 온도를 낮추면 안전성 관련 모든 인자가 개선되므로 '이중냉각 핵연료' 등을 활발히 채택하게 되었다.

원전의 부하 분담이 매우 높아지면서 부하추종운전이 일반화됨에 따라 출력변화에도 파손이 없는 핵연료가 필요하게 되었다. 부하 변동에 따라 가장 큰 영향을 받는 펠릿이 온도 변화에도 영향을 받지 않도록 하기 위해 '신축성이 높은 가소성 소결체'가 사용되고 있다. 이와 함께 초장주기 동안 연료봉의 결함이 발생하지 않도록 하는 새로운 재료가 도입되어 사용되고 있다. 또한 사용 후 핵연료의 방출량을 저감하여 방사성 폐기물을 줄이기 위한 노력의 하나로 100,000 MWD/MTU 이상의 연소도를 내는 초고연소도 핵연료가 사용되고 있기도 하다. 이러한 초고연소도 환경조건에도 생존하기 위해 펠릿-클래딩 인터렉션이나 산화층 형성과 같은 결함이 발생하지 않고 자체 변형이 작은 신재료와 소결체 변형이 적은 새로운 재료가 사용되고 있으며 이 분야에 대한 지속적인 연구도 수행되고 있다.

지구의 기후환경이 바뀌면서 온대기후지역이던 한반도가 아열대성기후지역으로 바뀌어 가고 있으며 전(全) 지구적으로 자연재해가 늘어나고 재해강도 역시 커지고 있다. 또한 과거 한반도의 내륙지역에서는 규모 5 이상의 지진이 발생한 사례가 없었으나 최근 들어 규모 6 이상의 지진이 발생하고 있기도 하다. 따라서 규제기관과 원자력발전사업자는 더 높은 강성을 갖는 핵연료를 요구하고 있다. 40년 전의 원자력발전소의 내진설계는 0.3 g이었지만 지금은 이보다 훨씬 높은 0.6 g의 설계요건에 맞는 핵연료가 사용되고 있다.

❁ 나노 복합소재를 이용한 조립식 원전

이제 원자력발전의 전체적인 모습을 살펴보자. 격납용기와 보조건물, 핵연료건물, 터빈건물로 나뉘어져 있는 발전소의 형태는 어떻게 바뀌었을까. 우선 보조건물과 터빈건물은 합쳐졌고 핵연료건물은 규모가 축소되었다. 격납용기도 과거의 뚜꺼운 스틸 라이너에 초고강도 콘크리트를 덧씌우는 형태가 아니라 스틸 라이너에 복합 신소재인 CSS[46]소재로 만든 조립식 패널을 체결하는 형태로 제작되고 있다.

원자력발전소에 사용되는 대부분의 철강소재가 나노 복합소재로 바뀌고 최소단위로 모듈화 되면서 설비의 정비도 수리 개념에서 교체의 개념으로 바뀌게 되었다. 과거 아날로그 시대에는 텔레비전을 고치기 위해 고장 난 부품을 찾아내어 바꾸었지만 디지털 시대의 텔레비전은 관련 모듈 전체를 교체하는 것과 같다. 나노 복합 소재의 최대 장점은 중성자에 의한 소재 취화(脆化)[47]나 방사화 현상이 거의 없다는 것이다. 따라서 교체 후 발생되는 모든 설비는 방사성물질을 먹어 치우는 박테리아를 이용하여 오염물질을 제거한 후 일반폐기물과 같이 재활용된다. 교체된 노심도 재활용이 가능한 나노 복합소재를 제거하고 고준위 방사성폐기물을 연소시키는 파이로프로세싱[48] 처리를 한 후에 TRU 연소로[49]에서 재활용된다.

❀ 이중 열사이클로 운전되는 발전소

신원산 원전의 열사이클은 증기 사이클과 열전 사이클로 나뉜다. 원자로에서 냉각수를 가열하여 증기발생기의 튜브를 통과시키면 증기가 나오고, 이 증기를 이용하여 발전기가 붙어있는 터빈을 돌려 전기를 생산하는 사이클이야 백년 가까이 된 고전적인 기술이지만 발전소 열효율을 50% 이상 되도록 하는데 큰 기여를 한 새로운 기술은 바로 열전발전 기술이었다. 열전발전 기술은 1차 계통 Cold-leg에 열전소자를 촘촘히 깔아 발전하는 1차 계통 열전발전 기술과 터빈을 돌리고 난 후 복수기로 떨어지

46) Composite Shell System : 무철근, 무거푸집 특수 복합소재로서 고강도, 내화학, 내부식, 내열 기능을 갖는다. 콘크리트와 철의 뒤를 잇는 제 5세대 복합 신소재로 평가받고 있다. 한국경제 2008년 4월 24일자 보도 인용

47) 외부에서 힘을 받았을 때 물체가 소성 변형을 거의 보이지 아니하고 파괴되는 현상

48) 파이로 프로세싱(Pyro-processing) : 사용한 핵연료를 핵 확산 위험성이 없도록 친환경적으로 처리하는 기술. 고온의 용융염 매질에서 전기를 이용하여 핵연료를 처리하는 기술로, 맨 먼저 핵연료를 금속 물질로 변환시키고, 이를 다시 유사한 고온의 용융염 매질에서 전기를 이용하여 대부분의 우라늄만을 회수한다.

49) TRU 연소로 : 초우라늄원소란 플루토늄과 Np, Am, Cm 과 같은 미량의 액티나이드가 혼합된 원소를 말하며 고준위 방사성폐기물을 연소시키는 원자로를 TRU연소로라고 한다.

는 증기의 열을 이용하여 발전하는 2차 계통 열전발전 기술로 나뉘어 적용되고 있다.

열전소자는 과거 온도를 측정하던 열전대와 같은 원리를 사용하는데 두 종류의 서로 다른 성질의 나노 접합부에 열을 가하면 기전력이 발생하는 현상을 이용한 것으로 나노 열전 소자를 스트립 형태로 배관 외벽에 붙임으로써 열이 전기로 변환되도록 한 것이다. 열전발전을 적용하면서 부수적으로 얻어진 또 하나의 장점은 발전소 온배수로 인한 환경 파괴의 문제가 개선되었다는 점이다. 복수기가 통과한 바닷물이 증기로부터 열을 회수하여 바다로 방출됨으로써 일어난 이 문제는 열전소자가 증기로부터 열을 제거하는 효과까지 가져오게 되어 심층배수를 위해 해저 1 Km 이상 터널을 뚫어 방류하던 과거의 토목 시공이 필요 없게 되었다.

또 하나의 획기적 방법은 바로 열 낙차와 수두 낙차를 이용한 소수력 발전의 도입이다. 방류수의 온도가 해수 온도보다 높은 현상을 이용하여 해저 심층수와의 대류현상을 이용한 열 낙차 소수력 발전소가 운영되는 것이다. 이 외에도 터빈 해수 배출구 지역의 자연낙차와 해수펌프의 양정을 이용한 수차식 소수력 발전도 도입되고 있다. 이러한 소수력 발전을 통해 온배수의 온도는 약 4℃ 정도 낮아져 환경 부담이 크게 줄어들었다.

❁ 방사성 폐기물이 줄어든다.

2050년 원전의 또 하나의 큰 변화는 저준위 방사성 폐기물이 대폭 감소되었다는 것이다. 폐기물량을 줄이고, 액체 폐기물은 증발과정을 거친 다음 55갤런 드럼에 시멘트나 고화재와 함께 섞여져 영구 보관되던 골치덩이는 더 이상 발전소에서 발생하지 않는다. 고방사능 구역에서 사용되는 대부분의 공구와 소모품 역시 중성자 조사에 의해 방사화가 되지 않는 나노 소재로 제작되며, 저준위 방사능에 오염된 소모품은 바이오 제염 박테리아가 단기간에 방사능 준위를 자연 방사능 정도로 낮추어 준다. 따라서 일반 쓰레기 처리와 같이 소각하거나 매설할 수 있다.

바이오 제염 박테리아를 이용해도 방사능 준위를 낮추기가 어려운 지역에는 플라즈마 공정을 이용하여 표면의 성질을 변화시키는 표면처리 기술이 적용되고 있다. 주로 원자로건물이나 핵연료 건물의 바닥에 적용되는데 플라스마 공정을 통해 표면의 성질을 변화시킨다. 미세 전극에 의해 발생된 플라즈마는 접근하는 다른 소재를 끌어당기거나 밀쳐내는 성질이 있으므로 방사성 물질을 포집하는 집진극에는 끌어당기는 처리를 하고, 발전소의 건물이나 기기에는 달라붙지 않고 잘 떨어지도록 유도하여 쉽게 오염 물질을 제거한다.

❁ 매우 가벼워지고 똑똑해진 원자력발전소

원자력발전소의 크기와 중량 역시 50년 전 건설된 발전소의 절반 이하로 줄어들었다. 크기가 가장 줄어든 것은 원자로격납용기이다. 철근 없는 콘크리트 기술과, 나노 건축 기법을 도입함에 따라 강도는 과거보다 높아졌으면서도 용적이 작아진 건축이 가능해 진 것이다. 또 하나의 변화는 건축물과 배관재 등 설비가 똑똑해지고 자기 복구력이 갖추어졌다는 것이다. 이에 따라 격납용기 누설률 시험이나 배관의 비파괴 검사와 같은 정기 검사는 실시하지 않는다. 그 대신 격납용기와 배관, 압력용기 등에 촘촘히 설치된 침투형 센서가 상시 감시하고 그 결과를 무선통신망을 통해 주제어실과 서비스 제공회사에 알려주어 문제의 발생 이전에 조치가 가능하도록 하고 있다.

문제가 발생할 조짐이 있는 설비는 예지정비 프로그램에 의해 로봇이 정비를 담당한다. 이때에도 원자로는 정상적인 출력운전을 하도록 한다. 온라인 위험도 평가가 이루어지고 차등 품질 프로그램을 모든 기기에 적용하므로 안전성에 영향을 주지 않으면서도 운전 중 보수가 가능하기 때문이다. 또 하나의 기술로는 방사선에 반응하는 페인트와 방사능의 강도에 따라 색이 변하는 유리섬유가 부착된 원자로건물의 방호벽을 들 수 있다. 말 그대로 단순한 벽체조차도 똑똑해지는 것이다.

❈ 나노기술을 이용한 플라스틱 철

2020년 원자로용기에 사용할 수 있는 정도의 강도와 인장력을 지닌 철 대체 물질이 개발되었다. 이후 10년여의 실증시험을 거쳐 2030년 '플라스틱 철'이 원자로냉각재 계통을 제외한 대부분의 안전계통에 사용되게 되었다. 특히 '플라스틱 철'은 미세부분에 대한 자가 복구 능력이 있으므로 기존의 철강소재보다 신뢰도가 더욱 좋다. 이와 함께 이 소재는 폐기물 처리에 대한 환경 부담이 기존의 재질에 비해 낮았다.

철강 소재의 경우 중성자 취화 현상과 방사화에 의해 폐기된 이후에도 아주 오랫동안 방사능을 발생시킨다. 반면, 진흙 소재는 중성자 취화가 거의 없고 방사화율이 철강 재질에 비해 매우 낮으며, 함께 사용되는 플라스틱 고분자 물질 역시 취화 성질은 철강과 유사하나 방사화율은 매우 낮다. 따라서 환경에 대한 부담이 적은 소재로 사용할 수 있어 폐기에 따른 비용이 크게 절감되는 장점이 있다.

❈ 슈퍼합금

2050년 원자력발전소의 원자로냉각재계통에는 슈퍼 재료를 이용한 배관이 설치된다. 이 재료는 초내열 슈퍼합금과 세라믹스 복합재료, 그리고 슈퍼 철강이 복합적으로 사용되어 강도가 높고 내열성을 지니는 특징이 있다. 뿐만 아니라 방사선에 매우 안정하고 부식에 강한 성질이 있어 100년의 원전 수명기간 동안에도 높은 신뢰도가 유지되므로 배관의 감육이나 균열 현상이 발생되지 않는 것이 보장된다. 물론 초고온 슈퍼합금 및 세라믹스 복합재료 등, 이종 재료의 특수 접합기술도 사용되고 있다. 이에 따라 2020년에는 일반 비파괴 검사는 수행되지 않고, 특수 접합부위에 대한 검사 및 평가 업무만 주로 수행된다.

08 원전 설계가 자동화된다.

❀ 설계 자동화

발전소 설계에 3년씩 소요되던 과거의 일은 이제 일어나지 않는다. 2015년 원전 설계에 대한 표준 템플릿이 완성된 이후 설계는 반복적인 일이 되다 보니 설계회사에 엔지니어보다 사업을 관리하고 조정하는 프로젝트 관리 인력이 더 많아진다는 우스갯소리도 자주 나온다.

모듈화된 건식 건설공법이 도입된 2020년 이래 발전소의 설계는 대부분 자동화되었다. 사람이 도면을 그리고 배치설계를 하고, 구조계산을 시행하던 일은 이제 양자 컴퓨터가 맡고 있다. 사람이 개념설계 자료를 입력하면 상세설계 결과를 컴퓨터가 출력해 주는 것이다. 모든 상세설계 결과는 시뮬레이션을 거쳐 검증되므로 오류의 가능성은 거의 없다. 하지만 반복적인 일이 자동화된 것이지 모든 설계업무가 컴퓨터로 이루어지는 것은 아니다. 새로운 개념의 기술 도입은 여전히 사람의 창의력에 의존하게 된다.

특히 자주 바뀌는 부분이 운영과 정비기술 분야이다. 새로운 휴머노이드 로봇과 원격 로봇의 개발 속도가 매우 빠르다보니 이들이 개발될 때마다 각 로봇의 행동 범위와 임무를 결정하고 문제점을 파악하는 일이야말로 매우 중요한 역무가 되었다. 마치 2010년의 자동차 조립라인에서 가장 중요한 요소 중 하나가 용접과 조립을 담당하는 로봇의 배치였던 것과 같은 경험을 원전 설계자들이 겪고 있는 것이다. 또 하나 급속히 바뀌는 설계 변경사항중 하나는 바이오 기술 도입에 따른 방사성폐기물의 처리개념이다. 과거에 액체, 기체, 고체 폐기물로 나누어 관리하던 개념은 이미 없어졌다. 설계자는 대부분의 시간을 3차원 가상현실 교육용 교재를 작성하거나 운전원 매뉴얼을 작성하는데 투입한다. 컴퓨터가 인간의 교육 교재를 작성하거나 매뉴얼까지 작성하지는 못하기 때문이다.

❁ 가상 성능시험 체제

2050년 원전의 설계에 있어 가장 중요한 요소 중 하나는 원자로 성능 목표를 변경하여도 단기간의 개발 작업을 통해 바로 건설에 착수할 수 있는 가상 성능시험 체제를 갖추었다는 것이다. 즉, 1500 MWe 용량의 원자로를 설계하다가 2000 MWe로 출력을 격상할 때 요구되는 원자로축소 유동모델 시험과 안전해석-열수력해석, 설계-계통, 기기구조 해석설계 등이 통합체계 하에서 이루어지고 가상 환경 하에서 실시간으로 실증되므로 설계자가 추가적인 시간을 소요하지 않는다.

또한 신뢰도 기반의 최신 방법론 적용으로 설계신뢰성을 확보하면서 운영효율성을 동시에 얻을 수 있는 최적설계 구현이 가능해 졌다. 이와 함께 발전소 수명주기관리 비용이 실시간으로 계산되는 프로젝트 관리 템플릿이 적용되어 있기도 하다.

이미 3세대 원전 설계 시 확보된 중대사고에 대비한 설계 능력과 안전계통의 다양성과 신뢰성에 관련한 계통의 설계 검증 능력이 더욱 증대되고 실시간으로 입증되도록 구현되어 있다.

이외에도 미국의 9·11사태 이후 요구되어 2010년도 실제 시험을 실시하였던 원자로건물 항공기 충돌 시험과 같은 입증 역시 실제 시험을 대체하여 새로운 나노 복합재질의 도입시마다 가상 환경 하에서 시뮬레이션을 통해 수행하고 있다.

❁ 설계문서를 전자 파일로 전달한다.

조지 루카스 감독이 디지털 영화관을 처음 시도하여 필름이 돌아가지 않는 극장을 열었을 때, 사람들은 신기해하면서도 과연 이 시도가 얼마가 지속될는지 우려하였다. 하지만 2015년부터는 전통적인 필름 배급을 하는 영화사는 모두 사라지고 디지털 소스만 보안이 완비된 인공위성 통신망으로 전 세계로 동시에 배급되었다. 이 파일은 일회 상영 권한만 제공하므로 재생이나 복사는 원천적으로 불가능하다. 이 기술이 설계사에서 활용되고 있는 것이다. 전자파일 형태로 만들어진 문서와 도면, 소스 코드 등은 완벽한 보안체제하에서 건설사와 발주자에게 전달되며, 계정권한을 부여하지 않는 한 복사와 재배포는 불가능하다. 모든 파일은 공정에 맞추어 정확한 시점에 제공된다. 다만 건설과 운영, 정비를 위한 교육용 파일은 복사와 재배포가 가능하다.

❁ 3차원 가상현실을 이용한 시뮬레이션

발전소의 건설단계부터 폐기단계에 이르기까지 모든 매뉴얼은 3차원 가상현실 교육을 제공하도록 작성되어 있다. 스마트 안경을 쓰고 손에 스마트 장갑을 끼면 교육이 시작된다. 일상기억이 논리기억에 비해 훨씬 정확하고 자세하며, 또한 오래 저장된다는 체험학습 효과를 극대화하기 위한 교육이 이뤄지는 것이다.[50] 원자로 모듈을 조립하는 사람이라면 원격로봇의 움직임이 그대로 손에 실시간으로 전해지고 안경에는 스터드 조임량에 대한 토크 값이 표시된다. 정상적인 작동이 이루어지지 않을 경우 이에 대한 정보와 조치사항이 나타남은 물론이다. 운전 중인 발전소의 모든 상태도 가상현실을 통해 보여 진다.

만일 원자로 냉각재의 움직임을 알고 싶다면, 먼저 냉각재 거동 가상현실을 스마트 장갑을 움직여 스마트안경에 표시된 결과를 살펴보기만 하면 된다. 뜨거운 냉각재가 순식간에 증기발생기로 전달되는 2상유체 유동현상이 스마트 안경에 입체화면으로 나타나는 것이다. 옛날 영화 '터미네이터 2편'에서 액체금속 로봇 T-1000과 터미네이터가 뜨거운 용광로에 차례로 녹아드는 장면과 같이, 냉각재가 순식간에 핵연료를 통과하는 장

50) 과학기술부 과학기술혁신본부, "2008년 남자 2030년 여자" 시나리오에서 인용

면을 직접 체험하게 되니 절대로 잊지 못하는 살아있는 교육이 된다. 즉, 체험을 통해 교육받은 내용이 훨씬 자세하고도 정확하게 머릿속에 오래도록 기억되도록 하는 것이다.

이 3차원 가상현실 교육은 발전소의 실제 상황을 묘사하는 기능도 있다. 온라인 메뉴를 선택하고 교육체제로 들어가면 현재 발전소의 상태가 시뮬레이션을 통해 나타나고, 문제가 있는 부분이 표시된다. 따라서 발전소가 과도상태에 빠지게 되면, 운전원과 현장 슈퍼바이저는 시뮬레이션 모드정보와 실제 정보를 비교해 가면서 조치사항을 마련한다.

❁ 버츄얼 도면으로 기기의 내부를 환히 들여다본다.

3차원 CAD가 발전소 설계에 도입되던 40년 전에도 그래픽 기술과 애니메이션으로 설계 전에 형상을 만들어 볼 수는 있었다. 하지만 그 도면의 속으로 들어가 펌프의 양정을 확인하거나 임펠러의 동작을 직접 확인하는 것은 불가능했다. 버츄얼 도면이 일상화된 오늘날의 설계자들은 스마트 안경을 이용하여 기기 내부를 살펴보고 동작을 확인할 수 있다. 내부 투시가 가능해진 것은 바로 증강현실을 이용하기 때문이다.

실제의 와전류 센서, 초음파 센서, 적외선영상 센서 등 기기의 내부를 관찰할 수 있는 각종 센서 데이터와 3차원 카메라 영상 그리고 3차원 가상현실이 결합하여 기기를 분해하지 않고도 내부를 들여다 볼 수 있는 것이다. 또한 열유체 프로그램이나 진동 프로그램 등 전문 해석 프로그램과 연동시켜 펌프의 임펠러 형상이 변경될 경우의 유속과 양정 등을 실시간으로 해석할 수도 있다.

제 3 부

미래원전 기술해설

"정보는 맛있는 프렌치 바게트 빵과 같다.
방부제가 들어있지 않아 오래 진열될 수 없으며 금방 곰팡이가 핀다.
다음날에는 그다지 맛이 없고 이틀 후에는 가치가 없어진다."

엘릭 갈랜드

(Eric Garland, "미래를 읽는 기술", 한국경제신문)

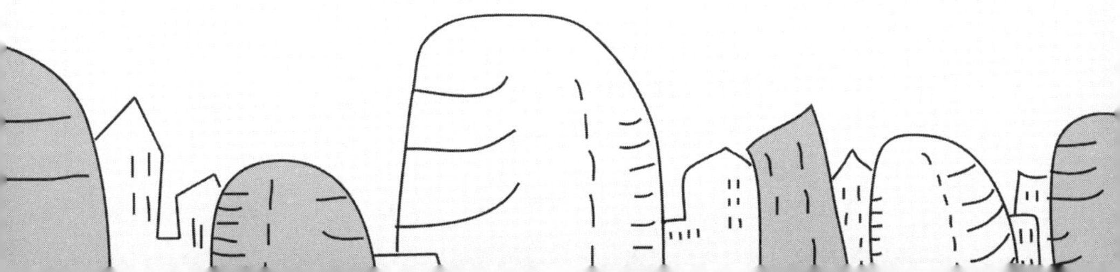

09 녹색성장과 원자력

기업광고 배경음악인 “뭉게구름”으로 더욱 좋은 이미지를 얻은 한수원의 CF 광고 컷.
가수 박혜경의 상큼한 목소리가 들리는 듯 하다.

녹색성장이 화두다. 한수원이 자사의 로고를 녹색으로 결정하고 텔레비전에서 원자력발전 광고를 방영할 때, 녹색을 기본 색상으로 결정한 의미에 대해 별 생각 없이 바라보았지만 MB 정권에서 녹색성장을 캐치프레이즈로 내세우는 것을 보면서 원자력 광고를 만든 사람들의 강한 예지를 느낄 수 있었다. 아마도 한수원은, 그간 투자한 광고료의 수백, 수천 배에 달하는 효과를 톡톡히 보고 있을 것이다.

이 땅이 끝나는 곳에서 뭉게구름이 되어
저 푸른 하늘 벗 삼아 훨훨 날아다니리라
이 하늘 끝까지 가는 날 맑은 빗물이 되어
가만히 이 땅에 내리면 어디라도 외로울까
이 땅의 끝에서 모두 다시 만나면
우리는 또 다시 둥글게 뭉게구름 되리라....

이 광고에서 한수원은 원자력발전의 친환경성을 강조했다. 이제는 안전하며, 에너지 위기에서 자유로운 원자력 발전소의 장점에, 보다 환경 친화적이라는 또 하나의 장점을 추가해야 하는 것이다.

세계원자력협회(WNA)의 집계에 따르면 전 세계적으로 기후변화에 대응해 그린에너지에 대한 관심이 늘면서 신규 원전 건설 시장이 급팽창하고 있다고 한다. 세계인의 이목이 원자력의 '그린 에너지' 효과에 집중되고 있다는 얘기다. 원자력발전소를 더욱 그린 에너지답게 만들기 위해서는 건설에 소요되는 자원을 절약하고 운영과 정비 효율을 최대로 높여야 한다.

OECD/NEA에서 발표한 2005년도 나라별 원자력발전 비용을 보면, 연료비용을 불변의 고정비라고 가정할 경우, 원전의 전력생산비는 건설과 운영 단계의 비용 최적화에 의해 결정됨을 알 수 있다. 서구 여러 나라의 경우 건설비용이 우리나라와 일본 보다 높은 반면, 우리나라 원전은 운영 단계에 소요되는 비용이 다른 나라에 비해 큰 부분을 차지한다. 우리나라가 세계적인 원자력 강국이 되기 위해서는 운영단계에서의 비용을 효과적으로 제어할 수 있는 기술을 개발해야 한다. 그린 에너지원이라는 원자력의 장점을 더욱 살려야 하는 것이다.

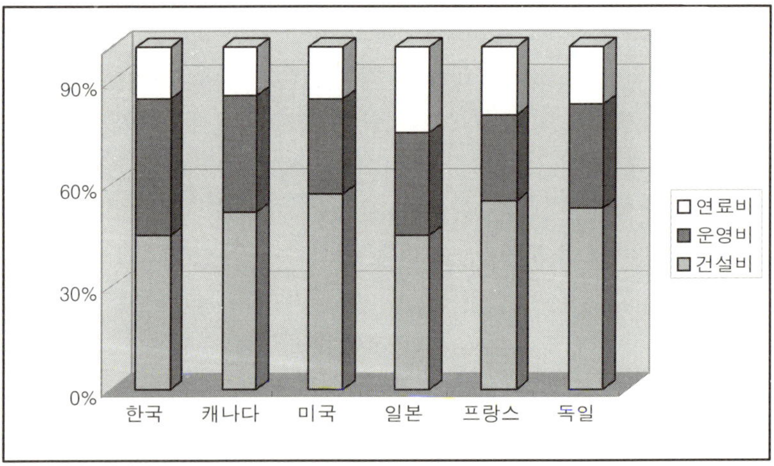

주요 원자력발전소 운영국가의 비용 분포[51]를 살펴보면 우리나라 원전의 운영비 비중이 다른 나라에 비해 높은 것을 알 수 있다.

51) 자료 인용 : Projected Costs of Generating Electricity (2005) - OECD/NEA

어떠한 **혁신기술**을 **적용**할 것인가.

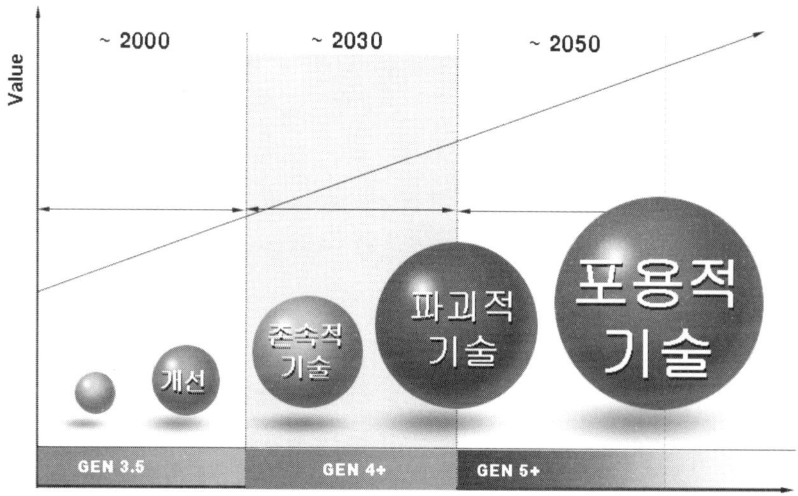

2050년은 인간과 자연이 공존하는 포용적 기술혁신을 통해 무한한 가치를 창출한다.

안전하고도 환경 친화적이며 국제 경쟁력이 있는 원자력발전소를 건설하기 위해서는 어떠한 미래기술이 적용되어야 할까? 이를 예측하기 위해서는 우선 미래기술은 어떠한 방향으로 발전되어 우리를 놀라게 할 것인가를 알아보는 것이 중요할 것이다.

클래이튼 크리스 텐슨[52]은 혁신이 존속적으로 진행되기도 하고 파괴적

52) Clayton M. Christensen, 미국 하버드 경영대학원 석좌교수이자 딜로이트컨설팅 창설자, 혁신 기업의 딜레마, 성장과 혁신, 미래기업의 조건 등 저서가 있다.

으로 진행되기도 한다고 말한다. 기업경영의 모든 과정이 이 두 가지 혁신과정으로 구분될 수 있다는 것이다. 그렇다면 현재 진행형인 존속적 혁신과 파괴적 혁신을 통한 기술이 2050년 이후에는 어떻게 변화할 것인가? 모든 기술이 상호 포용적 기술로 수렴하지 않을까.

현재의 파괴를 통한 혁신 전략이 시장의 팽창을 통해 기업 가치를 높이는데 중점을 두는 것이라면, 가치 위주의 성장 전략이 가져올 환경의 파괴와 인성의 악화 문제가 큰 이슈로 다가올 2050년에는 자연과 인간을 모두 아우르는 포용적 혁신기술을 통해 가치를 창출하지 않으면 안 될 것이다. 이러한 포용적 기술의 중심에 원자력발전소가 존재한다면 사랑과 존경을 함께 받는 원자력발전이 가능해지지 않겠는가.

그렇다면 포용적 혁신기술이란 무엇일까? 필자는 클래이튼의 혁신에 대한 정의를 사용하여 표현하고자 한다.

"공정, 구조, 문화, 브렌드 등 기업경영과정에서 이룩할 수 있는 모든 혁신이 자연과 인간의 공존을 위한 무한의 가치를 창출하는 것"

포용적 기술은 어떠한 도구나 방법을 통해 무한의 가치를 창출할 수 있을까? 우리시대의 진정한 표상인 이건희 전 회장의 말을 빌려보자.

"21세기는 디지털 역동성을 가진 아시아가 세계시장을 지배하는 시대가 될 것입니다. 미래는 예측하고 기다리는 것이 아니라 창조해 가는 것이며, 지금은 모두가 디지털 시대를 출발하는 동일 선상에 있기 때문에 빠르게 준비하고 창조하는 사람이 선두에 설 수 있습니다."[53)]

그렇다. 디지털 원전을 개발하는 것. 그곳에 길이 있는 것이다.

---

53) 이건희 삼성 전회장, 2005년 5월 17일, 포춘포럼, 공병호의 "창조경영"에서 재인용

디지털 원전

❀ 디지털 원전이란 무엇일까?

미래 원전의 최상위 개념을 디지털 원전이라고 정의하자. 기술적 우위를 내세우기보다 대중에게 무한한 만족감을 주고 신뢰를 받을 수 있는 대상. 그것이 바로 미래의 디지털 원전이 추구하는 궁극의 목표다.

디지털 원전의 개념을 설명하기 위해 자동차 기술의 발달사를 간략히 살펴보자. 1950년대 이후 자동차 기술의 변화 추이를 보면 어떠한 노력이 원전에 가해져야 하는지가 좀더 명확해 진다. 60년 전의 자동차도 대부분 휘발유 엔진을 사용했고 주로 네 바퀴로 굴러갔으며 브레이크와 악셀레이터로 속도를 조절하고 핸들을 사용해 방향을 바꿨다. 물론 현재의 최신 자동차도 같은 원리로 움직인다. 하지만 엔진이라고 다 같은 엔진이 아니다. 현대의 엔진은 컴퓨터가 휘발유의 분사량을 최적의 상태로 조절하고 점화시기도 알맞게 하는 것이다. 자동차의 접지면적을 고르게 하고 방향 전환 시에 무게중심을 파악하여 안정성과 안락감을 최대로 제공하는 것 역시 최신 제어기술이 적용된 결과이다. 이 밖에도 브레이크를 적정하게 조절하여 미끄럼을 방지한다거나 앞차와의 거리를 조절하고 일정 거리 이내에 장애물이 나오면 자동으로 브레이크가 걸리는 차량도 출시되고 있다.

이렇듯 심장과 골격은 클래식한 모습을 유지하지만 신경망과 근육은 빠르게 진화한 새로운 종(種)이 탄생한다. 이것이 바로 우리가 그리는 디지털 원전의 미래 모습이다.

정비는 어떻게 바뀌었는가. 동네 카센터에서도 소모품 교체를 제외한 대부분의 정비는 진단기를 이용한다. 자동차의 컴퓨터가 자신의 문제점을 진단기에 알려주면 정비사는 관련부품을 교체하는 식이다. 이렇다보니 일반 고장인 경우, 전문가와 비숙련가의 차이란 교체부품의 차이라든가 과다 정비를 방지하는 정도의 수준이지 품질의 큰 차이는 보이지 않는다. 하지만 엔진정비나 자동 트랜스미션의 정비는 웬만한 규모의 정비소에서는 취급하지 못한다. 대부분 자동차회사의 직영 서비스공장에서 담당한다. 서비스 체제가 다르기 때문이다. 원전의 정비체제 역시 대규모의 핵심 설비는 제조사에서 직접 담당하고 나머지 설비는 자동화된 진단기에 의해 교체시기를 결정한 다음 쓰고 버리는 단순화된 개념이 적용될 것으로 보인다.

그렇다면 어떤 자동차가 소비자를 유혹하는가? 텔레비전 광고에서는 자동차도 예뻐야 한다고 유혹한다. 디자인이 제일 중요하다는 것이다. 여기에는 20대 80의 법칙이 존재한다. 자동차 수명중 20% 미만만 굴러가고 나머지 80% 이상은 고이 모셔져 있으므로 감상의 대상이 된다는 것이다. 그러나 튀는 디자인을 선호하는 연령층과 중후한 디자인을 좋아하는 연령층과 성별은 각각 다르다. 하지만 대부분의 공통적인 관심사가 있다. 보다 조용하고, 연비도 탁월하면서, 유지비도 또한 적게 드는 차량이다. 이러한 요구사항을 만족할 때 그 자동차는 베스트셀러가 된다. 베스트셀러는 개선과 개량을 거쳐 오래도록 장수한다. 제작자에게 수익을 주기 때문이다. 하지만 한 때의 독특한 컨셉만을 내세우던 차량이 장수하는 것은 보지 못했다. 치열한 경쟁이 난무하는 정글에서의 생존전략이란 고객을 만족시키는 수밖에는 없는 것이다.

2050년 원전은 현재의 베스트셀러에 꾸준한 개선과 개량이 가해지는 형태일 것이다. OPR1000 원전이 APR1400 원전으로 노형이 바뀌어도 냉각재 계통과 같은 필수계통의 설계 기반은 유지되는 것과 같은 이치이다. 이와 같은 배경에서 본 저서에서는 2050년의 디지털 원전이 가져야

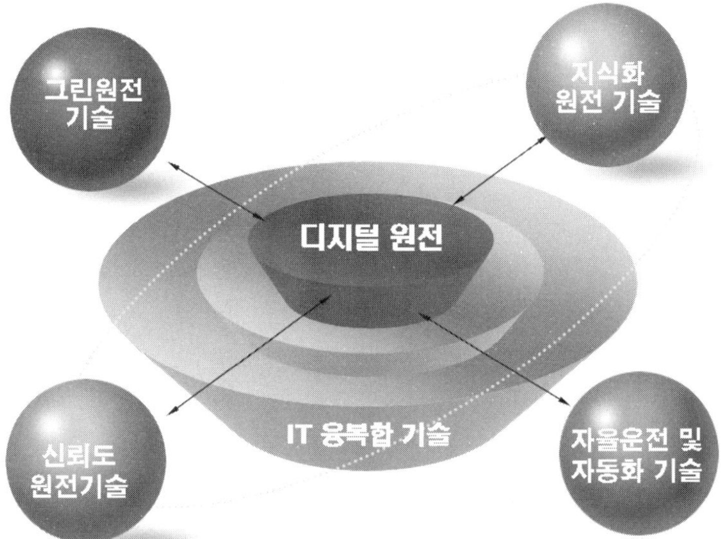

미래원전은 디지털원전이 될 것이고 이를 구현하기 위한 그린원전 기술, 신뢰도 원전기술, 지식화원전 기술 그리고 자율운전 및 자동화 기술이 개발될 것이다.

할 기술요소를 그린원전기술, 지식화 원전기술, 신뢰도 원전 기술, 그리고 자율운전 및 자동화 기술로 정하고 국내외의 기술적인 흐름과 원자력분야의 전문적 기술 흐름을 비교해 가면서 상세히 알아보고자 한다. 누군가가 더욱 획기적인 분류법으로 기술을 나누어 설명해 주기를 바라면서 말이다. 이 4가지의 기술 줄기를 모두 묶어 디지털원전이 탄생한다고 가정하자.

디지털 원전은 먼저 그린원전이어야 한다. 녹색성장의 주역으로서 우리가 내세우는 원전의 장점은 이산화탄소의 배출이 그 어떤 에너지원보다도 적다는 것이다. 이산화탄소 총배출량이 매우 낮을 것으로 보이는 태양광 발전의 경우도 광 발전패널 생산시에 발생되는 이산화탄소 총량이 원자력발전 보다 매우 높다[54]. 하지만 이산화탄소 외적인 기술비교는 우리를 우울하게 한다. 바로 원전의 건설과 운영, 그리고 폐기과정에서 생기

54) IAEA Bulletine 1998 참조

는 많은 양의 폐기물이다. 방사성폐기물의 총량을 줄이지 않고는 원전에 그린마크를 붙이는데 선뜻 동의할 국민은 없을 것이며, 그린마크 없는 원전이 미래의 에너지 주역이 될 수 없을 것이란 점을 들어 그린원전기술을 선정하였다.

그린원전기술은 또한 열전기술 등을 이용하여 열효율을 높이고, 방류되는 온배수를 이용하여 소수력발전을 하거나, 발전소 내 전력소비량을 발전량 대비 5% 정도에서 3% 대로 줄일 수 있는 기술이다. 이와 함께 발전소 열유체 전달모델을 실시간으로 분석하여 설계마진을 줄임으로써 효율은 높이고 비용은 절감하면서 환경 부담은 줄이는 기술이 대상이 된다. 이와 함께 원자력발전의 영원한 숙제인 방사성폐기물을 줄일 수 있는 기술도 또 하나의 그린원전을 위한 기술이 된다.

디지털원전을 위한 두 번째 기술은 지식화된 원전기술일 것이다. 나날이 줄어가는 인구, 고령화되는 노동시장, 그리고 여성의 위상이 점점 높아지는 현실에서 과거와 같이 남자의 근육의 힘으로 대부분의 일을 수행하던 체제 자체를 바꾸는 노력도 필요할 것이다. 지식화의 또 다른 요구는 바로 '현생과는 다른 인종의 탄생'으로부터 오는 필요성이다. 사유화된 유토피아에서 생육된 인간을 위한, 놀이터와 같은 직장이 요구되지 않으리란 법도 없다.

지식화된 원전의 진정한 목표는 전통적인 제조업의 형태로 운영되는 원자력발전소를 지식서비스와 결합한 2.5차 산업으로 육성하여 새로운 블루오션으로 만들자는 것이다. 이를 위해 국내의 다양한 IT인프라와 융복합된 지식기반을 이용하여 원전을 업그레이드 시키는 과정이 필요하다. 페이퍼리스 원전을 구현하고, 원전 고유의 이러닝 체제를 확립해야 한다. 각종 IT인프라를 통합할 수 있는 집단지성, 지식의 축적과 유통 기술 또한 이를 뒷받침할 수 있는 연계기술로 개발되어야 할 것이다.

세 번째 주요 카테고리는 신뢰성기반 원전기술이다.

안전성을 충분히 만족시키면서 동시에 경제성을 유지하고 그러면서도 대중의 이해도를 높여 사람들이 좋아하는 에너지로 탈바꿈하게 하는 것.

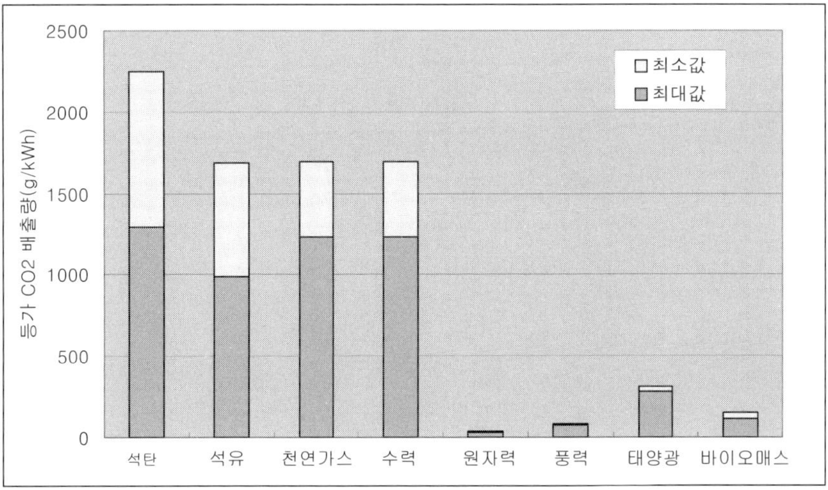

에너지원별 등가 이산화탄소 배출량은 원자력이 가장 적다. IAEA Bulletine 1998 참조

바로 이것이 신뢰도 원전기술의 최종 목표다. 원자력발전이라고 하면 뭔가 꺼려지고 피하고 싶은 것이 아니라 좀 더 가까이 다가서고 알고 싶어하도록 사람들에게 믿음을 주는 것이다. 디지털 원전은 하드웨어뿐만 아니라 방대한 양의 소프트웨어로 이루어진다. 따라서 실시간으로 하드웨어의 신뢰도를 평가하고, 소프트웨어의 신뢰도 역시 정량적으로 산출할 수 있는 기술이 필요하다. 이외에도 인적오류에 의해 설비건전성이 영향 받지 않도록 인적 수행능력과 신뢰도를 평가하는 것도 요구된다.

네 번째 요소기술로는 자율운전 및 자동화 기술이다.

인구의 노령화, 출산율 저하와 여성의 사회참여 확대 등은 근력이 아닌 지성을 요구하는 체제로 바꾼다. 요즈음 발전소 현장 노동인력의 연령대는 대략 40~50대가 주축이다. 외국인을 고용하지 않는 발전소 특성상 20~30대에 발전소 현장에 발을 들여 놓은 노동자들이 20여년의 세월 동안 그대로 늙어버린 것이다. 새로운 사람들은 힘들고 어려운 일을 하려하지 않으니 점점 고령화 추세를 따라간다. 과거에 건장했던 시기에는 세 명이 운반하던 길고 무거운 철근을 이제는 다섯 명이 운반해야 한다. 체력이 약해졌기 때문이다. 따라서 무겁고 힘들고, 어렵고 위험한 것은 원격으로 처리하거나 자동으로 처리하고 발전소의 운전은 최소인력이 담당하도록 하는 체제로 바꾸는 것 역시 또 하나의 요구사항이 된다. 자율운전은 현장의 직무를 자동화하고 원격에서 관리하는 기술을 이용한다. 멀티에이전트와 자율운전을 지원하는 로봇 시스템이 그 중심에 있다. 또한 발전소의 자율운전을 지원하는 지역발전본부와 본사 차원의 원격 지원책도 강구된다. 이와 함께 정비를 자동화할 수 있는 각종 기법이 도입된다.

디지털 원전을 위한 네 가지의 기술요소들을 쉽고 편안하게 사용하기 위해서는 IT 융복합 기술이 필요하다. 계획단계부터 폐기까지의 수명주기를 고려하여 운전 중에 돈이 적게 들도록 하고, 로봇이 사람을 도와 발전소 건설과 운전, 그리고 정비를 담당하며, 가상현실 기술을 이용하여 펄펄 끓는 냉각수가 배관을 뚫고 방출되는 대형사고를 시뮬레이션 할 수 있는 디지털 원전이 현실화된다.

이러한 기반을 제공하는 융복합 기술로는 사용자간 의사소통을 돕거나 상거래 서비스 등을 원활하게 하면서 각종 컨텐츠를 교류, 제공하는 서비스인 텔레메틱스[55], 원전내의 근거리 무선통신 기술과 휴머노이드 로봇을 포함한 각종 지능형 로봇, 사이버 보안을 포함한 원전 내 정보의 보호기술 등이 사용된다. 이 밖에도 유비쿼터스 컴퓨팅 기술과 RFID/USN 등의 기술과 이러한 모든 환경을 구성, 작성할 수 있는 소프트웨어 컴퓨팅 솔루션 기술이 바탕이 된다. 좀 더 특화된 영역으로는 원전의 지식을 전파, 가공, 이해할 수 있는 온톨로지, 주제 맵, 의미론과 구문론 기법 등이 활발히 이용될 것이다.

디지털 원전을 가능하게 하는 융복합 기술은 인터넷 검색이나 각종 자료를 통해 잘 알려져 있으므로, 별도의 항목으로 다루지 않고 각 기술 항목에 포함하여 설명한다.

55) 텔레메틱스(Telematics) : Telecommunication 과 Informatics의 합성어

러시아의 TU-95 구형 프로펠러 폭격기이다. 아직도 미국의 항모 위를 얼씬거려 뉴스에 회자되는 이 폭격기는 1950년대 중반에 실전에 투입되어 50년 이상 사용되고 있다. 미래의 원전에는 신형원전과 80년 수명을 목표로 운전 중인 구형 원전이 공존할 것이다. 구형 원전은 어떻게 디지털화할 것인가?

12 그린 원전 기술

그린원전을 만들고자 하는 노력은 26년 전에도 있었다. 필자가 발전소에 근무할 그 당시 발전소에서 방류되는 온배수가 큰 이슈로 떠올랐다. 온배수가 발전소 인근 어장을 황폐화시켜 양식어민의 생활을 어렵게 한다는 얘기도 나왔다. 이 때 발전소에 오랫동안 근무했던 선배님께서 좋은 아이디어를 내놓았다. 바로 발전소에서 물고기를 키워보자는 것이었다. 발전소 터빈을 돌리고 남는 증기를 식히기 위해서는 많은 바닷물을 끌어들여야 하는데 바다로 다시 방류되는 해수의 온도는 겨울에도 따뜻하다. 이를 이용하면 한겨울에도 물고기를 키울 수 있으니 얼마나 좋단 말인가?

본격적인 계획이 추진되자 부산에 있는 저인망 어선회사가 나섰다. 온배수를 끌어들여 지금 신고리 1,2호기가 건설되고 있는 효암지구에 육지 양식장을 만들겠다는 것이었다. 당시에도 고리원전이 있는 월래 앞바다에는 한겨울이면 광어와 같은 물고기를 위한 월동장이 열리고 있었다. 추운 한 겨울을 비교적 따뜻한 바다에서 보내는 것이다. 하지만 한겨울 바닷물 온도는 평균 12°C 정도. 거의 동면상태의 온도이므로 물고기가 자라지는 못한다. 지금이야 값싼 광어가 중국으로부터 수입되어 1킬로그램에 9,900원하는 광어가 횟집에서 판매되고도 있지만 그 당시만 해도 한겨울에 광어를 월동시킬 수 없었던 우리나라는 울며 겨자 먹기로 작은 고기를 일본에 팔고 큰 고기를 비싼 값에 일본으로부터 다시 수입을 했기에 광어 값은 매우 비쌌다. 원전의 따뜻한 방류수 근처의 물을 끌어올려 양식장에 보내면 고급 횟감인 광어가 한겨울에도 살을 찌울 수 있으니 기가 막힌 아이디어 아닌가?

수산대학교의 협조로 치어를 공급받게 되었고 발전소 해수 인입구에 가두리를 설치하여 광어와 돔 치어를 키우는 실험이 시작되었다. 또한 발전소 인근에는 전복 치어도 뿌려졌다. 한 이년만 자라면 전복이 손바닥만큼 자라게 되고, 일 년쯤 지나면 발전소는 황금어장이 되지 않겠는가? 모두가 정성을 들였고 기대가 컸다.

광어의 크기가 손바닥 반 만해진 어느 날이었다. 갑자기 해수 인입구 운전을 책임진 운전원으로부터 급한 전화가 왔다. 돔과 광어가 배를 하늘로 내놓고 있다는 것이었다. 부랴부랴 현장에 도착해 조사해 보니 그날 발전소로 끌어들이는 해수에 염소주입을 실시했던 것이다. 이 염소가 퍼져 가두리의 물고기는 횟감이 되지 못한 것이고...

오호 통제라.

이리하여 지역주민 먹거리도 만들고, 발전소 홍보도 하려던 첫 번째 시도는 별 소득 없이 돌아갔다. 염소는 햇빛을 받으면 바로 증발하므로 환경에 대한 영향은 없다. 그러므로 가두리를 온배수 방류구와 좀 떨어진 바닷가에 설치했던지, 물고기에 영향을 주지 않을 만큼의 염소를 주입했거나, 아니면 어류에는 영향을 주지 않고 패류만 선택적으로 제거하는 기술이 발달했었다면 일 년 후에는 맛있는 고급 회를 마음껏 포식할 수 있었을 텐데 무척 아쉽다. 현재는 당초 계획대로 온배수를 육상으로 끌어올려 염소를 증발시킨 후 물고기에게 공급하므로 이러한 문제는 없다.

내 눈에 비치는 미래의 원전은 이런 곳이다.
자연과 기술이 공존하는 원자력발전소 앞바다엔 물고기가 펄쩍펄쩍 뛰고,
바닷가에 놀러온 아이들의 자지러진 웃음이 널리 퍼진다.
사람들은 자연과 완벽히 조화된 원자력발전소의 모습에 경탄하고
그 곳에 근무하는 아빠를 아내와 자식들은 자랑스러워한다.
사람들이 무한한 사랑과 신뢰를 받으며 열심히 일하는 내 일터!
그곳이 내가 그리는 미래의 원자력발전소다.
그린 원전에 오신 여러분을 환영한다.

❀ 그린 에너지는 깨끗한 에너지다.

낙동강에 페놀이 유출되었던 사고 이후, 우리 국민들의 환경에 대한 관심은 크게 높아졌다. 텔레비전 광고의 많은 부분이 기업의 친환경성과 자연 사랑일 정도로 이제 환경에 영향을 주는 기업은 생존하기가 곤란한 지경이 된 것이다. 사람들은 지구온난화를 해결할 수 있는 대안으로써 원자력을 주시하고 있다. 미래의 에너지56)를 번역한 임성진은 역자 서문에서 "지속가능한 미래의 에너지는 화석연료 소비가 전 세계적으로 감소해야 가능하다. 지구의 미래가 지속되기 위해서는 이산화탄소 배출량이 세계적으로는 절반이, 선진국에서는 80% 이상 줄어들어야 한다." 라고 기술하고 있다. 유엔미래포럼57)의 예측에 의하면 원자력발전소를 건설하여 이산화탄소를 줄일 경우, 2050년에는 약 8천기의 원전이 필요하다고 한다. 하지만 우라늄의 부족, 테러에 대한 대비, 안전성에 대한 문제점, 그리고 폐기물 문제의 해결 등이 선행되지 않으면 원전이 에너지 부족의 궁극적 대안이 될 수 없다는 의견도 곁들이고 있다.

미국원자력보험자협회(ANI)에서는 원자력발전소의 등급과 보험료를 8개의 성능지표로 정하고 있는데, 이중에서 5개가 삼중수소 배출량, 불활성가스 배출량 등과 같은 방사성유출물에 관련된 지표이다. 또한 INPO와 WANO 등에서는 성능지표를 근거로 발전소의 순위를 매기고 있기도 하다. 국내에서도 방사선방호등에 관한 기준의 배출관리기준(ECL)이 제정되어 규제가 더욱 강화되고 있다. 따라서 환경에 영향을 주는 방사성폐기물의 안전한 관리야 말로 원자력 산업이 국민으로부터 신뢰를 받는데 가장 필수적인 요소로 작용하고 있다.

방사성 폐기물은 상용 원전의 가동과 방사선의 이용에 의해 필연적으로 발생한다. 원전 운영폐기물 처리기술은 발전소 운영 과정에서 발생하는 기체, 액체 및 고체 방사성 폐기물을 효율적으로 처리하여 방사성 폐기물의 소외 방출을 최소화하고 처리 작업자의 방사선 피폭을 저감하는데

56) 에머리 로빈스, 피터 헤니케, "미래의 에너지", 생각의 나무

57) 유엔미래포럼, 박영숙, www.unfuture.org

필요한 기술이다.

원자력시설 제염 해체 및 환경복원기술이란 원자력시설을 부분적 또는 전체적으로 제염하고 해체 철거하고 오염된 부지를 복원하는 기술을 의미한다. 원자력시설의 제염해체는 원자력건설비의 10~20%에 이르는 막대한 비용이 소요되고, 발전소 운전기간 중 발생하는 폐기물의 양보다 더 많은 다량의 방사성 폐기물이 일시에 발생하게 된다. 또한 작업자의 방사성 피폭이 불가피하므로 이를 해결하기 위한 기술이 필요하다.

원자력 르네상스는 깨끗한 에너지에 대한 세계인의 열망으로부터 시작된다. 방사성 폐기물과 화학폐기물을 줄이고 발전소 효율과 자원의 활용도를 높여 이산화탄소 배출량을 최소화하는 것. 이것이 바로 그린원전을 구성하는 기본 요소이다. 또 하나의 중요한 점은 바로 종사자에게 쾌적하고 편안한 근무환경을 제공하는 것이다.

❀ 고준위 방사성폐기물 연소기술이 개발된다

요즈음 원자력계에서는 사용 후 핵연료의 처분에 대한 공론화가 진행중이다. 발전소 자체의 사용후 핵연료저장고가 더 이상의 연료를 저장할 수 없을 정도로 포화되고 있는 요즈음, 연료 처분에 대한 새로운 기술이 필요해지는 것이다. 한국원자력연구원은 TRU(Trans-Uranium: 초우라늄원소) 연소로를 2040년까지 개발할 계획이다. 따라서 2050년에는 TRU 연소 기술이 실현될 것으로 보인다. 고준위 방사성폐기물을 연소시키는 궁극적인 기술이 개발되고 사용되는 것이다. 초우라늄원소란 플루토늄과 Np, Am, Cm 과 같은 미량의 액티나이드가 혼합된 원소를 말한다.

고속로 순환주기를 채택할 경우 고준위 방사성 폐기물의 처분 부피를 줄일 수 있을 뿐만 아니라, 많은 열을 방출하는 핵종인 세슘(Cs), 스트론튬(Sr)과 장기적으로 많은 열을 방출하는 핵종인 액티나이드를 제거할 수 있어 처분장의 저장 효율을 최대 225배까지 향상 시킬 수 있다[58]. 본 기

58) 미래원자력시스템연구개발 Action Plan 공청회자료에서 인용

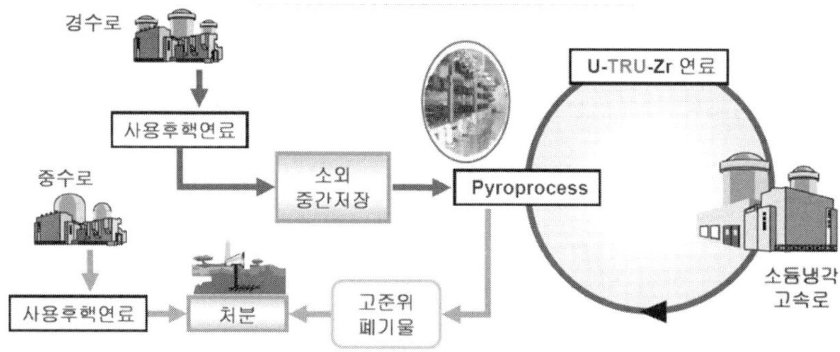

고준위 방사성폐기물을 연소시키는 궁극적인 기술인 초우라늄원소 연소로는 2040년까지 개발할 계획이다.59)

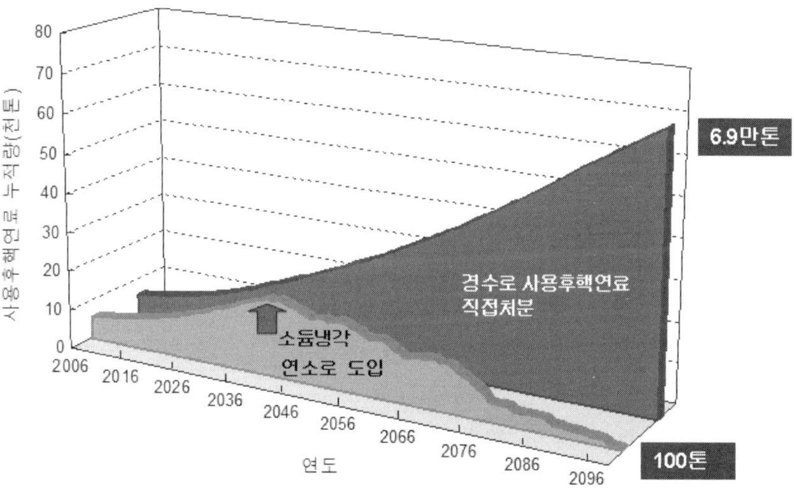

2040년 연소로가 도입되어 가동에 들어가면 2100년에는 경수로 사용 후 핵연료 직접 처분시의 누적 량인 6.9만 톤을 100톤 정도로 크게 감소시킬 수 있다.

술의 적용을 통해, 폐기물량이 5% 이내로 줄어들어 고준위폐기물 처분공간이 1/100으로 축소되는 효과를 얻을 수 있다. TRU를 분리하고 Cs, Sr을 제거함에 따라 방사성 독성 역시 1/1000로 감소하고 우라늄 자원의

59) 미래원자력시스템 Action Plan - 한국원자력학회/한국방사성폐기물학회, 2008. 9

재활용률이 100배 이상 증가하는 효과가 있다고 한다.

2040년 연소로가 도입되어 가동에 들어가면 우리나라 경수로 사용 후 핵연료의 적량은 계속 감소하여 2100년에는 경수로 사용 후 핵연료 직접 처분시의 누적량 6.9만 톤을 100톤 정도로 감소시킬 수 있다.

❁ 로봇을 이용하여 방사성폐기물을 처분한다.

체르노빌 원전사고와 일본 JCO 임계사고와 같은 원자력시설의 사고는 인간의 접근이 제한되는 극한 환경이다. 이와 같은 사고를 처리하는 것이 바로 방재대응 내방사선 로봇이다. 또한 방사성폐기물을 운반하거나 처분하는 역할도 지능형 로봇을 이용한다. 이 로봇은 사전에 학습된 경로를 따라 자율 주행을 하고 고장을 극복하거나 회피하며 자율판단과 인식을 통해 필요한 외부 정보를 스스로 획득할 수 있다. 이 로봇은 특히 인체와 같은 오감이 있어 다양한 방사능 관련 사고의 방재와 제염·해체 과정에서 작업의 효율을 높일 수 있다.

❁ 방사성폐기물을 씹어 먹는 박테리아가 이용된다.

원자력발전소에서 환경과 관련한 이슈 중 가장 중요한 것이 바로 방사성 폐기물의 처리문제다. 미래에는 어떠한 폐기물 처리기술이 가능할 것인가에 따라 미래원전이 환경문제에 얼마만큼 목소리를 낼 수 있는가가 결정된다. 일전에 보도되었던 방사성폐기물을 씹어 먹는 박테리아를 이용하여 모든 폐기물을 처리해 주기는 어렵겠지만 양을 줄이거나 물리적 체적을 줄이는 작업 후에도 남게 되는 방사성폐기물을 처리하는데 매우 유용하게 사용할 수 있을 것이나. 이 박테리아는 Tight 유전자들로 인해 방사선의 치명적인 영향들을 견뎌내면서 활동할 수 있다고 한다.

❁ 방사성폐기물의 발생이 크게 줄어든다.

미래원전에서는 나노-바이오 수지를 이용하여 액체폐기물과 기체 폐기

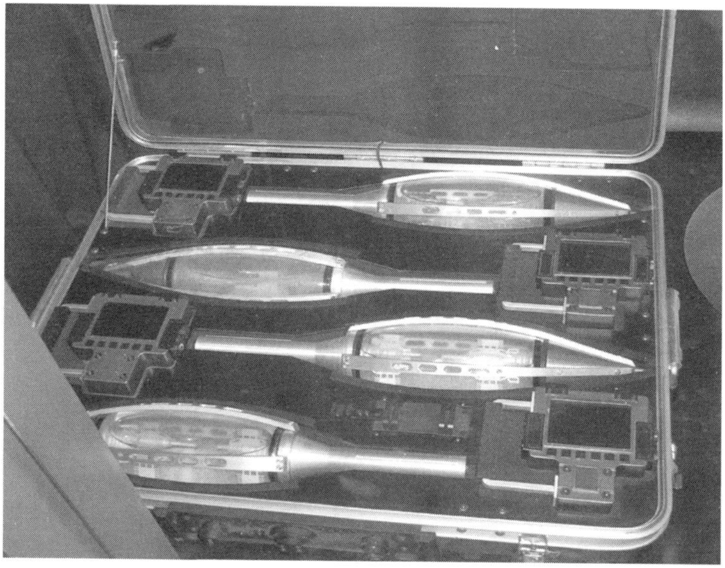

에펠탑을 부식시켜 넘어뜨리는 쇠를 먹는 액체, 나노마이트. 영화 '지아이조' 중에서

물을 걸러낸다. 이 수지의 장점은 방사성폐액이나 기체 폐기물을 동시에 포집할 수 있고, 수집률이 매우 높아 현재의 역삼투막과 이온교환설비를 기본으로 한 설비보다 폐기물 발생을 크게 줄일 수 있다는 것이다. 특히 중수로 원전에서 발생하는 C-14를 처리할 때 발생하는 폐수지의 경우 방사능농도가 높아 폐기물 처분장으로 이송하지 못하고 발전소에서 보관하는 현재의 어려움도 해결할 수 있다.

나노-바이오 수지는 생물학적 나노 제조기술을 이용한다. 이 기술은 자기결합[60] 방식을 통해, 브라운 운동[61]과 강력한 표면 장력을 활용해 나노 크기 수준의 구조체를 대량으로, 그것도 정확한 설계대로 만들 수 있다. 브라운 운동과 생물체의 상대적으로 부드럽고 가소성이 높은 구조적 특성을 결합시키면 방사성폐기물을 잘 걸러낼 수 있는 최적의 수지가 생산된다.

이 수지의 가장 큰 장점은 바이오센서 추적자가 포함되어 있다는 것이다. 추적자는 주요 핵종에 반응하고 방사능 농도가 높을수록 밝은 형광빛을 내므로 피폭으로부터 안전하게 관리할 수 있다.

❁ 방사화가 되지 않는 나노 복합재료를 사용한다.

2050년의 원자력발전소는 설계 단계에서 폐기단계에 대한 대책을 철저히 수립한다. 방사선에 대한 취성이나 방사화가 매우 낮은 나노 복합소재가 원자로냉각재 계통을 제외한 대부분의 계통에 사용되므로 폐기 시에는 소재 표면을 드라이아이스로 세척한 다음 일반폐기물과 같이 별다른 관리 없이 폐기하거나 재활용할 수 있다.

❁ 저준위 방사선의 인체 유익성이 증명된다.

방사선에 의한 인체 유해성 주장은 높은 선량의 방사선에 의한 확률적 영향에서 기인한 것으로 저선량 방사선의 유익함에 대한 일부 보고도 계속되고 있다. 그러나 현재와 같은 확률적 분석방법으로는 그 유익성을 입증할 방법이 없었다. 2050년 원전에서는 인체 유익성이 정량적으로 모두 입증되므로 저선량 방사선 안전성 평가와 방사선작업종사자 안전관리에 대한 새로운 평가 기준이 활용될 것이다.

저선량 방사선 영향에 대한 새로운 평가 기준은 인체를 완벽히 모사한

---

60) 자기결합 : 분자들이 상호작용을 통해 서로 결합하여 안정적이고 규칙적인 거대분자를 형성하는 과정

61) 브라운 운동 : 물 분자로 구성되어 끊임없이 자유롭게 날아다니는 성질

3차원 가상 팬텀모델과 시뮬레이션 환경을 개발함으로써 가능해진다. 아울러 이 시뮬레이션 환경을 이용하여 인체의 결정 장기를 완벽히 모사한 생체 모델을 개발하고 이를 이용하여 저선량 방사선 조사시설에서 시험을 실시하여 유효성을 증명한다. 저선량 방사선과 암 발생간의 상관관계, 세포 내 생체 방어물질들의 역할 규명에 대한 기본 자료들이 축적됨에 따라 저선량 방사선은 생체에 안전하다는 연구결과가 도출되는 것이다.

발전소의 효율을 높인다.

열적 여유도를 최적화하여 효율을 높인다.

2050년 원전은 원자로냉각재계통의 열수력적 거동이 완벽히 규명된다. 실시간 유량과 유체의 흐름 형태를 파악할 수 있으므로 열유체 여유도를 작게 하여 운전할 수 있다. 뿐만 아니라 반경방향 중성자속을 직접 측정할 수 있는 기술을 도입하게 되므로 약 5%의 출력 상승이 가능할 것으로 예상된다.

현재의 노심을 가지고도 최대 50%의 출력상승이 가능해 진다.

2050년 원전은 발전소 설계 여유도가 획기적으로 줄어들 것이다. 이는 발전소 안전계통에 대한 실시간 시뮬레이션과 가시화 환경이 매우 정밀해지기 때문에 가능한 일이다. 또한 환형 저온 핵연료의 도입과 출력상승을 뒷받침 할 수 있는 설비 및 소재, 재료분야의 획기적인 발전에 따라 현재와 동급의 원자로심을 가지고도 최대 50% 정도 출력을 상승시킬 수 있을 것으로 예측된다. 현재도 출력상승을 통해 설계 마진에 의한 영향을 재해석하기 위한 노력이 계속되고 있다. 캐나다 AECL의 자료[62]에 의하면 중수로 원전에 대한 출력 상승은 최대 20% 까지 가능하다고 한다. 또한 계

62) AECL, "Training Course on Advanced Technology for Modernization of Instrumentation and Control in Nuclear Power Plants", Nov 2002

측기의 설정치 재해석만을 통해서도 약 7%의 출력이 현재보다 증강된다고 한다.

❁ 열전소자를 이용한 2차 발전

폐열로부터 2차 발전을 하는 것은 추가적인 전력을 생산하여 효율을 높인다는 점과 함께 발전소에서 바닷물로 배출하는 방류수의 온도를 낮춰 환경 부담을 줄인다는 또 하나의 장점이 있다. 따라서 미래원전에서도 열효율 이용을 극대화하기 위한 노력이 계속될 것이다. 가장 가능성이 있는 분야가 바로 열전소자를 이용한 2차 발전이다. 본 기술에 사용되는 열전소자는 지백(Seeback) 효과를 이용한다. 오래전부터 온도계측에 사용된 고전적 방식으로 이종(異種)의 금속을 접합하고 온도를 가하면 기전력을 발생하는 현상을 이용한 것이다. 열전소재를 이용한 열전발전기술은 에너지변환 효율이 낮은 300℃내외의 저온 열로부터 전기를 얻을 수 있는 유일한 방법이다.

열전발전의 연구는 1900년대 초에 시작되었으며 소련에서는 1940년대 초에 이미 가열식 열전발전시스템을 실용화하고 잠수함의 동력원으로 원자력 열전발전시스템을 개발하였다. 열전발전기의 개발은 1956년 미국 에너지성에서 인공위성용 열전발전기 연구를 시작하면서 본격화하였으며 연소식 열전발전(FTG), 동위원소 열전발전(RTG), 원자력 열전발전(NTG) 등을 실용화하였다. 일본은 1993년부터 시작한 통산성 주관하의 New Sunshine계획에서 폐열과 발전소 온배수 등의 저급에너지를 열원으로 하는 수백W급의 열전 발전시스템에 대한 기술 검토와 개발을 추진하고 있다.

본 방법은 이종 금속의 접합만으로 전력을 얻을 수 있다는 장점이 있으나 낮은 효율 극복을 위해 나노기술이 접목된 새로운 개념의 열전재료의 개발도 필요할 것으로 판단된다.

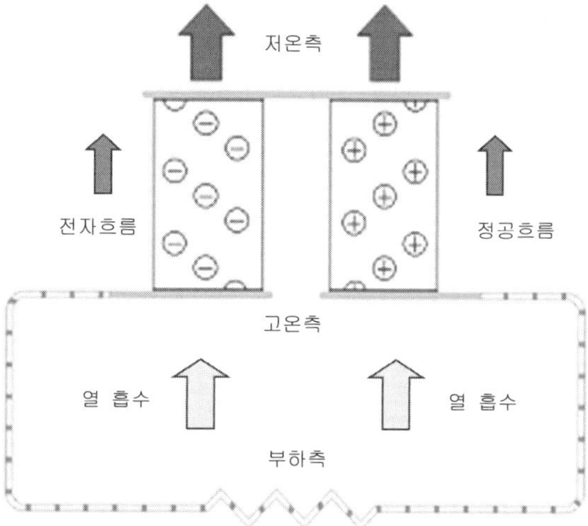

이종 금속간의 온도차를 이용하여 기전력을 얻는 열전발전 개념도. 효율이 낮은 단점이 있어 미래에서는 나노 소재를 이용한 고효율 방식이 사용될 것이다.

❁ 온배수를 이용한 소수력 발전

열전소자가 온배수의 열을 전기로 직접 바꾸는 새로운 발전방식이라면 소수력 발전은 온배수가 가지고 있는 열낙차와 위치낙차를 이용하여 발전을 하는 것이다. 신규 화력발전소인 보령 7,8호기는 발전소의 온배수를 이용하여 소수력발전을 하고 있다. 호기당 발전량은 1,250 KW로써 효율개선 효과는 약 0.13% 정도이고 방류수의 온도를 약 2℃ 낮추는 효과도 동시에 보고 있다. 현재의 소수력발전은 순환수펌프(CWP)의 양정과 온배수 방출위치의 낙차를 이용하여 수차를 돌려 발전한다. 미래에는 펌프 양정과 온배수 낙차이외에도 심층수 온도와 온배수의 열낙차를 이용한 소수력 발전도 가능할 것이다.

❀ 원전 건설과 운영단계에서 자원 절약의 노력은 계속된다.

❀ 노심을 통째로 교체한다.

오늘날 정기보수 기간은 과거의 절반 이상으로 줄었고 핵연료 주기도 18개월 주기가 일반화되어 있다. 2주일정도가 소요되는 정기보수의 핵심 공정은 바로 매 주기마다 1/3씩 핵연료를 교체하는 일이다. 만일 핵연료에 이상이 있어 초음파 검사를 하거나, 재장전하는 핵연료의 수직이 맞지 않아 상부구조물을 제때에 덮을 수 없다면 2주의 공정은 맞출 수 없다. 원자로가 장기간 가동되면 미세한 변형이 일어나게 되므로 핵연료를 정확하게 장전하기가 어렵게 되기 때문에 많은 신경이 쓰인다. 그러나 미래의 원전에서는 이러한 문제가 없어진다. 원자로를 통째로 교체하기 때문이다.

미래원전에서는 원자로 계통에 대한 작업은 원격 로봇이 담당하게 되고, 상태기반정비가 일상화되어 정기보수라는 개념이 없어진다. 고장이 발생한 계통을 격리하고 그 때 그 때 교체하거나 수리하면 되기 때문이다. 더욱이 원자로계통설비와 같이 중요한 핵심 설비의 신뢰도가 매우 높아지므로 60개월 이상 정비 없이도 기기는 잘 돌아간다. 핵연료의 농축도가 지금보다 훨씬 높아져 핵연료 주기가 60개월 이상으로 늘어난다면 연료 교체는 새로운 핵심공정이 된다. 따라서 노심의 슈라우드에 연료를 모두 장전하여 한 번에 모듈식으로 교체하는 방법이 도입된다. 모듈식 노심은 사전에 설정된 저중성자 누설을 위한 장전 패턴에 의해 3개의 구역으로 나뉘게 되고 서로 다른 농축도의 핵연료가 장전된다.

이 때 해결해야 할 점은 사용 후 핵연료의 잔존 임계질량으로 인한 반응도 조절과 잔열을 제거하는 것이다. 물론 초고연소도를 달성하는 미래원전에서는 타고 남은 연료의 임계질량이 현재보다는 낮다. 이를 제어하기 위하여 사용 후 핵연료에는 연쇄반응을 제어할 수 있는 중성사 조질봉을 삽입하고 중성자의 흡수단면적이 큰 가스 물질을 노심 슈라우드에 연속적으로 공급하여 임계가 되지 않으면서 잔열도 제거한다. 사용 후 핵연료 건물로 이송된 연료 모듈은 그대로 건식 저장한다. 물론 가스 물질은 계속해서 순환된다.

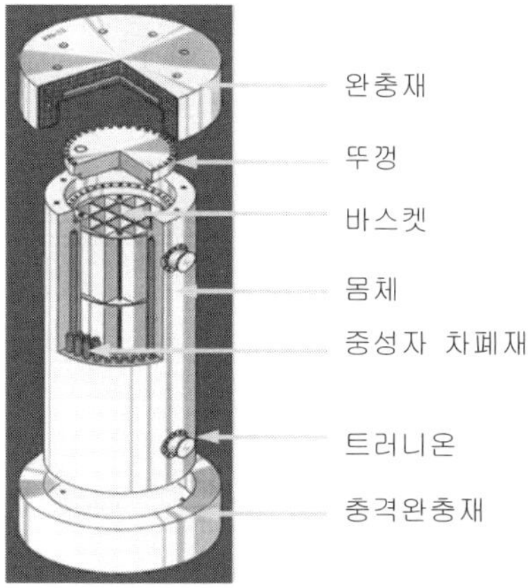

핵연료 운송에 사용되는 KN-12 수송용기

중수로형 원전의 콘크리트 사일로 건식저장시설

❁ 초고연소도 핵연료

사용 후 핵연료의 방출량을 저감하기 위해서는 핵연료 연소도가 현재의 55,000 MWD/MTU에서 100,000 MWD/MTU 이상이 되어야 할 것이다. 다차원 핵·열수력 통합해석 방법론을 기반으로 한 3차원 실시간 시뮬레이션이 가능하므로 핵설계에 대한 여유도를 확보할 수 있어 현재 사용되고 있는 핵연료 연소도 제한치인 62,000 MWD/MTU 보다 훨씬 높은 연소도를 낼 수 있다.

EPRI의 보고서[63]에 의하면 웨스팅하우스 17x17 핵연료의 농축도를 6%로 높이고 핵연료 주기를 현재와 같이 18개월로 했을 경우 약 4.7%의 연료비 절감이 가능하고 연소도 역시 56,500 MWD/MTU에서 70,300 MWD/MTU로 크게 증가한다고 한다. 따라서 60개월 이상의 초장주기 운전을 위해 핵연료의 농축도를 높일 경우 출력밀도도 따라서 증가함으로써 연소도 한계가 획기적으로 높아질 것으로 예상된다.

❁ 핵연료의 결함이 없어진다.

세계원자력발전사업자협의회(WANO)는 2010년까지 미국 내 모든 발전소에서 손상이 발생하지 않도록 요구하고 있어 세계의 유수의 핵연료제조사는 무결함 핵연료 개발에 많은 노력을 기울이고 있다. EPRI는 1998년, 강인 연료 프로그램을 착수하여 연료 신뢰도 향상 연구를 진행하고 있고 미국 WEC 사는 핵연료의 설계, 제조, 재료시험 및 검사 등을 통한 무결점 핵연료 성능 향상 연구를 수행하고 있기도 하다. 이와 같이 해외 핵연료 공급사들은 열적 성능 및 고연소 성능 향상 그리고 손상률 저감을 위해 연구하고 있다. 고성능 요건을 구현하기 위해, 해외 제작사들은, 열적 성능 향상을 위한 지지격자 유동 혼합 형상 개발, 연료 손상의 주요 원인이 되고 있는 이물질 노내 유입 방지를 위한 장치 및 형상 개발, 프레팅 마모 저지력 강화를 위한 지지격자 스프링의 형상 개발 및 내진성능 향상을 위한 집합체의 기계적 강도를 높이기 위한 노력을 하고 있다.

핵연료가 초고연소도 환경에서 신뢰도 높게 사용되기 위해서는 피복관 부식이나 변형이 적은 신재료가 사용되어야 한다. 해외 주요 피복관 공급사는 자체의 TREX 제조기술 및 설비를 확보하고 피복관용 신합금 개발

---

63) EPRI, "Optimum Cycle Length and Discharge Burnup for Nuclear Fuel - Phase II: Results Achievable with Enrichments Greater than 5 w/o", Technical Report

을 지속적으로 추진중이다. 또한 초고연소도 환경에서 UO_2 소결체는 HBS (High Burnup Structure)의 악영향을 개선한 새로운 미세조직을 갖는 소결체가 사용된다. 세계 유수의 핵연료 공급자들은 UO_2 소결체의 결정립크기를 성장시킨 미세조직으로 고연소도에 대비하고 있다.

❁ 부하추종 운전과 자연재해에 대비한 핵연료

미래에는 원자력 발전 비중이 계속 높아져서 부하추종운전이 일반화할 것으로 예상된다. 따라서 원자로 출력변화에도 핵연료 파손이 없는 핵연료가 사용된다. 특히 핵연료 소결체의 열팽창 및 수축이 반복되더라도 피복관에 가해지는 부하를 감소할 수 있는 '가소성 소결체'가 사용된다. 현재 세계에서 유일하게 부하추종 운전을 시행하는 프랑스 AREVA는 Cr_2O_3를 첨가한 가소성 소결체를 개발하고 있다.

전 세계적으로 자연재해가 빈번해지고 재해강도가 커지게 되는 미래에는 지진과 같은 자연재해에 대비한, 보다 강한 구조를 갖는 핵연료가 사용된다. 현재 건설중인 원전은 0.3 g 규모의 내진설계값으로 제작되지만 미래에는 0.6 g 이상으로 크게 올라간다. 이에 따라서 핵연료집합체를 구성하는 구조부품, 특히 지지격자 및 안내관 등은 현재보다 구조적으로 강해지게 된다.

❁ 저온 핵연료

동일한 출력을 유지하면서 핵연료 온도를 현재보다 낮추면 핵연료 및 원자로의 안전성이 획기적으로 향상된다. 저온 핵연료는 원전의 안전성에 대한 의구심을 갖고 있는 대중을 설득할 수 있는 유력한 수단이 된다. 현재 핵연료는 통상적으로 약 1000~1300℃ 정도의 높은 온도로 운전되고 있으나, 미래에는 핵연료 온도가 현재보다 크게 낮아져서 600~800℃ 정도 수준의 핵연료가 사용된다. 핵연료 온도를 낮추기 위해서 현재 UO_2 소결체보다 열전도도가 높은 소결체 재료를 개발하는 연구가 진행 중이고, 또한 핵연료봉 형상 설계를 원통형에서 환형으로 바꾸고 환형 핵연료봉의 안쪽과 바깥쪽에 냉각수를 흘리는 이중냉각 핵연료가 개발 중이다.

발전소가 가벼워지고 강해진다.

설비가 가벼워진다.

현재 원자력발전소의 격납용기 내에 사용되는 콘크리트 구조물, 라이너플레이트 등과 원자로 냉각재계통이나 비상노심 보호계통에 사용되는 원자로, 증기발생기, 각종 설비, 배관 등은 핵연료 용융과 대형배관 파단과 같은 사고에 대비하기 위해 완벽한 방호태세를 갖고 있다. 이렇다 보니 설비는 더욱 무거워지고 건설단가와 유지비용은 한없이 올라간다.

무디스 보고서[64]에 의하면 2006년도에 kW당 1,600-2,000 달러 정도에 건설이 가능하였던 원전이 2008년 기준으로 약 4,000 달러 이상으로 급격히 상승하였다. 바야흐로 원전 건설이 거대한 자본의 블랙홀로 변할 조짐이 있는 것이다. 원자력관련지인 Nucleonics Week가 발표한 FPL(Florida Power & Lighting)의 조사 보고서는 무디스 보고서에 객관성을 실어준다. 2008년도 평가기준으로 AP-1000 두 기를 건설하는데 들어갈 것으로 추정한 건설비용은 약 121억 달러에서 178억 달러 정도이고, ESBWR[65] 두 기에는 약 165억 달러에서 243억 달러 정도가 소요된다는 것이다. 이러한 비용적인 문제점은 사용하는 원전 설비를 최적화함으로써 제어할 수 있을 것이다. 좀더 작으면서도 더 많은 열전달이 가능한 형태를 찾는 것도 하나의 방안이 될 수 있겠다.

미래원전에서는 증기발생기와 같은 주기기의 형상과 크기가 줄어든다. 전열면적은 그대로 유지하면서도 튜브의 직경과 길이를 줄일 수 있는 방법이 도입되는 것이다. 열전도도를 획기적으로 개선하여 두께를 줄일 수

64) Nucleonics Weeks 2009년 6월자 기사에서 인용
65) Economic Simplified Boiling Water Reactor

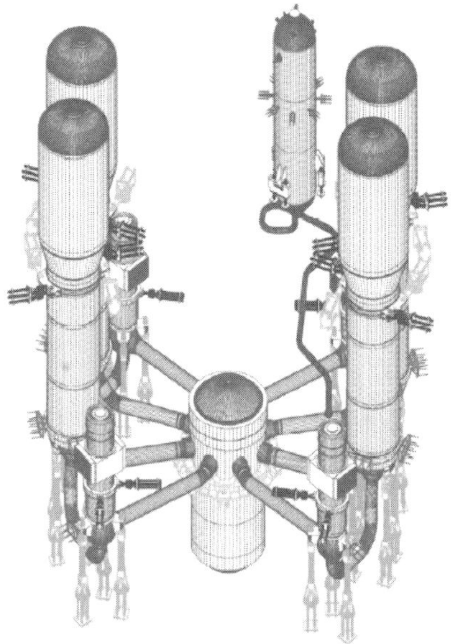

4-루프로 구성해본 원자로냉각재 계통. 증기발생기의 크기가 너무 거대하다.

있는 재질이 도입되고 현재의 실린더형 형상에서 구형 등으로 형상이 변경되는 것도 가능하다.

❁ 나노 재료 기술을 이용한 철강 대체 재료의 사용

2050년 원전은 나노 재료 기술을 이용한 철강 대체 재료를 사용하여 더욱 가벼워지고 경제성이 높아진다. 또한 나노 재료들은 방사화율이 적어 폐기물 처리에 소요되는 비용을 크게 줄일 수 있는 장점도 있다. 미국 미시간대 니콜라스 코토브 교수팀이 만든 철만큼 단단하면서도 무게는 더 가벼운 일명 '플라스틱 철'은 진흙과 고분자 물질을 이용해 만든 것이다. 흙은 우리 눈으로 보기엔 약하고 말랑말랑한 물질이지만 진흙을 구성하는 '클레이 나노시트'라는 판 모양 분자 구조는 탄소나노튜브 만큼 강도가 세다.

코토브 교수팀은 튼튼한 플라스틱을 만드는데 진흙의 이런 특성을 이용하고자 나노시트 여러 개를 겹쳐봤다. 하지만 오히려 강도가 약해졌다. 나노시트 사이의 결합구조가 매우 약했기 때문이다. 연구팀은 끈적끈적한 폴리비닐알코올이라는 고분자 물질을 나노시트 사이에 넣어 말리면 결합력이 커진다는 사실을 알아냈다. 수소결합이 일어나 각 나노시트의 강도가 그대로 유지된 것이다. 연구팀은 나노시트를 300겹까지 붙이는데 성공했고, 철보다 가볍고 튼튼한 이 물질에 '플라스틱 철'이라는 이름을 붙였다.[66)]

미국 로스알라모스 국립연구소와 중국 푸단 대학 연구진이 발견한 새로운 거대 탄소튜브[67)]는 나노 크기의 탄소 튜브가 아니라 육안으로 보일 정도의 거대한 탄소 튜브이다. 이 튜브는 나노 크기의 탄소 튜브에 비해서 수천 배 더 크고 특별한 기계적 성질과 전기적 성질을 가지고 있다. 연구진은 마이크로 전자장치와 방탄복과 같은 곳에 적용될 수 있을 것이라고 말했다.

거대 탄소튜브는 연성이 좋고 신축성이 있다. 또한 온도의 증가에 따라 전도성이 증가하는 반도체 성질까지도 가지고 있다. 이런 좋은 성질들은 경량 방호복, 고강도 복합물 부품 그리고 전자장치 시스템과 기계, 초강도 의복 등에 사용된다.

1990년대 초 발견된 탄소나노튜브는 초경량이면서도 철의 몇 배에 달하는 강도와 탄성, 뛰어난 열과 전기 전도성, 전자방출능력 등으로 '꿈의 신소재'로 불리며 각광 받아왔다. 그러나 탄소나노튜브 자체의 응집성 때문에 균일하게 금속이나 고분자 등과 결합시켜 실용화하는데 어려움이 있었다. 탄소나노튜브-금속(CNT-Metal)의 복합체는 탄소나노튜브에 나노크기의 금속입자를 균일하게 결합시킨 복합재료로서, 탄소나노튜브의 결점을 해결한 것이다. 이 재료는 고강도 소재, 무오일 베어링 등에 사용될 수 있고, 바이오센서로도 적용가능하다. CNT-Metal은 금속의 종류에 따

66) 07년 11월호 - 과학새소식 (과학동아)

67) KISTI, "글로벌동향브리핑(GTB)", 2008. 8. 11

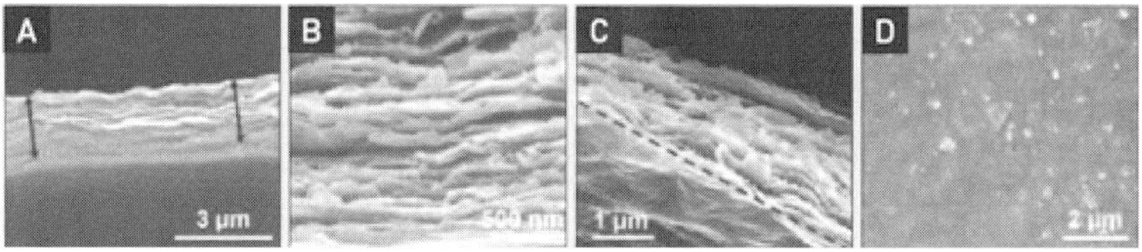

300겹의 층을 이루는 플라스틱 철의 단면

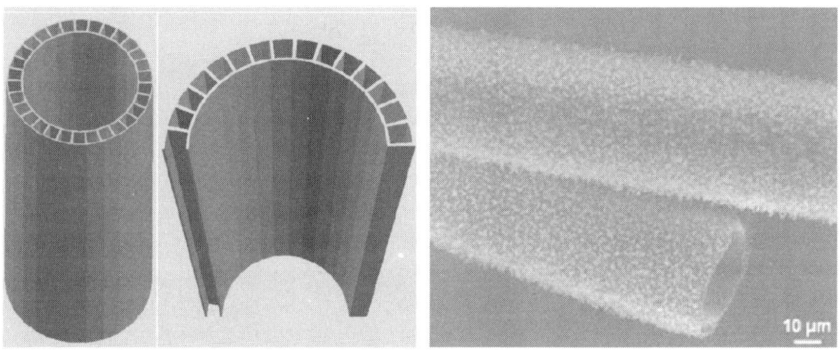

거대 탄소튜브의 구조 개요도(좌측)와 주사전자현미경 사진(우측)

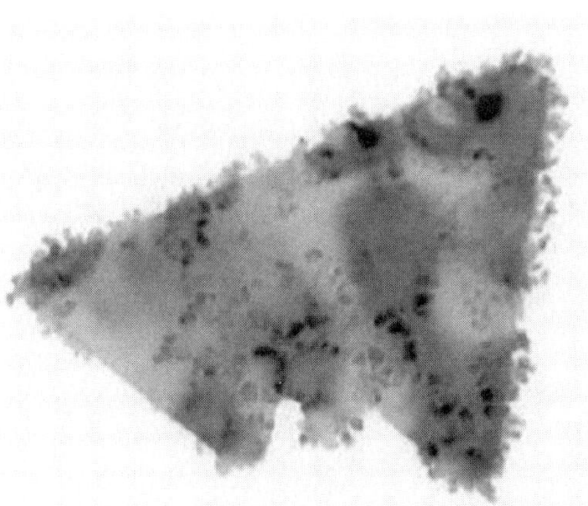

SNL이 개발한 슈퍼합금. 감마선 조사를 통해 금나노 입자가 단일결정을 형성하고 있다.

라 다양하게 복합하여 사용할 수 있다. 탄소나노튜브-구리의 나노복합체는 기존 구리에 비해 강도가 2배, 탄성계수 50% 이상, 내마모성 성능은 약 3배 이상 향상된 것으로 발표되고 있다.[68]

미국 샌디아 국립연구소는 분자 구조에 감마선을 쪼여 나노입자를 만드는 공정을 통해 경량소재이면서, 부식이 잘 되지 않는 새로운 슈퍼합금을 개발했다고 발표했다.[69] 이와 같은 소재들이 아직은 초창기 연구실 수준의 개발에 불과하지만 2050년 원전에는 나노 복합소재가 배관재나 전도체 등을 대체하는 용도로 사용될 것으로 예상된다.

❂ 슈퍼 철강 복합재료 기술

내열 고강도 슈퍼재료란 운전온도 950℃ 이상에서 사용할 수 있는 초내열 슈퍼 합금과 1000℃ 이상에서 사용가능한 세라믹스 복합재료, 그리고 650℃에서 운전할 수 있는 슈퍼 철강재료 등을 말한다. 국가 원자력기술지도에 따르면, 중성자 조사량 150 Rem이상에서 이용할 수 있는 내방사선 안정재료와 가동중 검사 및 사용 후 폐기처분을 용이하게 할 수 있는 저방사화 재료, 차폐재료 등을 개발할 예정이라고 한다.

이 계획에 의하면 미래원전의 극한 냉각재 환경에서 원전수명 말기까지 신뢰성을 확보할 수 있는 절대적 면역재료를 개발하여 높은 온도와 중성자 조사, 냉각재 등의 극한 환경에서 고성능을 발휘할 수 있는 미래 기능재료로 사용한다고 한다. 이를 통해 초정밀 제조공정과 원자단위 분석기술을 확보하여 기능재료의 실용화 기술로 발전시킨다는 것이다. 이와 함께 초고온 슈퍼합금 및 세라믹스 복합재료등을 이용한 이종 재료의 특수 접합기술 개발을 통해 이종 금속을 실구조물에 적용할 수 있는 접합용 충전재와 공정을 개발한다. 그리고 이종 재료 접합부의 탐지 및 진단을 위한 특수 비파괴 검사 기술의 개발을 계획하고 있다.[70]

---

68) (주)바이오니아, 뉴스타운/메디팜 뉴스

69) Sandia national laboratories 보도자료

70) 국가원자력기술지도 (NuTRM), 인류지적자산 형성의 원천기술 (비전 D), 과학기술부, 2005. 6

❁ 철을 대체하는 복합 신소재 CSS

철대체 복합신소재인 CSS(Composite Shell System)는 고강도 · 내화학 · 내부식 · 내열기능의 자재를 필요로 하는 산업전반에 널리 활용할 수 있는 무철근 · 무거푸집 특수 복합소재로 콘크리트와 철의 뒤를 잇는 '제5세대' 복합신소재로 평가받고 있다. CSS는 철강자재보다 인장강도가 5~10배 강하면서 무게는 철의 10~30%밖에 되지 않는다. 그만큼 높은 압력과 강도, 고열을 견디는 데 탁월해 미 국방성의 스텔스 전폭기, 나사 우주왕복선, 잠수함 등 첨단무기 주자재는 물론 테러 및 지진 방지목적의 건설자재로 각광받고 있다.[71]

❁ 철근이나 시멘트를 사용하지 않는 고강도 콘크리트 공법의 개발

철근을 사용하지 않는 고강도 콘크리트를 개발하기 위한 CFRP보강근(carbon fiber reinforced polymer bars) 의 부착강도에 대한 실험적 연구도 계속되고 있다. 관련 연구에 의하면 CFRP보강근을 사용했을 경우, 철근의 부착 강도의 64% 정도는 확보할 수 있는 것으로 나타났고, 슬립응답과 내결함성이 높은 것으로 발표되었다.[72]

이와 함께 시공성이 우수한 PVA 섬유와 높은 인장강도 및 탄성계수를 갖는 PE 섬유를 하이브리드하여 적용한 시멘트 복합체를 개발하고 CFS(Carbon Fiber Sheet)로 휨 보강된 고강도 콘크리트 부재의 보강 겹수에 따른 구조성능을 높이는 등 원전의 콘크리트 구조물을 경량화하면서도 강도는 높일 수 있는 경제적인 방법이 멀지 않은 미래에 충분히 가능할 것으로 보인다.

시멘트가 없는 콘크리트를 개발하고자 하는 노력도 계속되고 있다. '고로슬래그와 플라이애쉬를 기반으로 시멘트를 대체할 수 있는 획기적인 무(無)시멘트 그린 콘크리트 결합재'[73]는 기존의 시멘트 콘크리트에 비해

---

71) 한국경제, 2008년 4월 24일자 보도 인용

72) 이영학 외, 대한건축학회 논문집(구조계), v.24 n.11(2008-11)

73) 전남대 바이오하우징연구사업단과 목포대학교, 동신대학교 공동발표자료 참조, http://blog.daum.net/cmin21

내부 모세공극이 현저히 작아 내투수성이 높고 동결 융해저항성을 가지고 있으며, 수화열도 기존의 시멘트 콘크리트의 약 1/2~1/3배 수준이며, 아울러 높은 내약품성 및 내화성, 철근 내부식성 등의 장점을 갖는다. 특히, 그린 콘크리트는 일반 시멘트 콘크리트에 비해 중금속 및 독성이 거의 방출되지 않는 특징이 있다. 이러한 공법이 사용되면, 시멘트 공장 지역 주민의 60%가 호흡기 질환 등에 시달리고 있고, 전국의 180만 건설 근로자들이 발암시멘트의 위험에 노출돼 있는 현실을 크게 개선할 수 있을 것이다.

원자력구조물 등에 사용할 수 있는 또 하나의 소재로는 초고강도 섬유보강콘크리트이다. 이는 DSP[74]개념과 섬유 첨가에 의해 연성의 증가를 기본 개념으로 하여 제조되어진 콘크리트로서 이러한 두 가지 개념을 상호보완 함으로써 압축강도 및 내구성에 있어서 우수한 콘크리트가 제조 가능하게 되어진다는 원리를 사용하고 있다.

❁ 지능형 콘크리트의 도입

미래의 콘크리트는 고성능화에 이어 지능형 구조로까지 발전할 것이다. 인공지능 구조란 구조물 자체가 센서(신경), 프로세서(두뇌) 및 액츄레이터(근육)의 역할을 스스로 할 수 있는 구조로서 유사생체라 하며 열화에 대한 자기진단, 형상의 자율적인 변화, 진동 및 소음의 자기제어 그리고 손상의 자기치료 및 복구 등의 역할을 한다.

이와 같은 콘크리트는 재료 자신의 열화를 진단하거나 수명을 예측하는 고지능 재료의 개발이나 구조물의 파괴예측에 의한 안전성의 향상, 원자력 등 인간의 접근이 불가능한 구조물의 파괴예측에 의한 모니터링 기능과 아울러 전자파 흡수성, 열선흡수성 및 흡음효과 등의 조정 등을 동시에 기대할 수도 있다.

---

74) Densified system containing homogeneously arranged ultra-fine particle : 시멘트와 초미립자 혼합을 통하여 경화체 공극을 감소시켜 압축강도를 증진시키는 원리

미래원전에서는 시멘트 또는 철근을 사용하지 않는 콘크리트가 적용된다. 사진은 원자로 건물을 건설하기 위해 배근도를 바닥면에 직접 그리는 모습

❁ 새로운 토목 기술의 도입

미래에는 구조공학 분야와 원자력토목 분야의 신기술이 개발될 것으로 전망된다. 지진파의 부지별 전파특성을 분석하고 지반의 동적거동과 이때의 구조물의 상호작용을 가상현실에서 해석하고 시뮬레이션 할 수 있는 기술이 개발되고 지진에 따른 재해도를 확률론적으로 정확하게 예측하고 손상정도를 평가할 수 있는 기술이 사용된다. 원전 온배수의 영향을 줄이기 위한 기술로서 현재 사용하고 있는 심층 방류방식 이외에도 유공 방파제 설치기법이나 혼합 희석 방류방법, 냉각지와 냉각탑을 도입하는 방법도 사용될 수 있다.[75]

---

75) 변근주, "원자력 산업에서의 토목 구조 기술 분야 기술 현황과 미래 수요 예측 및 개발 전략", 미래지향적 신 토목 기술 워크샵(제12회 건설기술연구발표회), 2000-06-09

❀ 인간을 생각하는 원전

> 질식할 것 같은 예학자의 주택 곳곳에서 숨통을 틔워주는 장소들은 내부에도 산재한다. 작은 사랑방에서 앞의 누마루를 통해 바깥 경관을 바라보자. 무릎정도 걸리는 높은 마루면에 반사된 햇빛이 방 안으로 은근히 스며오고, 어두운 누마루 공간을 지나 밝은 사랑마당의 경관과 멀리 연못의 풍경이 들어온다. 절제된 규범 속에 자리 잡은 여유의 장소와 경관들은 윤증고택의 완성도를 한층 더 높인 요인들이다.
>
> 김봉렬의 한국건축 이야기 2편, 앎과 삶의 공간 중에서

내가 그리는 곳은 사람과 자연이 일체화한 한옥과 같은 원자력발전소이다. 건강한 자연의 빛이 은은하게 비춰오고 기계소리 윙윙 나지 않는 곳. 긴장되어 사람을 죄이지 않고 생기가 넘치게 하는 곳 말이다.

필자는 고리원자력본부에서 직장생활을 처음 시작했다. OJT(직장내 훈련)의 일환으로 배치를 받은 곳이 발전소 전기부였고 마침 정기보수 중이어서 자연스레 터빈홀에 위치한 발전기 점검현장을 담당하게 되었다. 터빈홀의 조명은 눈이 부시도록 밝았고, 발전소가 정지된 후이었음에도 각종 기계 소음은 귀를 먹먹하게 했다. 이런 환경에서 몇 시간 있다 보면 정신이 멍해짐을 느끼면서 몸에서 힘이 쪽 빠지는 것이었다. 아마도 현장체질이 아니었나 보다.

발전소와 같이 자연채광이 되지 않고 강제적인 공조 시스템과 각종 기기가 가동되는 산업체 종사자들에게 가장 영향을 미치는 요소 중 하나는 바로 대형 송풍기 팬 등에서 발생하는 소음이다. 원자력발전소 근무자들을 대상으로 한 조사결과는 보고되지 않았지만 소음이 발생하는 시설에서 10년 이상 근무한 종사자에게 특정 주파수 대역의 난청증세를 보인다는 얘기도 있다. 또한 메탈 할라이드등이나 나트륨등에서 발생하는 특정 파장의 광선이 인간의 판단력에 영향을 미치기도 한다.

윤증고택의 누마루에서 바라본 자연. 사진출처: http://cafe.naver.com/artcollection/159151

따라서 미래의 원자력발전소는 사람이 근무하는 곳을 친환경적으로 바꾸기 위한 노력을 계속해야 한다. 특히 집중적인 연구가 필요한 부분 중 하나가 공기조화설비다. 이를 위해 통풍 시스템에 필요한 공기 순환량을 검증하고 최적의 에너지 사용량을 설계하기 위한 3차원 CFD[76] 시뮬레이션 기법이 활용될 수도 있겠다. 이와 함께 시뮬레이션을 통해 자연 조명을 받아들이는 천장의 배치를 최적화하거나 광섬유를 이용해 자연광을 채광하는 그린빌딩의 설계개념을 본격적으로 도입하는 노력도 필요할 것이다. 바로 기계를 위한 환경조건이 아닌 사람을 위한 주거조건으로 바꾸는 것이다.

❀ 투명한 콘크리트

헝가리 태생의 건축가인 아론 로손치는 시멘트에 광학 섬유유리(fiber-optic glass)를 수평으로 압축 배열하는 기술을 이용하여 '투명 콘

76) CFD : Computational Fluid Dynamics

크리트-라이트라콘'을 개발하였다. 이 콘크리트는 기존 콘크리트에 비해 강도면에서 전혀 손색이 없으며 빛을 투과하는 성질이 있어, 기존 콘크리트 벽의 이미지를 전혀 새롭게 탈바꿈할 수 있다는 것이다.[77]

이러한 투명 콘크리트는 원자력발전소의 격납지역(Missile Area)에도 설치할 수 있을 것이다. 원자력발전소의 격납용기에는 고강도 콘크리트가 사용된다. 투명 콘크리트 블록은 몇 미터에 달할 정도로 두꺼워 져도 빛을 매우 효과적으로 전달한다. 또한 일반콘크리트와 큰 차이가 없는 강도를 내며, 휨강도는 일반 콘크리트에 비해 높다.

투명 콘크리트 내부에 사용하는 섬유유리에 흑화방지(Non-browning) 처리를 하면 방사선 강도가 매우 센 지역에서도 내부 구조물이나 설비를 육안으로 직접 관찰할 수 있다. 또한 아무런 처리도 하지 않은 섬유유리를 이용할 경우나, 흑화처리 정도를 조절하여 냉각재 펌프 지역은 10^6 Rad로 하고 원자로는 10^8 Rad로 각각 다르게 방사선 조사량을 설정한다면 섬유유리 표면이 검게 변한 정도를 이용하여 많은 비용을 들이지 않고도 기기나 구조물의 방사선 취화에 대한 이력을 추정할 수 있을 것이다.

또한 섬유유리는 원자로계통이나 냉각재계통에 누설 등의 현상이 발생했을 때 정비원이 직접 접근하여 관측하기 위한 센서로도 이용할 수 있다. 첫째는 빛을 투과하는 성질을 이용하여 카메라 렌즈로 사용하는 것이고, 둘째는 전자회로와 연동한 초소형 방사선 센서로 활용하는 것이다.

❁ 센서가 내장된 스마트 콘크리트

이 콘크리트 역시 광섬유를 사용한다. 이 센서는 게르마늄이 첨가된 광섬유 코어에 자외선 영역의 레이저를 주기적으로 조사함으로써 굴절률 변화를 유도하여 특정 파장의 빛을 반사시켜 물리적 변위를 감지하는 센서다. 이 센서는 전자기적으로 중성이므로 신호가 안정적이고 내구성이 우수하여 건설구조물의 상시감시에 활용될 수 있다. 또한, 한 가닥의 광

77) 팝뉴스, 2005. 5. 16

기존 시멘트의 강도는 물론 단열 효과도 뛰어난 '라이트라콘'. 앞으로 원자력발전소 주제어실 등 사람이 근무하는 환경에 설치될 수 있을 것이다.

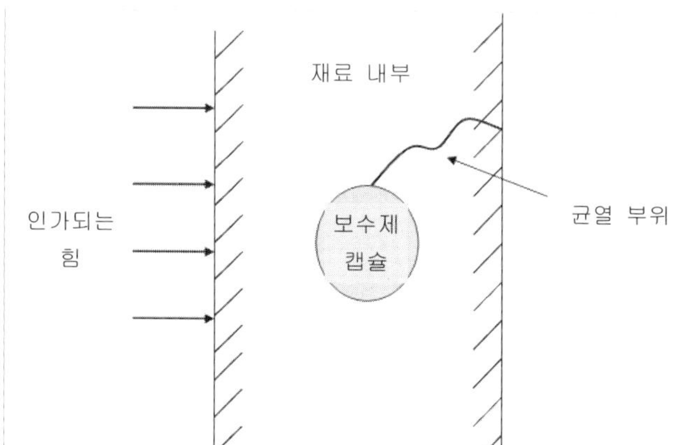

자기치료 스마트 콘크리트의 자기치료 개념도

섬유 내에 여러 개의 센서를 활용하는 다중화가 가능하고 대량생산이 가능해 경제성을 가진 스마트 구조물로도 활용할 수 있다.

❁ 자기 치유형 스마트 콘트리트

균열이 발생하면 콘크리트의 강도가 저하될 뿐만 아니라 공기중의 탄산가스와 산성비 혹은 염분 등이 침입하기 쉽기 때문에 열화를 일으키는 원인이 된다. 이와 같은 문제점을 해결하기 위해 균열의 발생을 자동적으로 감지하여 보수 여부를 판단하고 필요에 따라 자동적으로 보수를 실시하는 콘크리트가 개발되고 있다.

그림과 같이 시멘트의 일부를 캡슐형으로 제조하여, 콘크리트에 균열이 발생하면 내장된 캡슐이 터져 균열을 스스로 복구하도록 하는 것이다. 또 하나의 자기치료 방법은 캡슐대신 아주 가는 유리관을 균열가능부위에 미리 연결하고 이 유리관을 보수재가 담겨있는 탱크에 연결하는 것이다. 또한 최근에 사용되는 고강도 콘크리트의 경우는 물-시멘트비가 작아 시멘트 량이 많아질수록 모든 시멘트가 완전히 수화되는 것은 아니므로 균열이 발생할 경우 그 부위에 물을 충분히 공급하여 자체적으로 복구하는 방법도 사용될 수 있다.78)

❁ 기능성 콘크리트

원자력발전소 운전원과 같이 콘크리트도 차폐된 지역에서 연속으로 근무하는 사람들을 위해 안전과 건강, 그리고 정서 안정을 위한 쾌적한 환경 등을 제공하는 기능성 콘크리트도 개발되고 있다. 대표적인 것으로 항균과 방충 기능을 갖거나 레몬향 등을 연속으로 내어 향기치료 효과를 주는 방향 기능, 그리고 항 스트레스 제재를 콘크리트 및 모르타르에 혼입하여 제조하는 기술도 개발되고 있다.

또 하나의 기능성 콘크리트는 습도와 온도를 조절하는 스마트 콘크리

---

78) 김화중 외, "IT 시대의 새로운 콘크리트 재료", 콘크리트학회지 제 14권 3호, 2005

트이다. 습도 조절을 위해 흡·방습성이 우수한 천연 제올라이트를 이용하는 연구가 국내에서도 활발히 진행되고 있고, 콘크리트의 양생시 발생하는 열을 제어하는 방법도 연구되고 있다.

이외에도 대기오염 물질을 광촉매작용을 이용하여 분해하는 환경정화 및 부하저감형 스마트 콘크리트와 콘크리트의 동결 융해작용과 염해에 의한 손상 등을 줄이기 위한 중성화 방지 기술 등에 대한 연구도 진행되고 있다.

구조물의 안전을 보장하는 기술

내진 및 면진 구조기술

일본 가시와자키 가리와 원전에 내습한 강력한 지진은 주변압기의 화재와 방사성물질의 누출이라는 피해를 입혔다. 이는 지진으로 인해 원자력발전소가 위험에 빠질 수 있다는 우려가 현실화 된 것이다. 우리나라 원전은 단단한 암반층 위헤 건축되므로 지진으로 인한 피해의 가능성이 낮긴 하지만 새로운 활성단층이 발견되거나 예상치 못한 강력한 규모의 지진이 내습할 경우 등을 포함한 자연 재해에 대한 만반의 대비가 필요하다. 따라서 미래 원전 기술 중 크게 부각되는 분야 중 하나가 내진기술과 면진 기술이다. 내진기술은 구조물이 지진파로부터 안전할 수 있도록 내성을 주는 것이고, 면진이란 지진파가 오더라도 건축물과 원자로와 같은 내부 기기가 지층의 거동과는 별도로 완화된 움직임을 갖도록 하는 기술이다.

1990년대에 국내에서도 대형 면진베어링이 개발되었으나 국내 적용이 미미하여 본격적인 후속 연구는 이루어지지 않고 있다. 향후 지구 온난화와 대형 지진의 발생 등 자연재해에 대한 대비 차원에서 내진과 면진 기술에 대한 연구는 크게 늘어날 것으로 보인다.

지금까지 관측된 다양한 지진파의 주기성분을 조사한 결과, 지진파에는 단주기성분의 에너지는 많이 포함되어 있으나 장주기성분의 에너지는 많이 포함되어 있지 않다는 특징을 알게 되었다. 즉 면진설계의 개념이란 지진파에는 장주기성분을 많이 내포하고 있지 않다는 주기특성을 이용하여 구조물의 고유주기를 길게 함으로써 지진력의 유발을 억제하는 것이다.

고층건물은 건물의 고유주기가 길어짐으로써 그 자체가 면진구조물의 역할을 하게 되나 저층건물은 구조형식상 고유주기를 늘일 수 없으므로 지반과 건물의 연결부에 적층고무를 삽입하여 건물의 고유주기를 강제적으로 늘이는 방법이다. 그러나 연약한 갈대는 강풍에 부러지지는 않으나 많이 흔들리는 것처럼 유연한 구조로 되는 면진구조물은 힘의 크기인 가속도는 적게 발생되나 구조물의 변위가 커지는 단점이 있다. 이러한 단점을 보완하기 위해 여러 가지의 형태로 고안된 건물의 진동에너지를 소비하는 장치인 감쇠장치를 설치하기도 한다.[79] 지진다발지역에서 초고층건물의 건설 및 고무계열의 탄성받침을 사용한 구조물이 이러한 면진설계의 개념을 도입한 설계에 해당한다.

특히 국내 원전 인근지역에 발생하는 지진파의 세기가 점점 커지는 요즈음 면진기술은 원전의 안전성을 보장하는 또 하나의 방벽으로 작용할 것이다. 요즈음 설계되는 원자력발전소는 과거에 비해 구조물의 내진 강성을 더욱 높게 설계하여 지진동에 대비하고 있으나 이 방법은 강성의 비대칭성으로 구조물의 회전모멘트를 유발할 가능성도 배제할 수 없으므로 그림과 같은 충격흡수장치나 고무계열 면진받침 (탄성받침) 등을 이용한 완화 방법도 본격 도입될 것으로 예측된다.

79) 네이버 지식인에서 인용, 블로그 집필 - natural disaster-free with human technology

설계지진시 상부구조물 소성거동　　　　　　설계지진시 상부구조물 탄성거동

면진기초를 적용한 구조물과 비적용 구조물의 지진시 거동 변화. 면진기초를 적용한 구조물이 지진에도 훨씬 안전함을 알 수 있다.

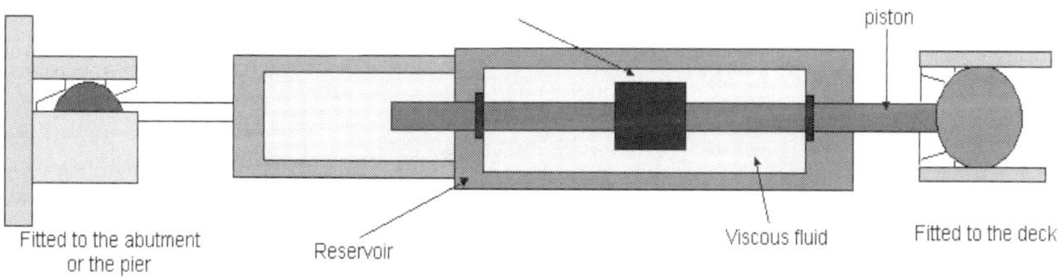

점성댐퍼를 이용하여 충격을 전달하는 장치의 개념도

13 지식화 원전기술

❁ 지식화는 생존전략이다.

21세기가 지식과 문화생산의 시대라는 데는 더 이상의 논의가 필요없을 것이다. 20세기말 스필버그 감독의 '쥬라기 공원'이 극장에서 상영되었을 때 살아있는 듯 생생한 공룡의 움직임 보다 우리를 더욱 놀라게 했던 것은 이 영화가 벌어다주는 엄청난 수입이었다. 당시 청와대 회의석상에서도 전통적인 굴뚝산업보다 벌이가 짭짤한 문화콘텐츠 산업을 육성해야 한다는 목소리가 높았었던 것을 기억한다. 이러한 정책적 육성의 결과로 천만 이상의 관객이 몰리는 블록버스터 국산영화가 상영되고 누구는 대박이 나고 누구는 쪽박을 차는 양극화 현상이 빈번히 벌어진다. 이것이 지식의 힘이요 문화의 힘이다.

❁ 어떻게 원전을 지식화 할 것인가?

2007년 정부가 발표한 지식서비스기반 기획자료[80]에서는 지식서비스 산업을 '전통적인 제조업부터 최신의 서비스업까지 모든 산업에 지식을 결합시켜 해당 산업을 고도화 시키는 산업'으로 정의하고 있다.

정부는 지식서비스 분야의 미래전략산업으로, 실시간 가치사슬혁신, 비즈니스 플랫폼 지능화, 그리고 이를 뒷받침하기 위한 유비쿼터스 인프라 고도화 기술이 선정하였다. 유비쿼터스 인프라 고도화 기술로는 지능화

---

80) 산업자원부, 한국산업기술재단, "전략기술로드맵 기획위원회-지식서비스기반", 2007. 12

기술, 지식화 기술, 집단지성 기술, 지식 검색 및 축적 기술과 지식 유통 기술이 필요한 것으로 분석되었다.

2008년에는 그간 산자부와 정보통신부에서 추진하여 20대 산업기술분야와 14대 정보통신 기술분야를 하나로 묶어 새로운 14대 산업분야로 통합하였으며 이 과정에서 지식서비스가 하나의 산업분야로 새로이 자리매김하게 되었다. 하지만 어떠한 산업이 지식서비스산업에 적합하며, 집중적으로 육성하여 미래의 먹거리를 창출할 상품은 어떠한 것이 있는 가에 대한 논의는 아직도 진행 중이다.

이러한 혼란스러운 상황에서도 전략수립에 참여하는 인사들이 대부분 공감하는 것은 우리나라가 강점으로 내세우는 전통적인 굴뚝산업형태인 2차 산업을, 3차 산업과의 융합 형태인 2.5차 산업으로 육성하여 새로운 블루오션으로 만들자는 것이다.

그렇다면 원자력발전소를 어떻게 지식이 결합된 2.5차 산업체제로 육성할 것인가. 이에 대한 해답은 원자력발전소가 더 이상 전기만을 생산하는 주체가 아닌 발전소 운영단계에서 축적된 각종 지식을 이용하여 새로운 가치를 창조하는 가치 생산 센터로 변화해야 하는데 있다. 새로운 가치란 원자력발전소의 안전성이 획기적으로 증진되는 것일 수도 있고, 경제성이 높아지는 것일 수도 있으며, 지식을 수출하여 회사의 새로운 Cash Cow로 자리 잡는 것을 의미할 수도 있다.

2050년이 되면 전통적 산업기반이 없는 국가에서도 전력생산을 위한 원자력발전소의 도입이 매우 활발해진다. 그들의 사회 인프라는 여전히 원전의 건설이나 운영 등의 업무를 독자적으로 수행하기에는 어려움이 있을 것이다. 따라서 국내 원자력계가 축적한 지식은 말 그대로 엄청난 가치를 지닌 자산이 된다. 하지만 정련되지 않은 지식은 큰 부가가치를 제공하지는 못한다. 다양한 IT인프라와 이를 움직이는 사람, 그리고 원자력의 각종 프로세스가 융복합된, 고도화된 지식으로 업그레이드 시킬 때 원전의 2.5차 산업화가 가능할 것이다.

❁ 무엇을 지식화 할 것인가?

원자력 산업계뿐만 아니라 대부분의 직장에서 지식을 관리하는 시스템(KMS)81)에 대한 사내의 호응도는 그리 좋지 못하다. 대부분의 업체에서 KMS를 운용하고 있고 직원 개인의 자료를 공유하도록 하기 위해 마일리지 제도를 통한 해외연수 등의 유인책을 쓰고도 있지만, 네이버 등 빠른 검색엔진을 가진 포털들로부터 일반적인 정보들을 손쉽게 얻을 수 있게 된 사용자들에게서 외면당하고 있다. 과연 KMS를 활용하여 큰 성과를 이룬 업체는 없을까?

"모든 업무를 디지털 매뉴얼화한 뒤 정보를 공유하자 업무효율이 뛰기 시작했다"82)

삼성 SDS(주)가 발표한 디지털 매뉴얼을 도입한 효과다. 이 회사는 지식서비스 기반의 경영혁신을 통해 경영트렌드. 기술. 업무. 혁신(이노베이터) 등 4개 분야를 매뉴얼화 해 모든 직원이 활용할 수 있도록 했다. 월평균 3000건의 신규지식이 등록되고 업무 관련 정보뿐 아니라 회사 주변의 먹거리, 놀거리, 편의시설 등에 대한 각종 정보까지 망라돼 있는 사내 KMS에는 '유비쿼터스 러닝시스템'이 아울러 구축되어 있어 언제 어디서나 원하는 교육을 받을 수 있도록 제도화했다는 것이다. U-러닝시스템이 운영되는 온라인 멀티캠퍼스엔 집합교육 350개, 온라인 교육 974개 과정이 개설돼 있다고 하며 직원의 자기계발을 독려하기 위해 근무시간의 10%를 교육에 할당하는 '의무교육 이수제'도 시행하고 있다고 한다.

삼성 SDS의 사례에서 알 수 있듯이 지식화란 유·무형의 지식을 구조화하는 과정으로, 개인의 머리속에 존재하는 지식들을 체계적으로 관리·공유·재활용해 새로운 부가가치를 창출할 수 있도록 지원하는 것이다. 지식을 프로세스로 체계화 시키는 것은, 소프트웨어 솔루션만으로 구현될 수 있는 것이 아니다. 인간의 창조적 역량을 교본화하고 메뉴얼화 하는 것으

81) KMS :Knowledge Management System
82) 중앙일보 기사, 매뉴얼은 힘이 세다, 2007년 6월8일자

로부터 시작된다. 이를 실현시키기 위해서는 작은 노력으로 많은 지식을 관리 할 수 있는 시스템으로 정보기술이 통합되어야 한다.

기업 내에서의 노하우, 즉 지식이 구체화되기 위해서는 누구나 인지할 수 있는 형태로 교환 가능해야 한다. 그룹웨어, EDMS, 검색시스템, 인트라넷, 데이터웨어하우스 등 다양한 모습을 띄는 경험, 선진사례 등이 전사적인 차원에서 체계적으로 수집해 관리·활용할 수 있는 지식이다.[83)]

❁ 원전의 지식화는 어떠한 효과가 있는가?

한국수력원자력(주)가 ERP를 통해 비즈니스 프로세스 개선작업을 성공적으로 완료하여 사내의 정보와 지식을 효과적으로 관리한 결과, 2003년 기준으로 1조7천억원의 비용절감을 통한 경제적 효과를 보았으며 원전 이용률 94.17%를 달성한 것으로 나타났다.[84)]

피터슨 미국 원자력에너지협회 부회장 역시 미국 원자력발전소의 지식을 기반으로 한 프로세스 개선의 효과를 다음과 같이 소개하고 있다. "2007년 미국 원자력발전소는 뛰어난 운영실적을 기록했다. 미국 전체 원전의 평균 이용률은 역대 최고인 92%를 기록하였다. 이러한 실적은 발전소 프로세스 개선 및 예방정비 분야의 우수성에 따른 것이다."[85)]

이 두 사례에서 알 수 있듯이 원전의 안전성과 경제성 모두 지식과 정보를 최적 관리하는 전략의 수립과 바른 시행을 통해 얻을 수 있음을 알 수 있다.

국내 원전에서는 수명연장이나 설비개선을 추진하면서 초기설계와 관련한 자료를 보유하고 있지 않아 원제작사에 상당한 자료수집비용을 지불한 사례도 있다. 고리 1호기와 울진 1,2호기의 경우가 대표적인데 국내에서 확보하고 있지 않은 초기 설계자료를 원제작사인 웨스팅하우스사와 아레바사에서 마이크로 필름 형태로 구매하면서 많은 비용을 지불하였다.

---

83) NAVER 지식IN, 지식경영의 실제적 방향, ethnos44, 2005. 4. 18

84) 에너지 타임즈, 2008. 7. 1

85) J. Scott Peterson, 원자력에너지협회 부회장, 원자력산업지 2008. 5월호에서 인용

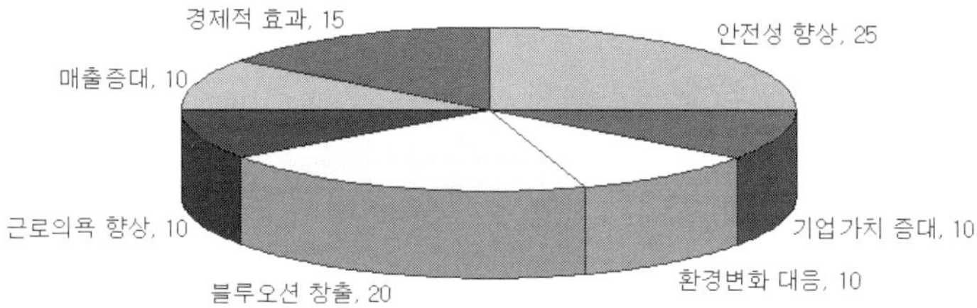

본 표는 상공회의소의 자료와 한수원의 ERP 도입 효과자료 등을 정성적으로 분석하여 예측한 2050년 지식화 원전이 얻게 될 효과이다.

우리는 여기서 '축적된 지식은 보물창고와 같다.'라는 하나의 교훈을 얻을 수 있다.

아직 국내외적으로 원전의 지식화를 통해 얻을 수 있는 정량적인 효과에 대해 발표한 결과가 없으므로 대한상공회의소가 국내기업 300개사를 대상으로 실시한 `국내기업의 지식경영 실태조사' 결과[86]를 이용하여 예측해보고자 한다. 국내 기업들은 지식경영을 통해 얻을 수 있는 기대효과로 업무의 효율화 및 생산성 향상을 첫 번째로 꼽았으며 그 다음으로 기업 가치의 증대와 기업환경 변화에 신속한 대응의 순으로 응답했다.

국내 기업들이 중점적으로 관리하는 지식의 종류는 신기술 동향(17.3%)이나 연구개발(11.3%) 등과 같은 중장기적이고 전략적인 것보다는 현장 종업원들의 몸에 배어 있는 경험이나 노하우(42.2%)를 다른 종업원들과 공유하는 실용적인 관점에 중점을 두는 것으로 나타났다. 이는 현장에서 확보된 노하우나 경험지식의 경우, 기업 경쟁력 제고에 직결될 뿐 아니라 이런 종류의 지식은 문서화가 어렵고 이직·배치전환 등 고용사정에 따라 유실될 수 있기 때문이라고 상의는 분석했다.

상공회의소의 자료와 한수원의 ERP 도입 효과자료 등을 정성적으로 분석하여 보면 위와 같은 표의 작성이 가능하다. 가장 큰 개선 효과로는 안전성 향상을 들 수 있으며, 원전의 운영과 정비 지식을 해외에 서비스

86) 디지털타임스 기사 인용

하는 새로운 블루오션의 창출이 그 다음을 이을 것으로 예측된다. 운영 및 정비 지식의 판매 형태는 교육, 컨설팅, 솔루션 패키지 등이 가능할 것이다. 2009년 국내 원자력계의 화두가 원자력발전소 해외수출이라면 2050년의 화두는 지식의 해외수출이 아닐까 한다.

2050년의 원전 지식화를 위한 기술 선정

앞서 설명한 2007년 산자부의 지식서비스 전략분야 선정 내용을 참조하여 2050년의 원전을 지식화 체계로 바꾸기 위해 필요한 기술을 다음과 같이 선정하였다.

- ▶ 비즈니스 플랫폼 통합 측면 : 페이퍼리스 원전 구현 기술
- ▶ 플랫폼 통합을 위한 연계기술 : 집단지성, 지식 검색, 지식 축적, 지식 유통 기술
- ▶ 가치사슬 혁신 측면 : 이러닝 체제 확립 기술

페이퍼리스 원전 구현

페이퍼리스 원전이란 원전의 설계, 건설, 시운전, 운전 및 정비 그리고 폐기단계까지의 수명주기 동안 수행해야 하는 모든 업무를 표준화하여 처리 절차를 간소화하고, 원자력계의 모든 기관이 유기적이고도 신속하게 서로의 정보를 공유하여 서로의 시간과 비용을 절감하고 원전의 신뢰도와 안전성을 높일 수 있는 체제를 말한다.

또한 원전의 기획, 설계, 건설 및 운용과정에서 발생하는 모든 자료와 정보를 디지털화하여 종이 없는 자동화된 환경에서 처리하도록 함으로써 업무를 과학적이고도 효율적으로 수행할 수 있도록 하고 아울러 정확하고 신속한 정보를 모든 이해당사자와 공유하도록 하여 종합적인 품질경영 능력을 향상시키고자 하는 전략이라 말할 수 있다. 즉, 페이퍼리스 원전은

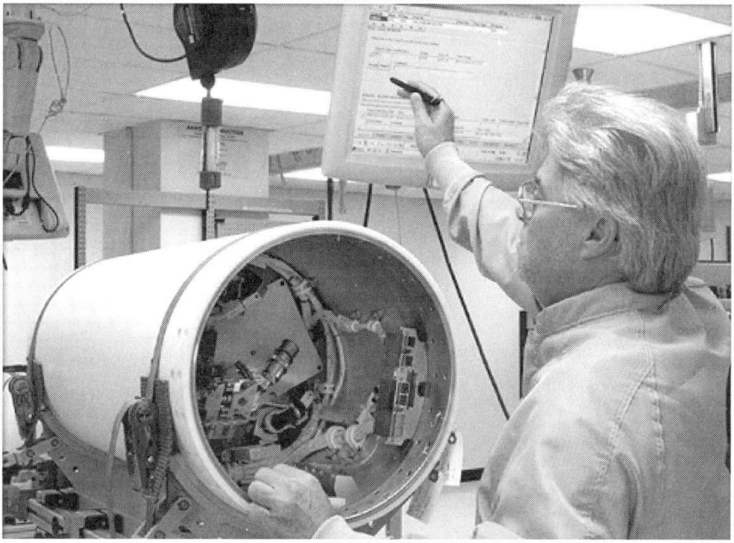

컴퓨터의 전자화 절차서를 이용하여 미사일의 결선을 체크하고 있는 모습-헌츠빌 이미징서비스 제공

수명주기 프로세스를 통합하여 가상원전87)을 온라인상에 실시간으로 구축하고 운영하는 것이다.

❀ 페이퍼리스 원전은 왜 필요한가?

일본 히타치사의 통계에 의하면 원전 1기당 설계도면은 약 2백만 장 정도가 생산된다고 하며 시운전 턴-오버시 관련 자료는 천만 쪽 정도의 분량이라고 한다.88) 이는 완성되어 통용되는 자료를 기준으로 산정한 것으로 설계나 건설 단계에서 각 참여회사가 작성한 중간 산출물이나 기초자료를 포함하면 엄청난 양이 될 것이다. 만일 모든 단계의 문서와 산출물을 전자화하여 복사나 인쇄 단계를 없앤다면 모 회사의 광고 카피와 같이 '지구를 푸르고 푸르게 하는 원자력'이라는 원자력 광고를 대대적으로 내 보낼 수도 있을 것 같다.

87) 가상원전((Virtual Nuclear Power Plant) : 원전이 지닌 능력과 자원을 정보 네트워크를 통하여 공유하고 결합함으로써 사업을 수행하는 하나의 가치 사슬을 형성하는 것을 말한다.

88) 한국 STEP 위원회 자료 인용, KAIST 한순흥 교수

❁ 페이퍼리스 원전을 구현하기 위한 원전 수명주기 관리 프로세스

2050년 원전에서는 데이터와 정보를 지원의 대상으로 하는 개념을 확장하여, 지식이나 지혜까지 지원하는 원전의 수명 주기 지식 네트워크를 갖출 것이다. 원전의 설계부터 폐기단계까지의 모든 데이터[89], 정보[90] 및 지식[91]과 지혜를 구조화하고 가시화하는 표준화된 업무 처리 프로세스를 이용하여 운용된다. 이러한 통합 프로세스에서, 모든 데이터는 식별과 통합이 가능하도록, 국제 표준에 맞는 표준을 사용하여 중립화한다. 중립화한 데이터는 처리와 저장 및 가공이 쉬우며 특정 목적으로 활용할 수 있도록 정보로 변환된다.

❁ 미래 원전을 위한 국제 표준 기반의 원전 정보관리

2050년의 원전에서는 여러 가지 표준을 수명주기 프로세스에 적용하여 발생되는 표준간의 데이터 호환의 문제점을 지식 네트워크를 적용하여 해결할 수 있을 것이다. 통일된 국제 표준을 이용하여 원전의 데이터, 정보, 지식과 지혜를 동시에 표현하는 정보 모델이 개발되기 때문이다. 데이터저장소는 각 정보모델이 사용하던 각각의 데이터베이스를 하나의 단일 체제로 묶는 역할을 수행한다.

다음 그림은 국제 표준기반을 이용한 원전 정보시스템을 보여준다. 정보의 교환이나 공유 그리고 저장과 같은 작업은 온톨로지 기반의 플랜트 정보 추론시스템이 담당하므로 데이터 모델간의 충돌이나 오류 발생은 일어나지 않는다. 여기에 말하는 정보란 데이터, 정보, 지식과 지혜를 모두 아우르는 총괄적인 개념을 뜻한다. 그림에서 가장 상위에 위치하는 것은 원전의 수명 주기 활동이다. 각 활동에서는 데이터, 정보, 지식, 지혜를 필요로 하게 되는데, 이를 지원하기 위해 지식 기반이 필요하다. 지식 기반은 지식 피라미드와 유사한 구조를 가지고 있다.

---

89) 데이터 : 정보작성 위해 필요한 자료로써 아직 특정의 목적에 대하여 평가되지 않은 상태의 단순한 여러 사실

90) 정보 : 데이터를 일정한 프로그램(양식) 처리·가공하여, 특정목적을 달성하는 데 필요한 정보가 생산된다.

91) 지식 : 같은 종류의 정보가 집적되어 일반화된 형태로 정리된 것으로, 어떤 특정목적의 달성에 유용한 추상화되고 일반화된 정보 * 용어정의 : http://kr.encycl.yahoo.com/

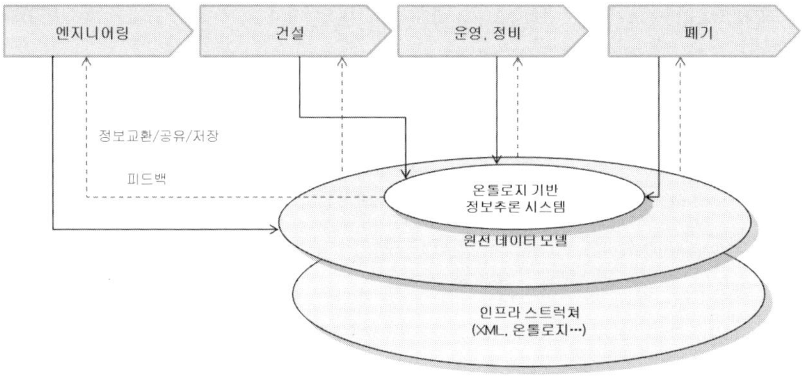

미래원전에서는 정보의 교환이나 공유 그리고 저장과 같은 작업은 온톨로지 기반의 플랜트 정보 추론시스템이 담당하므로 데이터 모델간의 충돌이나 오류 발생은 일어나지 않는다.

표준 정보 모델을 사용하여 개발한 원전의 데이터저장소[92)]를 이용할 경우, 특정의 도면을 검색하면 그 도면과 관련된 사양서와 관련 자료가 함께 검색된다. 또한 특정의 도면을 수정하면, 이에 따라서 어떤 도면을 함께 수정하여야 하는지, 특정 도면과 관련이 깊은 도면은 어떤 도면인지 등의, 사용자가 알고 싶은 내용을 제시하게 된다. 또한 모든 검색 기록은 하나의 연상 경로로서 보존되어 조직 공유의 지식으로 사용된다.

p125의 그림(상)은 일본 히타치 제작소에서 개발한 GPM[93)] 모델을 이용한 통합정보관리 시스템이다. 모든 데이터는 GPM 기반의 데이터저장소를 중심으로 이를 설계회사의 정보관리 시스템, 원전 운영사의 ERP 시스템과 연계하여 정보를 교환하고 공유하고 저장한다. 정보의 표현 방법인 GPM은 ISO-10303 국제 표준을 기반으로 기기 정보를 좀 더 세밀하게 표기하기 위해 만든 것이다. GPM 모델에서도 모든 데이터와 정보, 지식, 지혜는 통합화가 가능하도록 중성화[94)]되어 데이터베이스에 저장된다.

---

92) 데이터저장소 (DWH, DataWarehouse) : 정보제공을 위한 통합된 데이터 저장공간, 또는 의사결정지원과정에서 효과적으로 사용될 수 있도록 추출/변환/통합되고 요약된 전용 데이터베이스

93) GPM : Generic Product Model

94) 중성화(neutralization) : XML이나 JAVA 등의 언어를 이용하여 데이터에 재사용성을 부여하므로 디지털 정보의 교환이 가능하다.

❁ 페이퍼리스 원전은 원전 수명주기 프로세스를 통합한 정보관리시스템[95]으로 완성된다.

2015년경 원전에서 사용될 것으로 예상되는 통합된 정보관리 시스템은 GPM이나 STEP[96] 모델 등의 정보 모델을 기반으로 지식을 관리하고 이를 적극적으로 열람·검색 할 수 있도록 지원하는 기능이 포함되어 누구든지 언제, 어디서나, 쉽게 정보를 활용할 수 있도록 하는데 중점을 두고 있다. 2050년 원전에서는 각 단계별로 나뉜 기능들이 에이전트와 시맨틱 웹, 그리고 전문가 시스템을 이용하여 통합될 것으로 예측된다.

❁ 페이퍼리스 원전이 가능하게 하는 기술적 요소

페이퍼리스 원전이 가능하기 위해서는 먼저 무선 인터넷 환경에서 자유롭게 데이터와 정보를 수집하고 이를 중성화 데이터로 변환하여 통합 포털 상의 데이터웨어하우스에 저장하는 기술이 필요하다. 또한 집단지성을 이용하여 원전이 필요한 모든 지식을 종사자가 만들어가는 웹 응용 기술이 필요하다.

이러한 요구사항을 만족하기 위해, 2015년 정도가 되면 원전의 수명주기 정보 및 지식관리를 위한 다음과 같은 환경이 구축될 것으로 보인다.

- ▶ 설계 단계부터 폐기단계까지 모든 이해 당사자들이 참여하는 양방향 지식 프라자가 만들어진다. 정보통신 분야에서는 이 지식 프라자를 Web 2.0 기반으로 만들어 이용하고 있으며 2015년 즈음에는 Web x.0 시스템으로 진화할 것으로 예측된다.
- ▶ 집단 지성이 활용된다. 만일 RCP 펌프의 밀봉계통 누설률 계산이라는 지식이 필요하다고 가정하면, 질문자는 통합정보관리 시스템상에 질문을 등재한다. 이 질문은 시스템 상에 등록된 전문가 풀에게 전달되고 아울러 포탈 상에 공개된다. 위키피디아 백과사전이 그러하듯, 이 정보들은 정련 과정과 토론과정을 거쳐 초안으로 등재되고 질문자와 원자력계 모두의 공통 자산이 된다.

---

95) 통합정보관리시스템 : IMS, Integrated Information Management System
96) STEP : Standard for the Exchange of Product Model Data

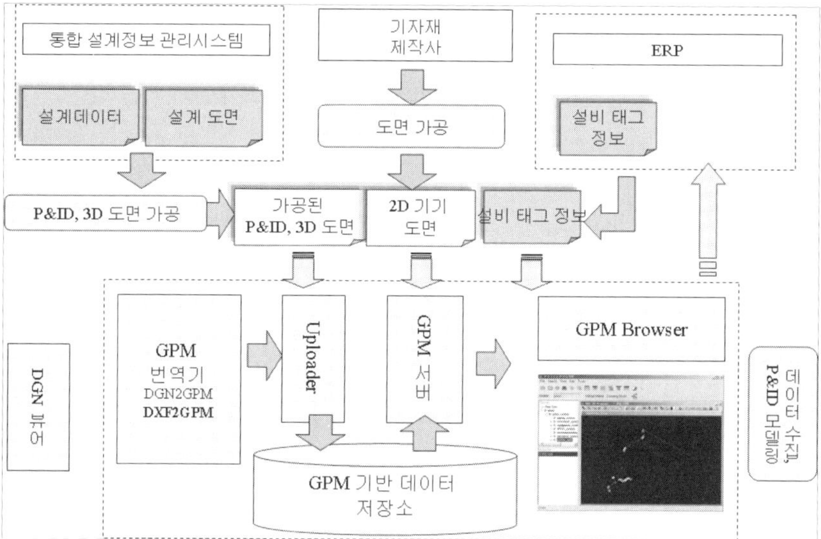

일본 히타치 제작소에서 개발한 GPM 모델을 이용한 통합정보관리 시스템이다. 모든 데이터는 데이터저장소를 중심으로 이를 설계회사의 정보관리 시스템, 원전 운영사의 ERP 시스템과 연계하여 정보를 교환하고 공유하고 저장한다.

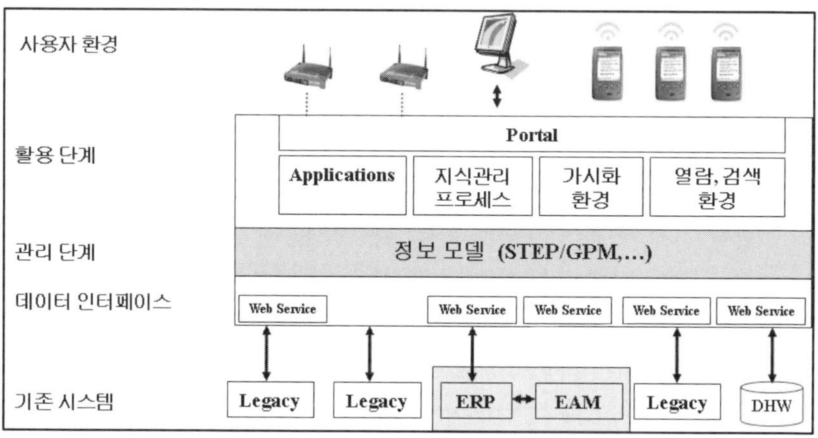

언제, 어디서나, 쉽게 정보를 활용할 수 있도록 하는 페이퍼리스 원전 구현을 위한 통합정보관리 시스템의 개념도이다.

- ▶ 언제 어디서든 접속, 검색, 활용될 수 있는 유비쿼터스 환경이 제공된다. 모든 원자력 종사자들이 상업용 포탈을 이용하지 않고도 모든 업무와 취미활동을 할 수 있도록 컨텐츠를 강화하고 업무외적인 지원 체계도 상세히 갖춘다. 사용자들은 와이브로 무선 환경을 통해 24시간 업무와 관련한 사항을 항상 지원받을 수 있다.
- ▶ 이 포탈에서는 이러닝 시스템과 연계되어 출퇴근 시간에도 항상 교육을 받을 수 있게 될 것이다. 웹을 이용하여 정보 생성, 공유, 개방성을 제공한다.

❁ 페이퍼리스 원전의 구현 효과

위에서 설명한 내용과 같이 페이퍼리스 원전에서는 설계, 건설, 운전, 정비 등, 전 수명주기에 필요한 기술 정보를 객관적인 데이터 모델을 사용하여 통합한다. 그 결과, 각종 계산의 결과, 도면, 사양서, 기기 메이커가 제공하는 각종 데이터, 표준, 법규 등, 관련되는 정보를 통일적으로 관리할 수 있다.

예를 들어, 설비 관리는 실제로 현장에 나가서 설비를 관리하는 것 보다 설비 정보를 논리적으로 관리하는 측면이 강하다. 기기 제작회사나 엔지니어링 회사가 작성한 막대한 양의 도면, 각종 표, 데이터베이스 등 설계부터 고장, 열화, 정비 이력 등 매우 많은 기술 정보를 통합해서, 종합적으로 평가하고 판단하는 업무가 효율적으로 실행되는 것이다. 이처럼 업무의 효율성이 높아지는 것이 바로 페이퍼리스 원전이 주는 첫 번째 효과다.

두 번째 효과로는 품질 향상을 들 수 있다. 페이퍼리스 원전에서는 설계 정보나 운전, 정비, 안전 등, 정보간의 정합성이 요구되는 각종 업무에 대하여 일관된 데이터를 관리하게 된다. 그 결과 설계 단계나 운전 단계에서의 실수를 사전에 예방하여 운전 품질의 향상이 가능하게 된다. 예를 들어 일부 기기의 고장 영향을 예측해 피해 규모를 최소화하는 등의 노력이 가능하다.

와이브로 기술을 이용하여 달리는 버스에서 인터넷을 즐기는 모습. 미래원전의 종사자들은 상업용 포탈 대신 통합정보관리시스템에 24시간 접속하여 각종 업무 정보와 취미 정보 등을 특화하여 얻을 수 있을 것이고 이러닝 시스템을 이용하여 외국어나 전문교육 등 다양한 교육도 받을 수 있을 것이다.

셋째 효과로는 설계기간의 단축을 들 수 있다. 이상적으로는 한번 경험한 적이 있는 플랜트를 다시 한 번 설계하면 이전의 설계에서 획득한 각종 지식과 정보를 재활용하게 되므로 설계 기간이 단축된다. 하지만 이를 실현하기 위해서는 이전의 기술 정보를 표준화하여 언제라도 검색하여 활용할 수 있도록 하여야 한다. 예를 들어 생산량이 변경되면 배관 재료 선정 기준 등의 설계 표준과 연동해서 자동적으로 배관 사이즈나 배관 재료의 사양을 변경한다. 그 결과 배관도 등을 수정하는 것이 가능하게 된다. 기존의 기술 정보를 적극적으로 재활용하게 되면 대폭적인 기간 단축과 코스트 절감이 가능하게 된다.

마지막 효과로 가동률의 향상을 들 수 있다. 설비에 대한 신뢰성이 향상되면, 설비의 정기 점검 간격을 연장하고 점검 대상 설비의 적절한 선택이 가능하게 된다. 그 결과 점검 기간의 단축에 의해 가동률의 향상이 가능하게 된다. 일본의 계산에 의하면, 효율적인 점검에 의해서 운전기간이 연장되면 원자력발전소 한 기당 하루에 30억 원의 비용 절감이 가능하다고 한다. 신뢰성을 향상하기 위해서는 CBM (상태 기준 정비)와 TBM (시간 기준 정비)의 재설계 등 정비 활동의 최적화가 필요한데, 이것은 기술 정보의 통합에 의해 실현 가능하다.

플랫폼 통합을 위한 연계기술

제레미 리프킨은 '소유의 종말'에서 집단지성, 지식검색, 지식축적, 지식 유통기술 등이 다양하게 활용될 미래에는 네트워크에 접속하지 않고는 생존이 불가능하다고 말하면서 네트워크 시대의 문지기(gate keeper) 역할을 다음과 같이 강조한다.

사회 전체가 다양한 종류의 오프라인, 온라인 네트워크로 재편되고 있는 지금, 문지기의 기능은 더욱 각별한 뜻을 갖는다. 문지기는 이 네트워크 세계에 접속할 수 있는 조건을 정한다. 가진 사람에게만 참정권과 투표권을 주던 시절이 있었듯, 소유 중심의 시대에는 소유가 자신의 뜻을 세상에 펼치기 위한 전제 조건이었다. 그러나 접속의 시대에는 네트워크에 접속하는 것이 모든 사회 활동의 전제조건이다. 네트워크 밖은 생존마저 위협받는 지경에 몰린다.

네트워크화한 지식을 어떻게 유통하고 활용할 수 있을까?

미래원전은 원전과 관련된 모든 이해관계자(공급사, 운영자, 정비자 등)가 통합된 정보관리체제를 이용하여 소통하고 발전하는 네트워크 지식화를 이룰 것이다. 이는 각 이해관계자를 요소기술을 가진 개체로 인식하는 것이 아니라 원전의 전체 수명주기를 책임지는 거대 지식집단으로 만드는 것이다. 이러한 네트워크 체제 하에서는 소속회사나 담당부서와 같은 물리적인 분류는 아무런 의미를 갖지 않는다.

자장면의 면발을 가장 잘 뽑아내는 멘토, 짬뽕 국물을 기막히게 우려

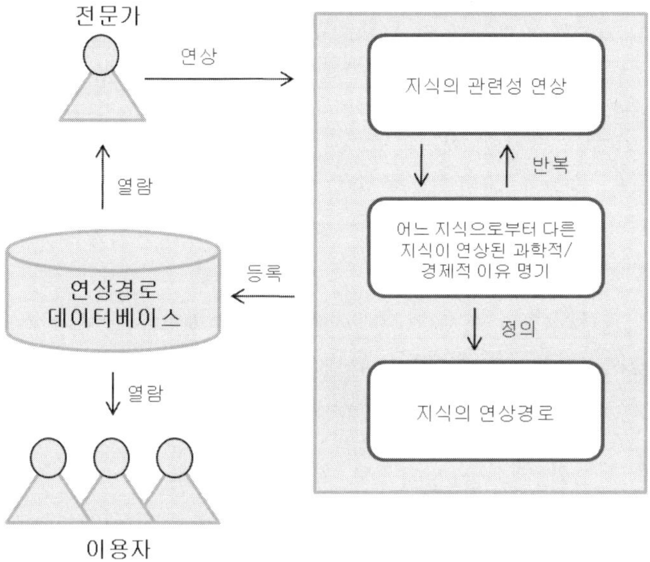

축적된 원전 수명주기 지식을 전문가 그룹과의 통신을 통해 관리하고 지식을 재생성 할 수 있는 체제

내는 멘토와 같이, 각 분야에서 최고의 고수가 되는 것이 중요해진다.

이렇게 각 분야의 고수는 최고 맨토가 되며 이용자의 다양한 질문을 배포, 취합, 재생산하는 역할을 담당한다. 물론 한 분야에 최고 고수가 한 사람만 존재하는 것은 아니다. 전문가 집단일 수도 있고, 특정한 그룹일 수도 있다. 선정된 전문가는 자신의 지식과 기술정보를 기초로 다양한 해결책을 웹상에 띄워 확대 재생산이 되도록 한다.

정보관리체제는 회사 밖 기업과의 협력, 이들 기업의 지식과 결합되도록 유연성을 제공한다. 위의 그림은 축적된 원전 수명주기 지식을 전문가 그룹과의 통신을 통해 관리하고 지식을 재생성 할 수 있는 체제를 보여준다. 이용자가 특정 지식에 대해 질문을 정보관리체제 상에 올리면 전문가는 지식간의 연상 경로를 이용하여 지식의 관련성을 반복적으로 정의하여 최적의 해결책을 제공할 책임이 있다.

❀ 모든 지식은 가시화를 통해 쉽고 편하게 처리된다.

p.131의 그림은 시스템의 움직임을 파악하기 위한 지식의 가시화 과정의 예를 보여준다. 일반적으로 지식 시스템의 가시화 대상이 되는 것은 지식 시스템 처리과정과 처리결과다. 지식 시스템의 처리과정은 처리 알고리즘, 이용자 책임자 권한, 처리 담당자와 관계자 등을 거쳐야 한다. 또한 처리결과 가시화 방법으로는 2차원 형상, 3차원형상, 심볼 표시, 리스트표시, 테이블형식, 네트워크도식, 숫자 등이 사용될 수 있다. 같은 기능을 가진 지식 시스템이라도 가시화하면 이용도는 올라가게 되며 이용자의 신뢰도 또한 높아지므로 IMS의 최종 단계에 가시화 단계가 위치해야 한다.

❀ 원전의 정보와 지식을 광속으로 처리한다.

원전의 정보 및 지식을 통합하여 관리하는 체제는 엄청난 양의 정보를 처리하고 검색하고 저장하는 작업이 부수되어야 한다. 이를 위해 필요한 것이 모든 정보를 신속하게 활용할 수 있는 방법이다. 설비의 이력관리를 신속하게 처리하기 위한 예를 위주로 정보를 신속하게 활용하기 위한 기술요소를 설명하면 다음과 같다.

- ▶ 모든 이력의 관리를 위한 중립 모델의 필요
- ▶ 설계 의도와 작업 결과 등 인지적 이력을 함께 관리
- ▶ 연상 경로를 이용한 이력관리 시스템 도출

문제는 현재 기술로 생성된 중성모델을 원전에서 실질적으로 사용하기에는 시간이 너무 많이 걸린다는 데에 있다. 일본 히다치사가 평가한 자료에 의하면 원전의 중성모델로 변환된 도면 한 장을 검색하는 데에는 약 15분 정도가 걸린다.

미래 원전에서 이러한 과정을 광속(光速)으로 처리하기 위해서는 전산

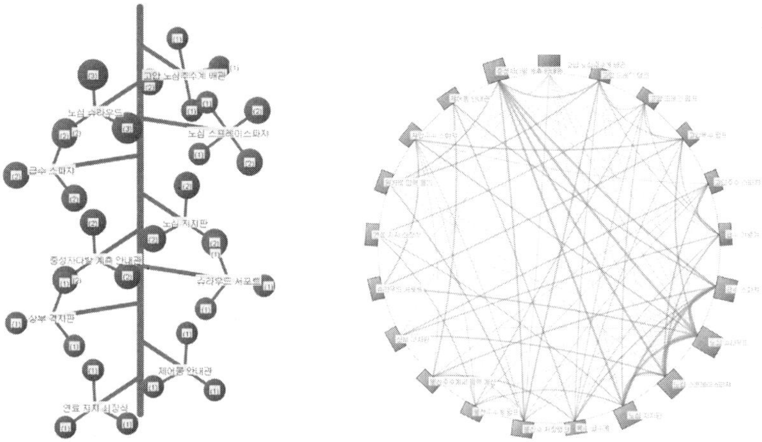

원자로냉각재계통 배관의 도면정보를 생성순서와 중요도에 따라 포도형 (좌측)과 레이더형 (우측)으로 오픈날리지 뷰어[97]를 이용하여 가시화한 사례

설비의 고속화뿐만 아니라 정보를 변환하고 검색하는 데에도 보다 획기적인 기술이 필요하다. 따라서 데이터 중립모델을 표준으로 하고 온톨로지를 이용하여 정보를 표현하며 동시공학을 이용하여 이를 저장하고 가공하는 기술이 요구된다.

✿ 이러닝

❁ 원전 종사자를 위한 이러닝 체제는 어떻게 발달될 것인가?

이러닝은 교사와 학생, 학생과 학생이 시간과 공간에 구애받지 않고, 인터넷을 이용하여 쌍방향으로 대화할 수 있는 첨단의 교육환경이라고 할 수 있다. 컴퓨터상에서 사이버 학습을 하는 것 역시 이러닝의 대표적인 예이다. 산업공학 용어사전에서는 컴퓨터를 중심으로 CD-ROM, 인트라넷, 인터넷 같은 네트워크를 매개체로 하여 학습이 이루어지는 체제를 이

97) http://openknow.com

러닝이라고 정의한다.[98] 교육정보화 용어사전에서는, 정보기술을 활용하여 언제(anytime), 어디서나(anywhere), 누구나(anyone) 원하는 수준별 맞춤형 학습을 할 수 있는 체제라고도 한다.

그렇다면 원자력발전에 있어서 이러닝은 어떠한 형태로 정의할 수 있는가. 우선 웹을 통해 온라인으로, 저장된 콘텐츠를 이용하여 원전의 종사자들이 자율적으로 학습을 하거나, 실시간으로 진행되는 교육을 수강하는 것이라고 말할 수 있을 것이다.

미래 원전의 종사자 개개인이 고용 가능한 인재가 되기 위해서는 쉬지 않고 보충 교육을 받아 스스로를 업그레이드 시키는 일이 필수적이다. 2050년에는 지식의 량이 폭발적으로 증가하고 기술의 변화가 엄청난 속도로 진행되므로 대학에서 배운 지식은 5년이 지나면 거의 쓸모가 없어진다고 미래학자들은 예측한다. 그렇다면 5년마다 한 일년씩 대학에 다시 들어가 재교육을 받던지, 아니면 자기 시간의 20%를 자기주도 학습에 투자해야 한다는 얘기가 된다. 스스로 학습을 하지 않고는 급변하는 기술의 트랜드를 따라잡기 힘든 세상이 도래하는 것이다.

현재와 같은 인구감소 추세가 계속된다면 2100년은 대한민국의 마지막 인류가 사라지는 해가 될 것이라는 우울한 전망도 있다. 가정에서 형제, 자매없이 자라나고 또래와의 교류보다는 인터넷 환경에 익숙한 2050년의 새로운 세대[99]는 개인주의가 가장 발달한 세대가 될 것이다. 따라서 지금과 같이 원자력연수원에 들어가 합숙을 하면서 집단 직무교육을 받는 것은 상상하기 어렵다. 사람들이 모여 강의를 듣는 대신 퇴근 후 조용한 시간을 택해 집에서 인터넷 강의를 듣는 홈스쿨링이나 통근시간에 회사에서 제공하는 출퇴근 버스 내에서 모바일 기기를 이용하여 디지털 교재를 읽는 자기주도 학습의 시대가 온다.

미래의 원자력연수원 강사들은 홈스쿨링을 위한 인터넷 강의 자료나 모바일 기기를 위한 디지털 교재를 개발하고 학생 개개인에게 가장 적합

98) Clark & Mayer, 2003
99) 2050년의 새로운 세대 : 가정을 하나의 우주로 하여 폭군처럼 자라난 이 세대에게 자신보다 우선되는 것은 없다.

한 학습 포트폴리오를 구성하고 관리할 수 있도록 하는 전담 매니저[100]의 역할을 하게 된다. 전담 매니저는 수강생이 자기 주도 학습 플래너를 개발하여 스스로 공부하는 프로젝트가 진행될 수 있도록 1:1 지도를 아울러 담당하게 된다.

❁ 2050년에는 어떠한 이러닝 콘텐츠가 원전 종사자들에게 필요할까?

가까운 장래에는 각 가정에 있는 냉장고조차도 지능화된다고 한다. 인터넷과 항상 연결되어 있어서 요리전문 포탈로부터 일주일 단위로 메뉴를 전송받고, 저장된 식품이 부족하거나 유통기한을 초과했을 경우 야채나 생선 등을 인터넷으로 구매하는 역할까지 담당하게 되는 것이다. 냉장고가 이정도로 지능화될 정도이니 미래 원자력발전소 설비의 지능화는 얼마나 발달할 것인가? 로봇이 사람을 대체하고, 기계설비에 사용되는 볼트 하나에도 RFID 칩이 심어져 상태파악이 가능할 정도로 고도로 지능화되는 미래에는 설비의 복잡도가 매우 높아지면서 발전소 운영과 정비에 필요한 지식의 양이 현재보다 폭발적으로 증가한다. 이러한 추세로 볼 때 원자력발전소에 관계되는 설계회사, 기자재 제작회사, 건설회사, 발전소의 운영회사, 정비회사 등의 모든 종사자들은 항상 신기술을 습득하고 이해하기 위한, 학습을 통한 자기개발이 필수적이다.

최근 원전 설비의 디지털화가 급속히 증가하고 있어 원전 종사자들의 교육에 대한 요구도 커져간다. 필자는 몇 년 전 원자력발전소 현장점검반원의 일원으로 계측제어분야의 많은 직원들과 인터뷰를 할 기회가 있었다. 원전 계측제어분야야 말로 디지털화가 급속도로 진행되어 습득하고 이해해야 할 지식의 양이 크게 증가하고 있는 대표적 분야이다. 현장 업무를 담당하는 직원들의 첫 번째 요구사항은, 새로운 기기의 도입에 따른 직무교육 기회를 크게 늘려달라는 것이고 둘째로는 각 원전별로 보유하고 있는 정비 경험이 교류되고 피드백 될 수 있도록 해달라는 것이었다. 담당자가 바뀌면 정비 능력이 현저하게 낮아질 수밖에 없고, 디지털 신기

100) www.ivistudy.com

술과 고도의 알고리즘이 적용되어 만만치 않은 시스템이 현장에 설치되면서 새로운 지식을 대하는 직원들의 고민도 늘어가고 있다. 같은 본부 내에 위치한 같은 노형의 발전소로부터도 경험을 전수받을 수 없는 경우가 자주 일어나는데 도입된 기기의 종류와 제작사가 다를 경우는 원제작사의 위탁 교육이외에는 운영과 정비 지식을 취득할 길이 없다. 이와 함께 정비 매뉴얼이 미흡하게 작성되어 정비에 크게 도움이 되지 않는다는 점 역시 개선할 필요가 있다는 의견도 나왔다.

그렇다면 이와 같은 직원들의 요구사항을 만족시킬 수 있는 대안은 무엇일까? 위탁교육을 강화하거나 사이버 강좌라도 개설해야 하는 것은 아닌가? 하지만 불행하게도 이 지구상에는 직원들이 요구하는 지식 모두를 가공하여 쉽게 전달해주는 강사는 없다. 사이버 강좌 역시 일반적인 연수원 강의 수준의 내용을 인터넷으로 여러 사람이 공유할 수 있도록 할 뿐, 각 개인의 직무에 대한 콘텐츠를 제작하고 보내주지는 못한다. 직원들은 특화된 교육을 요구하고, 현재의 체계는 이 요구를 충족시킬 수 없다면 길은 한 가지, 자체적으로 해결하는 것이다.

최근 집단지성을 위한 대표적 활용기술로 각광받는 웹 2.0을 이용하여 이러닝 체제를 구축하면 어떨까? 정보와 지식은 사내에서 구할 수 있는 것을 사용할 수 있고 아울러 제작사의 위탁교육을 받은 직원들이나 전문가들의 지원 가능하다면 사내의 역량을 총 동원하여 맞춤식 교재를 제작할 수 있을 것 같다. 사내의 지식을 구조화 과정을 통해 표준화하고 이를 공유하는데 웹 2.0의 기본 개념인 양방향 소통의 철학이 힘을 발휘한다. 단순히 강의 동영상만 촬영해 웹으로 제공하던 데서 나아가 웹 2.0 환경에 걸맞은 개방과 공유, 참여 등의 개념을 도입하는 것이다. 일방적이고 획일적으로 사전 제작된 콘텐츠만을 전송했던 과거와 달리 학습자 개인의 학습방법이나 성향 등을 반영해 새로운 형태의 강좌를 만들어내는 것이 미래원전의 종사자를 위한 지식전달체계가 되지 않겠는가?

2050년쯤 되면 인간의 머릿속 지식만으로 발전소를 운영하고, 정비하는 것은 불가능에 가깝다. 일 년마다 지식의 양이 5배 정도 증가한다면

세컨드라이프 이용자들이 인터넷 가상공간에 모여 파티를 즐기고 있다. 사이버스페이스를 스스로 설계하고 구성할 수 있는 단위 스킨을 제공받아 사용자가 자신의 공간을 꾸며 나간다. -www.secondlife.com

앞으로 40년 후인 2050년의 지식의 량은 현재보다 200배 이상 늘어나기 때문이다. 따라서 원전의 운영과 정비체계와 결합한 이러닝 시스템을 갖춘 지식화 발전소가 되지 않고는 발전소의 안전운전과 경제적 운전은 기대할 수 없을 것 같다.

❁ 미래 원전에서는 복합 지식 기반의 개방적인 이러닝 시스템이 사용된다.

수강자나 원전 종사자 자신이 다양한 형태로 관리되고 사용되고 있는 지식체제 중에서 학습지식을 추출하고 이를 이용하여 개인학습 환경의 설계자가 되는 것이 미래원전의 이러닝 체제가 갖는 개방성이다. 이를 위해 종사자 개개인에 맞는 콘텐츠를 스스로 개발하고 지식을 습득할 수 있도록 하는 지능형 프레임워크를 제공하는 것이 필요하다.

현재의 이러닝 체제는 콘텐츠, 솔루션, 서비스의 세 영역으로 구분되어

주로 사전에 마련된 교재를 사이버 공간에서 수강하는 형태로 운영된다.

미래 원전은 여기에 3차원 인터렉션을 통한 시각화 기능과 양방향 지식처리 및 공유 영역이 추가될 것이다.

세컨드라이프가 사이버스페이스를 설계하고 구성할 수 있는 단위 스킨을 제공하고 사람들이 자신의 영역을 스스로 꾸미고 그 안에서 아바타를 지정하여 활동하게 하는 것과 같이, 이러닝 체계는 원료가 되는 지식과 콘텐츠를 제공하고 사용자 집단이 스스로의 콘텐츠를 만들어 가도록 하는 것이다.

문제는 개인이 가지고 있는 많은 생각을 머리에서 꺼내어 집단지성으로 만드는 것이 쉽지 않다는 것이다. 이를 위해 사용할 수 있는 방법이 하나의 주제어를 정하고 그 주제어와 관련된 항목이나 내용을 연결하도록 하는 것이다. 또 하나의 방법은 스토리텔링을 사용하는 것이다. 주제에 대하여 연결고리를 이야기 형태로 만들어 연관된 내용으로 꾸미는 것이다. 이 모든 것이 사람의 머릿속 지식을 취급할 수 있는 구조로 만드는 것이 어렵기 때문에 고안된 방법이다.

이렇게 만들어진 콘텐츠는 사용자에게 서비스가 가능하도록 하여야 한다. 서비스의 중점은 지식이 활발히 활용될 수 있는가에 두어야 한다.

❁ 원전 이러닝 체제 구축을 위한 기술적 요소

이러닝을 위한 기술적 요소는 이미 과거 교육부와 정보통신부에서 활발하게 연구를 진행하였고 또한 현재도 교육과학기술부와 지식경제부에서 정부주도 R&D를 통해 성과를 발표하고 있다. 따라서 미래원전을 위한 이러닝 기술도 타 산업분야에서 개발된 성과를 공유하고 발전시켜나가는 전략이 바람직할 것이다. 그렇지만 미래원전에서 필요한 이러닝 기술에 대한 전체적인 내용은 파악할 필요가 있을 것 같다. 이러한 작업을 통해 개발하여 공유하고 활용해야 하는 콘텐츠의 종류와 형태를 파악할 수 있기 때문이다.

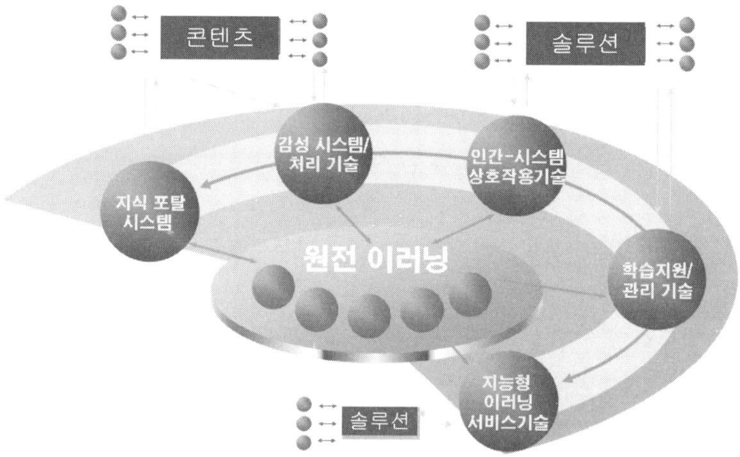

미래 원전의 이러닝 체제에는 학습자 모델링과 인간의 감정 및 동기를 진단하는 기술, 학습자 적응형 학습지원 기술, 인간과 컴퓨터 시스템의 상호작용을 통해 지식을 가시화 하고 증강현실을 제공하는 기술, 이러닝 지식포탈을 시맨틱 기반과 온톨로지 기반으로 꾸미는 기술, 그리고 뇌-인지 기반의 인간수행능력을 향상시키는 기술로 이루어진다.

설비의 운전 절차를 아바타의 도움으로 익혀나가는 애니메이션 콘텐츠. 실제 원전의 현장을 보지 않은 신입사원이라도 생생하게 현장의 기기 작동원리와 제어개념 등을 직관적으로 알 수 있을 것 같다. -(주)포미트 제공

❂ 지식을 시각화한다.

체험을 통한 일상기억은 논리적인 기억에 비해 훨씬 정확하고 상세하며 또한 오래 저장된다고 한다. 미래의 신세대를 짧은 시간내에 효율적으로 교육시키기 위해서는 몰입적인 3차원 시각화 기반의 콘텐츠가 사용되어야 한다. 특히 원전의 운영과 정비 매뉴얼을 작성할 경우에도 업무와 학습에서 사용되는 정형, 비정형 지식을 모두 포함하도록 해야 한다. 즉, 기존의 매뉴얼로 기술할 수 있는 형식적 지식과 종사자가 업무과정에서 스스로 체득하였지만 단순한 매뉴얼로는 기술할 수 없는 암묵적 지식이 모두 담겨져 있어야 한다는 것이다.

미래의 전자화매뉴얼은 3차원 인터렉션 지원을 통해 생생한 형태의 지식의 시각화와 양방향 통신을 지원할 것으로 보인다. 매뉴얼을 보는 도중 질문이 생기면 공개 또는 비공개로 질의응답을 하게 된다. 질의응답은 현재 사용하는 사이버강의 형태와 같이 자주 올라오는 질문을 카테고리로 엮어 자동으로 답을 하게 하는 FAQ방식과 게시판 상에 학습자가 올리는 질문을 강사가 답하는 Q&A 방식, 그리고 포털사이트의 질의 답변과 같이 공개된 게시판에 질문을 남기면 그 글을 읽는 사람 중에서 자발적으로 답변을 하는 형태로 운영할 수도 있을 것이다.

학습자가 좀 더 상세한 사항을 검색하고자 하면 관련 페이지에서 다른 자료로 직접 접속이 가능한 형태로 운영된다. 이는 지정된 경로를 사전에 설정하는 하이퍼링크와는 다르다. 학습자는 매뉴얼을 처음 접하는 경우가 대부분이므로 이 분야에 대한 지식이 많지 않다. 구조화된 지식검색 시스템은 초보자라도 쉽게 자기가 원하는 내용을 검색하고 이용할 수 있도록 한다. 지식의 검색과 축적 그리고 유통 기술은 설령 검색어가 확실하지 않더라도 초보자가 최적의 결과를 찾아 사용할 수 있도록 한다.

학습자는 또한 인간과 기계의 통신을 위한 멀티모달 인터렉션[101] 기술을 이용하여 이러닝 시스템과 소통할 수 있다. 컴퓨터가 학습자의 음성에 반응하여 검색을 수행하거나 검색된 내용을 합성된 음성으로 알려주는 것도 이

101) Multimodal Interaction

고압 터빈의 분해조립과정을 3차원 형상을 이용하여 시각적으로 표현한 모습

기술에 포함된다. 아울러 키보드를 사용하지 않고 컴퓨터가 필기체를 정확하게 인식하여 작동하게 할 수도 있다.

전자화매뉴얼은 집단지성을 통해 더욱 정확해지고 학습자가 쉽게 사용할 수 있도록 개선된다. 집단지성에 참여하는 사람에게 월급 이외에 추가적인 혜택을 주는 제도를 시행하여 좀 더 많은 인력이 자발적으로 참여하고 자기의 경험을 나누게 할 수도 있을 것이다.

❁ 가상현실과 증강현실이 접목된 버츄얼 원전의 구현

위 그림은 고압 터빈의 분해조립과정을 3차원 형상을 이용하여 시각적으로 표현한 것이다. 미래 원전에서 3차원 동영상은 사람의 청각, 시각 등과 멀티모달 인터렉티브 체제를 이용하여 결합된다.

터빈을 분해 조립하는 과정을 교육하기 위한 이러닝 체제에서는 대상 터빈의 제작사별로 외관과 부품별 모양을 콘텐츠 개발을 위한 소재로 제공한다. 콘텐츠 개발자에 의해 완성된 기본수준의 전자화매뉴얼은 사용자 그룹에 배포된다. 개인 학습 환경 설계에 참여하는 사용자 그룹은 집단 지성을 이루어 기본판 매뉴얼에 대해 활발한 토의와 피드백을 진행한다. 한사람의 전문가가 완성한 매뉴얼이 수강예정자 그룹에 의해 진화하는 것이다.

정비원은 이 매뉴얼을 이용하여 터빈의 정비에 대한 기초적인 지식과 응용지식을 모두 습득한다. 이 매뉴얼은 정비원이 사용하는 스마트 안경상에 출력할 수도 있다. 스마트 안경에는 가상현실 화면만 나타나게 하거나 실제의 터빈홀 영상에 가상현실 화면이 중첩되는 증강현실 화면으로 표시할 수도 있다. 정비원은 원격조작공구와 크레인 등을 운전하면서 터빈을 분해하고 조립하는 연습을 진행한다. 모든 연습 과정은 학습평가에 반영되고 잘한 점과 못한 점이 자동으로 정리되어 시정 권고된다. 터빈과 같은 대형기기를 혼자서 분해 조립할 수는 없을 것이다. 정비원은 휴머노이드 로봇을 선택하거나 타 수강자와의 협업을 통해 이 매뉴얼을 이용하여 전 과정을 시뮬레이션해볼 수 있다.

가상현실, 증강현실과 결합된 이러닝 체제는 실제 업무에도 활용할 수 있고, 휴머노이드 로봇을 교육시키는데 이용할 수도 있다. 이러닝용 증강현실 공간에서 지능형 에이전트와 햅틱 기술을 이용하게 되면 정비원은 햅틱 기술로 인해 실제 터빈의 스터드 볼트가 풀리는 느낌과 대형 터빈 구조물이 자동운전 크레인에 의해 지정된 위치에 보관되는 느낌도 받을 수 있다.

바야흐로 버츄얼 원전이 가능해지는 것이다.

❁ 이러닝 체제의 수강시간에 대한 고려가 필요하다.

인간이 엘리베이터를 조바심내지 않고 기다릴 수 있는 시간은 40초라고 한다. 아마 우리의 선조들이라면 이 시간이 훨씬 길었을 것이다. 이렇듯 미래로 넘어갈수록 인간은 직관적 사고에 익숙해져, 하나의 주제에 많은 시간을 쓰거나 몇 주씩이나 꾸준히 학습을 진행해야 하는 일을 가급적 피해나갈 것이고 설령 그러한 교육 과정을 개설하여 마지못해 참여하도록 한다 해도 그리 큰 효과는 내지 못할 것이다. 그렇다면 1회의 강의를 학습자가 집중해서 볼 수 있는 시간은 어느 정도인가?

그때그때 필요한 부분을 찾아 빠른 시간 내에 배울 수 있는 콘텐츠야말로 미래사회를 위해 꼭 필요한 것이다. 하루가 다르게 바뀌는 기업현장에서 늘 시간에 쫓기며 사는 직장인의 입장에서 불필요한 시간과 노력을

가상현실과 증강현실을 결합하여 사이버공간에서 도시를 설계한다. 기술자가 쓰고 있는 것이 HMD이고 여성이 손에 들고 있는 것이 조이스틱이다. 설계도만 봐서는 실제 구현될 건축물을 예상하기가 쉽지 않지만 가상현실과 증강현실을 활용하면 가상의 건축물을 보면서 서로 간에 의사를 나누며 설계도를 변경하고 변경된 내용을 바로 확인할 수 있다.

덜면서 원하는 바를 달성할 수 있는 강좌 한 편당 분량은 30분~1시간 정도가 바람직하다는 분석도 있다.[102] 이렇게 하기 위해서는 이러닝의 모든 콘텐츠를 철저하게 실무 중심으로 구성하여 원전 종사자들이 부담 없이 접속하여 학습할 수 있도록 해야 할 필요가 있는 것이다.

102) 주간조선, 2009년 7월 13일자 기사인용

신뢰도 기반 원전

2050년의 원전에서 신뢰도는 어떠한 의미를 가질까?

원자력발전소에 있어서의 신뢰도란 무엇을 의미할까? 필자는 원자력발전소의 신뢰도가 가지는 의미란 '원전의 존재 그 자체'라고 생각한다. 원자력발전소에 대한 국민의 신뢰도가 무너지면 발전소의 문을 닫을 수도 있기 때문이다.

사람들은 이 신뢰도가 경험에서 출발한다고 생각한다. 나와 남들이 오래 사용해본 물건이나 서비스가 아무 문제없이 내게 좋은 결과를 가져다주었다면 그것에 대해 신뢰를 보내는 것이 당연하다.

필자가 어렸을 때 어머니는 아주 오래된 미제 다리미를 사용하셨다. 한손으로 들기에는 버거울 정도로 무척 무거웠고 한번 열을 받으면 좀처럼 식지도 않아 방 한편에 치워 놓은 다리미에 손이나 발을 무심코 대었다가 화들짝 놀란 기억이 있는 물건이다. 뿐만 아니라, 생산 된지 40여년간 거의 매일 사용했지만 전열선이 끊어지지 않을 정도로 튼튼했다. 물론, 전기 콘센트나 전선은 여러 차례 교체해 사용했지만 말이다. 아내가 혼숫감으로 장만해온 신형의 미제 다리미는 너무도 가벼울 뿐 아니라 물을 넣어 스팀까지 내는 기능이 있었으므로 편리했다. 하지만 새로운 다리미의 편리한 점을 보고도 어머니는 고물 다리미를 바꿀 생각은 전혀 하지 않았다. 가볍고 편리했지만 새로운 다리미로는 다림질이 영 개운하지 않다는 것이었다. 이 다리미는 미국의 발명왕 에디슨이 설립한 에디슨 일

렉트릭사 제품이었다.

필자가 애용하는 오디오 시스템 역시 50년 동안 소리를 내고 있는 오래된 진공관 기기이다. 방송국 송신소의 콘솔에 붙어 있던 기기였는데 1958년도 생산된, 내 나이와 같은 기기라 더욱 애착이 간다. 물론 모노럴 기기라서 스테레오 사운드 재생을 위해 20년 전 한 세트를 카피하여 같이 사용하고 있지만 소리만은 아직도 일품이다. 아직 철이 들지 않은 중년의 소리라고나 할까.

이처럼 과거의 기술은 튼튼함과 무식함(?)이 그 특징이었다. 최대 신뢰도를 보장하는 것이 목적이었으므로 당연히 제작비는 올라가고, 부품의 교체 비용도 비싸다. 하지만 이러한 제품에 대한 고객의 충성도만큼은 최고 수준이다. 소위 마니아층이 형성되어 있어 새 제품일 때보다도 몇 십년 된 중고품 가격이 오히려 올라가는 기현상을 보이기도 한다. 이렇듯 신뢰는 심리적인 만족감에서 출발한다. 필자의 어머니가 고물에 가까운 미제 다리미에 보여주었던 무한한 만족감, 그것 또한 미래원전의 고려해야 할 기술외적인 신뢰도이다.

❁ 전투기를 폭파해서라도 원전의 안전성을 보일 수만 있다면….

유튜브에 올라 한동안 많은 사람들이 동영상으로도 보았던 이 사진은 원자력발전소의 격납용기가 항공기의 공격으로부터 안전한가를 직접 시험하는 장면을 촬영한 것이다. 1987년 미국 샌디아 국립연구소에서는 팬텀 전투기에 로켓 추진 장치를 달아 시속 800 km로 격납용기에 충돌하는 실험을 실시하였다. 격납용기와 동일한 구조와 두께를 가진 콘크리트 격벽에 부딪치게 하는 이 시험에서 원자로 격납용기는 외벽의 5 cm만 파손되고 별다른 피해가 없었다. 적 전투기의 자살공격에서도 안전함을 증명한 것이다. 미국의 911 사건이후 미국 원자력규제위원회에서는 민간 항공기의 자살공격에서도 원자로 건물이 건전성을 유지하는지를 요구한다고 하니 얼마 후에는 보잉 747이 이러한 시험에 동원된 영상을 볼 수 있을 것이다.

❁ 원전에 대한 신뢰도는 확률로만 보여줄 수 있는 것은 아니다.

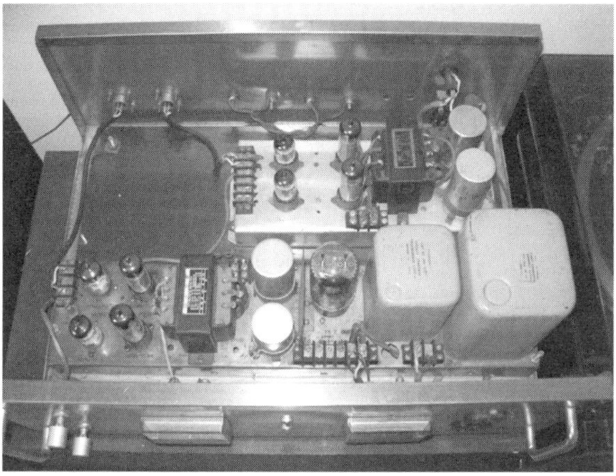

필자에게 아름다운 소리를 들려주고 있는 50년 된 진공관 앰프

원자력발전소의 격납용기가 전투기의 공격에도 안전하다는 것을 보여주기 위해 실제로 충돌 시험을 하는 것 또한 심리적 만족을 위한 가장 좋은 방법이다.

百聞이 不如一見이고 百見이 不如一觸이다.

한번 보는 것이 백번 듣는 것 보다 낫고, 한번 만져보는 것이 백번 보는 것 보다 낫다.

❀ 신뢰도를 결정하는 또 다른 요인

월성 원전의 주제어실에서는 상태 표시등으로 LED를 사용한다. 반면에 경수로 원전은 가격이 비싼 램프 홀더를 사용한다. 자체 발열만 잘 제거해 준다면 LED 전구의 수명은 거의 영구적이다. 그러므로 소형 필라멘트형 전구 대신 LED를 사용한 중수로 원전의 설계 개념은 수명적인 면에서만 본다면 탁월하다. 물론 일반 램프도 적절한 주기로 교체해 준다면 LED 전구와 신뢰도면에서 동등하게 유지할 수 있고, 더욱이 두개의 램프를 하나의 램프 홀더에 병렬로 설치하는 경수로형 램프 홀더 역시 높은 신뢰도를 보이고 있다.

인간의 감성을 만족시킨다는 데에 중점을 둔다면 단순한 램프홀더 설계 개념에서도 생각해 볼 것이 더욱 늘어난다. 신뢰도의 요소를 확률로써 정의할 수 있는 기술적인 것과 확률로는 정의할 수 없는 기술외적인 것으로 나눈다면, 초기 원자력발전소의 제어반 램프를 설계했던 미국인들이 바라본 기술외적인 문제는 무엇이었을까? 나는 그것이 인간의 감성적인 측면에 대한 고려였을 것이라고 생각한다.

미국 워싱턴 DC에 있는 스미소니언 박물관에 전시된 '제미니' 우주선의 캡슐에는 발전소 주 제어실에 사용한 부품과 같은 종류의 램프 홀더가 부착되어 있다. 초기 제미니 우주선을 설계할 때 과학자들이 참고할 수 있었던 것은 전투기의 조종석이었을 것이고 전투기의 조종석이란 수없이 많은 전장에서 진화해온 믿을 만한 것이었기에 이러한 기술외적인 신뢰도 향상 방안이 원자력발전소에도 도입되었을 것이다.

❀ 명품만이 신뢰도를 보증한다.

과거 원자력발전소에서 사용하던 미국산 장비와 부품의 신뢰도는 매우 높았기 때문에 종사자들은 큰 만족감을 얻을 수 있었다. 반면에 개발초기였던 국산제품은 미처 생각지도 못한 결함이 가끔 발생하여 그렇지 않아도 낮은 신뢰를 잃어버리곤 했으므로 발전소 종사자들이 이 제품을 채택하는 데는 용기가 필요한 시기도 있었다.

미국 스미소니언 항공우주박물관에 전시된 제미니 우주선의 내부사진. 원전 주제어실 부품배치와 닮아있다.

요즈음도 기기나 시스템을 공급하는 국내 제작사들은 고객인 원전 종사자들에게 정량적인 신뢰도, 분석적인 신뢰도 데이터만을 제공하려는 경향이 있다. 많은 신뢰도 시험 방법 중 특정 시험을 통과하면 마치 완벽한 물건이 된 것처럼 고객에게 들이미는 것이다. 하지만 설치 시점부터 제품의 수명이 다할 때까지는 고객의 만족을 얻어내기 위해 무한한 노력과 정성을 기울여야 한다. 과거 미국의 변두리 가게에서나 판매되던 국산 가전제품과 이동통신 제품이 명품의 반열에 오를 수 있었던 것은 끊임없는 기술혁신의 결과였다. 명품이 되지 않고는 고객을 만족시킬 수 없다. 국산 가전이 세계를 평정했던 것처럼, 강력한 품질 의지와 우리나라가 기술적 우위를 점하고 있는 IT 기술을 융복합 한다면 원전의 부품 소재 분야에서도 또 하나의 기술적 우위를 차지할 수 있을 것이다.

❀ 신뢰도는 사람과 기계가 함께 만들어가는 확률 게임이다.

눈 덮인 산이 일상의 풍경인 홋카이도의 호루마이라는 시골의 간이역장인 오토마쓰는 하루 몇 십 명 정도의 승객밖에 없는 한적한 시골역을 지키기 위해 평생을 바친다. 갓 태어난 딸을 잃었을 때도, 사랑하는 아내가 죽던 날도 자리를 떠나지 않았다. "당신은 애가 죽어 돌아와도 깃발을 흔드는군요." 어린 딸이 죽어 싸늘한 체온으로 돌아오던 날도 그는 깃발을 흔들고 호각을 불어 시커먼 연기를 내뿜으며 하얀 눈이 수북이 뒤덮인 산모퉁이를 비집고 달려오던 기차에 신호를 보낸다.

기술이 발전할수록 인간의 행위에 대한 의존도는 꾸준히 줄어갔지만 기술보다는 사람에게 많은 부분을 의존하였던 과거와 고도화된 기술에 좀 더 의존하게 되는 현재와 미래에도 신뢰도란 아무리 강조해도 지나치지 않은 요소이다. 다만 설비 자체에 대한 신뢰도와 인간에 대한 신뢰도 어느 부분에 좀 더 강조점을 두는가가 다를 뿐이다. 현대와 같은 정밀 제어기를 활용할 수가 없었던 과거에는 기관차의 운행을 관리하는 책임은 철도원의 몫이었고 철도원의 인적 오류는 큰 사고로 이어지곤 했다. 하나의 선로를 이용하여 마주 오는 두 열차를 최고의 속도로 교차 운행시키는 일은 철도원에게 고도의 집중력을 요구하기 때문이다.

언제나 그렇듯 신뢰도 관리는 기술적 측면과 기술외적 측면이 있다. 기술적 측면이 설비나 기기를 잘 관리하여 신뢰도를 수치적으로 높이는데 중점을 둔다면, 기술외적 측면은 그 기술을 사용하거나 기술의 이용결과로 혜택을 누리는 사람들이 감정적으로 얻게 되는 만족감을 최대로 하는 것이다.

설비나 기기를 잘 관리하여 수치적인 신뢰도를 높이기 위해서는 다양한 방법이 사용될 수 있다. 지금까지는 주로 하드웨어적인 품질을 높여 수명기간 동안 안심하고 사용할 수 있도록 하는 데에 많은 노력을 기울였지만, 소프트웨어가 중심이 되는 미래의 디지털 원전에서는 소프트웨어 자체의 신뢰도를 정량적으로 관리하는 것이 신뢰도 관리의 큰 축이 된다. 하드웨어를 작동하거나 사람의 의도에 따라 활동하는 소프트웨어의 신뢰도를

기술이 부족하던 시대에, 이 철도원은 기술의 부족을 몸으로 메워 가면서 안전을 지키고 고객과의 신뢰를 지키는 파수꾼의 역할을 한다. '영화 철도원의 한 장면'

관리하는 것은 어렵기는 해도 충분히 가능한 일이다. 요즈음 큰 이슈가 되고 있는 사람의 수행능력을 정량적으로 관리하는 기법 역시미래에는 크게 향상되고 실행의 정확도도 높아질 것으로 보인다.

그렇지만 심리적인 만족감을 제공하는 것은 쉽게 접근할 수 없는 문제이다. 2050년 원전에서는 이 어려운 문제를 어떻게 풀어갈 것인가. 나는 좋은 제품은 포장재부터 달랐다는 것을 기억한다. 좋은 물건을 사서 포장을 열었을 때 풍겨나는 기름먹은 종이가 주는 느낌과 정돈된 내부 포장재, 그리고 정갈하게 인쇄된 매뉴얼까지. 이러한 느낌은 거대한 시스템에서도 영락없이 발견된다. 2050년의 신인류들은 논리적 사고와 동시에 감성적 사고 능력이 매우 뛰어날 것이므로 이들에게 만질 수 없고, 감정적이면서 정체성에 연관된 만족감을 제공하는 것만이 감성적 신뢰도를 확보할 수 있는 유일한 길이다. 꼼꼼한 마무리와 정성, 평범하지만 빈틈없이 만들어졌다는 느낌이 필요할 것이다. 넘치지도 모자라지도 않는, 내가 원하는 바로 그대로의 원자력발전소가 2050년에는 운영되고 있지 않을까?

❀ 통합된 신뢰도 프로그램이 적용된다.

2050년 원전은 각종 에이전트들이 결합된 형태의 다양한 신뢰도 관리 체계가 적용될 것이다. 높은 안전성과 이용률을 유지하기 위해 신뢰도 중심의 정비전략[103]과 예측정비기법[104], 위험도기반 검사기법[105]등이 복합적으로 채택되어 신뢰도를 극대화시킬 것으로 보인다. 이러한 다양한 방법론들을 바탕으로 개발된 실시간 예측모델은 발전소의 품질과 안전성 그리고 경제성을 실시간으로 계산하여 운영자에게 제시한다.

또한 원전 설비의 결함을 조기에 파악하고 복구하기 위해 각종 시스템과 기기 그리고 부품의 스마트화가 이루어진다. 특히 제어와 구동을 동시에 담당하는 기기는 스마트화가 가장 크게 진행되는 것 들 중 하나이다. 스마트 기기는 원전의 제어와 작동을 담당함과 동시에 상태와 성능을 자체적으로 진단하여 운전원에게 알려주는 등 매우 똑똑해 진다. 스마트 기기의 자체진단 기능은 예지진단을 중심으로 한 헬스케어 프로그램과의 연계를 통해 설비레벨 뿐만 아니라 시스템 레벨에서의 완전한 지능화를 이룰 수 있도록 한다. 뿐만 아니라 원자로나 배관에 사용된 재료나 소재의 성질이 중성자와 화학용액 등에 의해 취화되거나 부식되었는지를 온라인으로 감시하는 재료감시 및 에이징 관리 역시 헬스케어 프로그램의 일부로 수행된다.

지능화된 스마트 시스템은 대량의 데이터를 생산하므로 이 데이터를 처리, 가공하여 정보로 만들고 지식화하는 다양한 조치가 필요하다. 온톨로지 기반의 에이전트는 데이터 단에서의 막대한 양의 기초 자료를 처리할 수 있는 새로운 기술로서 활발히 사용된다.

미래 원전의 신뢰도 관리체계가 가진 또 하나의 특징은 하드웨어와 소프트웨어 신뢰성 목표가 실시간으로 유지된다는 것이다. 설비마다 차별적으로 결정되는 신뢰도 목표값은 설비 자체와 시스템 전체 단위 그리고 발

---

103) 신뢰도 중심의 정비전략: RCM, Reliability Centered Maintenance.

104) 예측정비기법: PdM, Predictive Maintenance

105) 위험도기반 검사기법: RBI, Risk Based Inspection

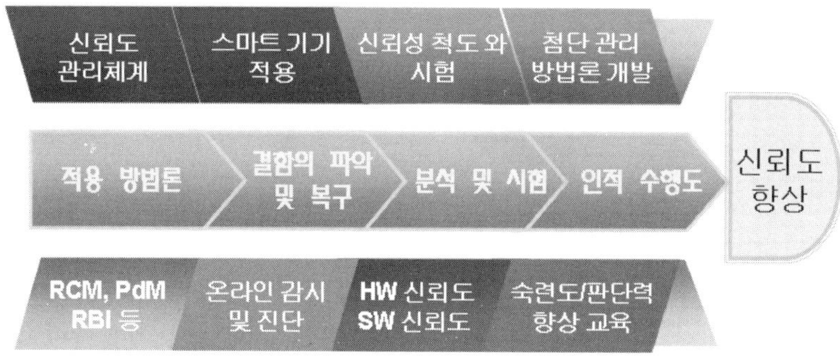

미래원전의 기술적 신뢰도는 다양한 요소들이 유기적으로 작용하고 최적의 방법론을 실시간으로 적용함으로써 달성된다.

전소 단위로 실시간으로 계산되고 관리된다. 만일 하나의 설비가 신뢰도 목표를 만족하지 못할 경우에는 이 지표 변화가 시스템 측면과 발전소 전체의 신뢰도 목표에 어떠한 영향을 주는지, 그리고 저하된 신뢰도는 어떻게 회복할 수 있는지를 자동으로 운전원에게 권고한다. 따라서 현재와 같은 단일요인고장으로 인한 원전의 불시정지 상황은 발생하지 않는다.

원전에 사용되는 설비가 높은 품질과 신뢰도를 바탕으로 제작, 설치되어 운용되고 있다 하더라도 이를 운용하는 주체는 바로 사람이다. 인적 수행도는 사람에 대한 관리를 목적으로 하는 것으로서, 논리적 사고와 감성적 사고를 동시에 수행하는 인간에 초점을 맞춰 최적의 상태에서 원전을 운영할 수 있도록 한다. 인적수행도에 따른 신뢰도가 원전 신뢰도의 최종적인 관건이 되는 것은 설비의 신뢰도 목표 달성에 실패하더라도 사람의 숙련도와 판단력에 의해 완화되는 것이 가능하기 때문이다. 하지만 역으로 설비의 신뢰도가 충분하더라도 인적 조작 오류에 의해 원전의 신뢰도가 낮아질 수 있을 것이기 때문에 2050년 원전에서는 이러한 논리적, 감성적 오류를 근본적으로 억제할 수 있는 각종의 첨단 방법론이 적용된다. 관리 방법론은 이러닝과 같은 교육적인 측면과 함께 심리안정화와 같은 감성적 관리, 그리고 인적 오류를 일으키는 특정 뇌파를 사전에 탐지하여 제어하는 뇌파감시 및 관리기법에 이르기까지 다양하다.

미래원전에서 기술적 신뢰도를 확보하는 방법에 대해 좀 더 자세하게 살펴보자.

❁ 설비 고유의 신뢰도 데이터를 활용한다.

미래원전의 신뢰도 예측모델이 현재의 것과 다른 것은 바로 설비 고유의 신뢰도 데이터를 활용한다는데 있다. 2050년 원전에서는 70년 이상의 설비 고유 데이터를 수집하고 축적하여 분석에 사용하고 있으므로 고유 데이터가 없어 일반 신뢰도 데이터를 사용할 수밖에 없는 현재의 신뢰도 분석결과 보다 매우 높은 정확도를 제공한다. 뿐만 아니라 기기와 설비와의 상관관계, 그리고 설비와 시스템의 상관관계, 시스템과 원전의 신뢰도 상관관계식이 완성되어 실시간으로 전체 신뢰도를 예측하므로 하나의 기기가 고장 나거나 운전 불능상태가 되더라도 이를 즉각 복구할 수 있는 대책이 제시된다.

신뢰도 프로그램은, 주요 SSC(시스템, 구조물, 기기)의 성능을 계속 감시하여 특정 SSC의 성능지표가 성능 목표치에 미달할 때에는 이에 따른 수정조치를 하도록 하는 정비규정, 원자력발전소의 전반적인 성능을 성능지표를 이용하여 감시하는 성능위주 원자력발전소 검사제도, 위험도 정보 활용 규제 등 복잡한 상관관계를 갖고 있는 각종 지표106)를 통일하는 장점이 있다.

이와 함께 차등품질을 적용하여, 높은 신뢰도를 요구하는 설비에 대해서는 더욱 관리를 강화하고 설비의 신뢰성을 높일 수 있도록 개선하고 비교적 낮은 품질을 요구하는 설비는 적정한 품질수준만을 허용하는 다중적인 관리체제를 도입하여 안전성을 보장함과 동시에 경제성을 높일 수 있도록 한다. 이렇듯 신뢰도 기반의 설비관리는 쓸데없는 과잉 품질이 설비에 적용되지 않도록 하는 설비관리기법을 제공한다.

106) 박창규, 하재주, "확률론적 안전성 평가", 브레인코리아

❁ 온라인, 실시간으로 설비 신뢰도를 계산, 관리한다.

미래원전은 높은 기술적 신뢰도를 확보할 수 있을 것으로 보인다. 기기나 설비의 결함률은 실시간으로 계산되므로 이를 수정하기 위한 조치 역시 실시간으로 가능할 것이다. 설비의 신뢰도를 “1”에 가깝도록 유지하기 위한 방안으로 사용되는 것이 바로 실시간 엔지니어링 분석체계와 최적 정비관리체계의 통합체제이다. 이러한 통합 체제의 중심에는 RCM, RBI, VDM[107], PdM, SHE[108]가 자리 잡게 된다.

RCM은 이미 파악된 설비별 고장모드와 고장률 정보체계와 연동되어 설비의 신뢰도가 저하되지 않도록 자동으로 정비에 대한 작업 지시를 하고 그 결과를 피드백하여 신뢰도를 재계산한다. RCM에 기초한 RBI기법은 고장의 우선순위를 매기는 추가 기능이 있다. 이 두 방법의 차이점은 고장 위험도를 이용하는데 있다. RBI는 위험도의 클래스를 사용하여 예측보전 프로그램과 가용한 보전 자원뿐만 아니라 안전, 보건과 환경적인 위험도가 연동되도록 한다. 경험에 의하면 위험도가 높으면 기기 건전성은 낮아진다.

가치기반 정비기법의 적용을 통해 설비의 가용도와 동시에 이를 유지하기 위한 경제적인 부가가치도 자동으로 계산된다. 즉, 설비의 이용률은 극대화하면서 동시에 비용을 최적화 할 수 있는 방법이 실시간으로 제시된다.

SHE 요소 중 미래원전에서 강조되어야 할 분야는 바로 종사자들의 건강과 환경오염이다. 현재 종사자들의 건강에 대한 지표가, 단순한 건강검진과 방사선 피폭기록 정도에 그치고 있지만 2050년 원전에서는 종업원의 정서적, 심리적 건강지수도 포함될 것이다. 이와 함께 환경오염에 대한 국민들의 관심도 매우 높아진다. 따라서 방사성폐기물의 저감노력, 온배수의 배출, 터빈 냉각용 해수 유입으로 인한 해양 생태계의 변화 등에 대한 환경 부담 저감 노력이 필수적으로 요구될 것이다.

107) VDM (Value Driven Maintenance) : 가치기반 보전
108) SHE (Safety, Health, and Environment) : 안전, 보건과 환경

❁ 실시간 신뢰도 분석을 기반으로 한 설비 자산관리

그림은 미래원전에서 활용될 것으로 예상되는 통합된 설비 자산관리 체제를 보여준다. 이 체제는 3단계로 이루어져 있다. Level 0에는 설비 상태와 성능을 지능적으로 관리하는 각각의 에이전트가 위치한다. 주로 운영과 보수 이벤트 정보나 원자력발전소의 공정 성능 정보, 그리고 각 설비나 계통의 과도상태 정보가 온라인 에이전트에 의해 관리된다. 또한 최하위단에서 수집되는 순시로봇의 감시 정보와 각종 스마트 기기에서 올려보내는 정보 그리고 센서 네트워크에서 보내오는 감시정보도 아울러 입력된다. Level 0의 각 요소에 위치한 에이전트들은 수집된 광범위한 데이터를 처리하고 가공하여 정보로 만든다. 각 에이전트들이 수집하는 데이터는 대부분 근거리 무선통신망을 이용하여 수집된다. 이 무선통신망은 결정론적인 보안체제[109]를 적용하여 높은 신뢰도를 갖는다.

Level 1의 신뢰도기반 설비자산관리 에이전트 그룹은 설비의 고장 이력과 운전이력, 각종 부품의 교체 이력을 데이터웨어하우스[110]로 관리하고 계통 및 설비신뢰도 분석 에이전트가 활용할 수 있도록 한다. 만일 어떠한 유형의 고장이 발생하게 되면, 설비 신뢰도 분석 에이전트는 이력 데이터베이스와 FMEA[111] 데이터베이스를 통해 결함의 유형과 그 영향을 상세히 분석하여 신뢰도가 목표치 내에서 관리되고 있는지 여부를 확인하게 된다. 설비의 자산관리 에이전트는 컴퓨터에 의한 정비관리 시스템을 위주로 MRO관리, 통합된 상태 감시 정보와 점검/교정 정보 등 기술적인 활동을 지원함과 아울러 재무관리, 프로젝트 관리 등 행정적인 요소를 통합적으로 수행한다.

---

109) 결정론적인 보안체제 : 예측한 그대로 동작하는 결정론적 알고리즘(deterministic algorithm)을 이용하여 특정한 입력이 들어오면 언제나 똑같은 과정을 거쳐서 언제나 똑같은 결과를 내놓는지를 확인하는 보안체제

110) 데이터웨어하우스(DWH, Data warehouse) : 사용자의 의사 결정에 도움을 주기 위하여, 다양한 운영 시스템에서 추출, 변환, 통합되고 요약된 데이터베이스를 말한다. 데이터의 추출, 저장, 조회 등의 활동을 한다.

111) 고장모드 및 영향 분석(FMEA, Failure Mode and Effect Anlysis) : 설비 또는 시스템을 사용하는 중에 발생하는 고장을 유형별로 정리하고, 각 고장의 원인과 파급 영향을 계열적으로 해석하는 분석방법

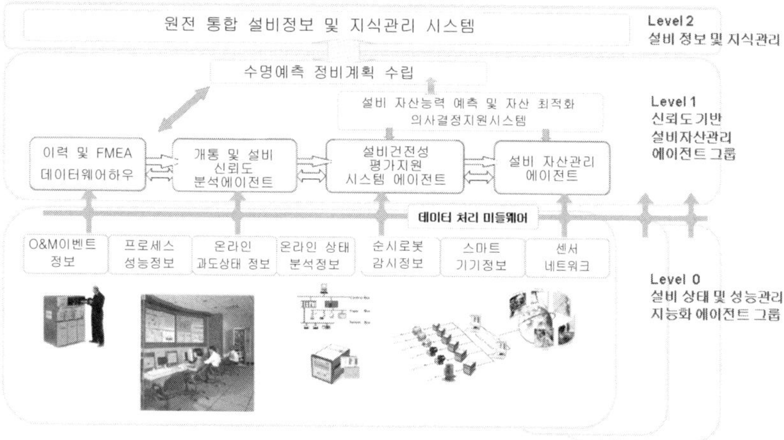

미래 원전의 설비 신뢰도는 에이전트 기반의 설비관리체제에 의해 자동으로 관리된다.

설비자산관리 에이전트는 재무, 회계, 프로젝트 관리 등 기술외적인 모든 요소까지 포함하여 수행한다.

각 그룹별 활동에 대해 좀 더 자세히 알아보자.

▶ Level 0 설비 상태와 성능의 지능적 관리 에이전트

1) 유비쿼터스 센서 및 센서네트워크

현재 원전 안전계통 기기감시를 위한 센서기술은 거의 정체되어 있다고 해도 과언이 아니다. 원전의 공정계통은 압력과 온도, 유량을 측정하는 전통적인 기술을 사용하고 있으며 이마저도 각종 안전성 요건에 따라 발전속도는 매우 느리다. 원전의 관리구역에 사용하는 기기는, 고방사선 환경과 사고시의 고온, 고압 환경에 대한 고려로 인해 압력, 온도, 유량 등 프로세스를 직접적인 신호로 바꾸는 가장 초보적인 센서를 사용하고 있으며 케이블을 이용하여 모든 신호를 비방사선구역으로 인출하여 취득하고 감시한다. 또한 센서의 가격이 매우 고가여서 감시대상 기기 수가 제한되므로 상태진단을 통한 고장이나 결함의 예측을 통한 설비관리 기법의 도입이 용이하지 않다.

그렇다면 미래원전의 기기 신뢰도를 높이기 위한 획기적인 측정방법은 없을까? 우리는 MEMS 센서에서 그 답을 찾을 수 있을 것이다. MEMS[112] 센서는 압력, 온도, 가속도, 중력 등 각종 측정 기능을 극소형의 모듈 형태로 값싸게 만든 것이다. 이 센서는 종래의 센서가 제공하지 못하던 다중성을 제공할 수 있다. 즉, 격자 센서[113] 형태로 만들 수 있다. 현재도 배관의 감육 예상부위에 대해서는 초음파 탐상검사를 하여 배관의 두께가 실제로 얇아졌는지를 검사한다. 이를 위해 하나의 초음파 탐촉자를 자동검사 레일에 설치하여 길이방향과 원주방향으로 측정한다. 하지만 MEMS 격자 센서는 원하는 배관의 둘레에 촘촘히 설치하여 데이터를 연속적으로 수신하면 배관의 어떤 부위에 감육이 생겼는지를 실시간으로 진단한다.

112) MEMS : Microelectromechanical Systems

113) Array Sensor : 압력, 온도, 가속도 등을 측정하는 마이크로 센서를 격자 형태로 조합하여 배관과 같은 수동기기의 상태나 성능을 진단하도록 하는 센서의 종류로써 열전효과를 이용하거나 에너지 수확기법을 통해 자체 전원을 생성, 사용한다. 개인무선통신망을 이용하여 네트워크와 무선으로 연결된다.

소형 MEMS 센서를 격자형태로 배관에 설치한 모습. 극소형의 센서를 조밀하게 부착하므로 몇 개의 센서가 고장 나더라도 추가하거나 교체할 필요가 없다. 우측은 진동 측정용 MEMS 센서

원자로냉각재 계통에 사용되는 기기의 경우, 생산과정에서 격자 센서가 부착되기도 한다. 예를 들어 원자로 압력용기에는 열화시험편처럼 특수 MEMS 센서로 이루어진 침투형 센서가 설치된다. 이 센서는 노심의 외벽에 설치되며 수명은 반영구적이다. 또한 소형 MEMS 센서를 격자형태로 조밀하게 부착하므로 몇 개의 센서가 고장 나더라도 추가하거나 교체할 필요가 없다. 압력용기에는 용기재질의 취화와 온도변화, 화학적 조성의 변화, 중성자 밀도 등을 측정하는 다양한 센서가 설치된다. 특히 원전의 극한 환경 하에서 생존이 가능한 고신뢰도의 내방사선, 내환경성용 MEMS 센서가 주로 활용될 것이다.

유비쿼터스 센서와 센서네트워크 (USN)[114]는 각종 센서에서 수집한 정보를 무선으로 수집할 수 있도록 구성한 네트워크를 말한다. 최근 초소형 네트워크 디바이스 기술 등이 발전함에 따라 센서 네트워크 기술이 활성화되고 있다. 무선 개인영역 통신망[115]으로는 IEEE 802.15.4 기준에 기초한 작고 낮은 전압으로 높은 수준의 커뮤니케이션을 이끌어내는 지그

114) USN : Ubiquitous Sensor Network

115) 무선 개인영역 통신망 : WPAN, Wireless Personal Area Network

비 표준을 사용하며 약 100 미터의 테두리 안에서 2.4 GHz의 주파수로 운용된다. 미래 원전을 위한 USN은 격자 센서와 RFID 등을 위한 초소형 네트워크 디바이스 개발과 개선된 Zigbee+ 표준을 이용한 근거리용 무선 데이터 수집망 개발, 그리고 각 센서네트워크에 인터넷 IP[116]을 제공하기 위한 유, 무선 인터넷 기반 등으로 구성된다.

무선통신망 기반의 고신뢰도 센서 네트워크를 원자력발전소의 각종 계측 및 제어시스템에 사용할 경우, 전선의 획기적인 감소, 운영비용의 절감 등 그린 IT 적용의 대표적인 사례로 분류될 수 있으나 해킹 및 외부 사이버 공격에 따른 보안 대비의 문제, 혼신 등의 발생시 정보의 신뢰도 유지 방법의 어려움이 있어 적용이 보류되고 있다. 이와 같은 문제점은 Zigbee를 저전력 무선 네트워킹 IT 표준 스펙으로 사용하고 신호의 검증 및 사이버 보안 대책을 부여하도록 구현함으로써 해결이 가능하다. 이를 통해 각 센서와 기기, 구조물 등이 각각의 IP를 부여받는 문자 그대로의 스마트화가 가능하므로, 대부분의 설비에 대한 IT 통합이 이루어질 것으로 판단된다.

선행진단 체제의 문제 중 하나는 격자 센서로부터 수집되는 정보가 너무 많다는 데에 있다. 이를 해결하기 위해 센서 네트워크상의 정보를 응용, 서비스하기 위해 센서 네트워크에는 데이터 운용 및 정보화 관리 기능을 수행하는 미들웨어 에이전트가 개발되어 실행된다. 미들웨어 에이전트에 의해 처리된 정보만이 설비건전성 평가 에이전트로 전송되어 설비관리 활동에 활용된다.

2) 스마트 기기의 도입

2050년의 원전에서 획기적으로 변화하는 부분은 현장설비의 대통합을 통한 스마트 기기의 도입이다. 센서, 신호처리 장치 및 계측기가 펌프와 휀 같은 현장기기에 대부분 통합되는 것이다. 계측제어기기와 현장구동기

116) IP : internet protocol

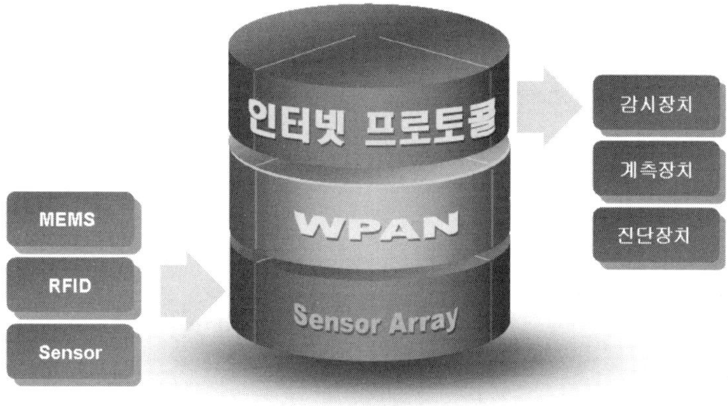

미래원전은 격자 센서와 RFID 등을 이용한 초소형 네트워크 디바이스와 근거리용 무선 데이터 수집망 그리고 각 센서네트워크에 인터넷 IP을 제공하기 위한 유, 무선 인터넷 기반 등을 이용한 지능형 설비관리체제가 갖춰진다.

가 하나로 합쳐진 스마트 기기는 자율적으로 운전될 수 있다. 거의 대부분의 신뢰도 관련 변수들은 기기로부터 발전소 통신망으로 직접 수집되고 있으므로 휴머노이드 로봇이 순시하여 측정하는 부위는 EMI 또는 데이터 건전성 우려로 인해 무선통신이나 전력선 통신을 사용하지 않는 안전필수 시스템 정도로 국한된다.

과거 공정계통에 다양하게 사용되었던 대표적인 기기인 수동밸브는 전량 모터구동이나 솔레노이드 공기 구동 밸브로 완전히 대체되어 원격 조작된다. 이 기기 역시 지능화되어 있어 자기진단 데이터를 전력선 통신을 통해 전송한다. 전력선 통신은 근거리 네트워크를 별도의 통신선 없이 가능토록 한 대표적인 통신 방법이다. 대부분의 주요 배관이나 배관 및 기기의 지지대, 행거 등 수동기기 역시 격자 센서가 설치되어 과거와 같이 배관 파열이나 밸브 누설과 같은 사고는 거의 일어나지 않는다.

▶ Level 1 신뢰도 기반 설비 자산관리

신뢰도 기반의 설비자산관리 에이전트 그룹은 설비진단 데이터와 제어/

원격 감시 데이터로부터 설비 건전성 평가에 대한 정보를 추출하고 설비의 고장 여부를 조기에 판정할 수 있는 평가지원 에이전트와 설비 자산 관리 체계가 통합을 이루도록 하여 산업 현장의 안전성을 확보하고 불시 정지를 줄이도록 한다.

Level 0에서 보내온 실시간 데이터는 기기 자체의 미들웨어 에이전트 단계를 거쳐 축약된 형태로 Level 1로 전송되므로 설비건전성 평가 에이전트가 처리할 정보의 양은 크게 줄어든다. 만일 이와 같은 정보가 데이터로 전송되었다면 최신의 컴퓨터로도 처리가 불가능했을 것이다. 하지만 정보를 대상으로 한다 하더라도 그 양은 오늘날 우리가 예측할 수 있는 범위를 벗어난다. 또한 모든 정보는 실시간으로 분석되어야 한다. 이 때문에 지능형 에이전트는 분산 컴퓨팅 기술이나 양자 컴퓨터상에서 작동된다. 이 데이터들은 의미론에 의해 지식화되고 다시 지혜 단계로 넘겨져 처리된다.

설비의 건전성을 평가하는 에이전트는 신뢰도 분석 결과와 내장된 알고리즘을 사용하여 설비의 건전성을 결정한다. 에이전트에는 상태 분석을 위한 다양한 규칙이 있다. 설비의 부품 불량 등을 발생시키는 결정 인자를 확인하기 위해서 의사결정나무(decision tree) 기법과 같은 통계적 기법과 함께 유전자 이론과 같은 진화 이론도 동시에 사용한다. 특히 구간화 알고리즘 분석 등을 통해 문제를 일으키는 근본적인 원인에 대한 최적 관리 범위를 확인하고 관리 수준을 제시한다. 최종적으로 상태 분석의 최적 경로를 탐색하기 위한 다양한 경로 분석 기법도 도입된다.

이와 같은 설비 건전성 평가 에이전트의 역할에 따라 2050년에는 원전의 불시정지 및 사고 건수가 "0"에 가깝게 된다. 이는 에이전트가 각종 정보를 이용하여 사건과 고장에 대한 실시간 정량적 분석을 하여 원전의 사고가 발생할 조짐이 있으면 즉각 대처할 수 있도록 하고 있기 때문이다. 각종 분석과정을 통해 축적된 지식은 설비자산의 능력을 예측하고 자산을 최적화하기 위한 의사결정 지원시스템에서 활용된다. 이 시스템은 결정된 설비 건전성을 토대로 과연 설비 전체를 교체하게 할 것인지 아

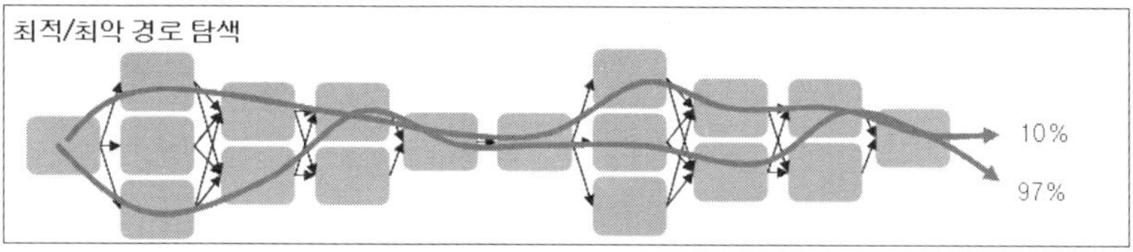

분석기법	활용 분야
의사결정나무	설비 부품 중 불량을 발생시키는 결정적인 인자/최적조건 발견
구간화 알고리즘	문제의 근본원인에 대한 최적의 관리범위 및 수준 제시
경로 분석	상태 분석의 최적/최악 경로 탐색

최적의 경로와 최악의 경로를 자동 탐색하는 설비 건전성 평가 에이전트는 상태 분석을 위한 다양한 규칙을 사용한다.

니면 단순히 부품만을 바꿀 것인지를 결정한다.

의사 결정 결과는 설비의 수명 예측 정비계획 수립에 활용되며 Level 2의 원전 설비정보 통합관리 시스템을 통해 경영층을 포함한 모든 종사자, 이해당사자에게 통보된다. 이러한 일련의 모든 활동은 컴퓨터에 의해 자동으로 처리된다.

2050년 원전은 현재와 같은 단일 회사 소유구조가 아닌 프로젝트 파이넨싱 기반의 다중 소유 구조이다. 각 이해당사자는 단일 설비를 소유하기도 하고 단일 계통을 소유하기도 한다. 따라서 설비나 부품의 교체 계획은 이해당사자에겐 예상치 못한 비용을 요구하는 일이기에 객관화된 신뢰성 정보는 매우 소중한 것이다.

❁ 설비자산 관리체제에서 사용되는 데이터의 신뢰도는 어떻게 보장할까.

원전의 기기 및 설비를 관리하기 위한 각종 통신 네트워크의 건전성 보장이야말로 해킹기술과 바이러스기술이 창궐하는 미래에는 반드시 해결해야할 필수항목이다. 특히 시대가 변천할수록 특정한 시스템 공격에서 네트워크와 서비스에 대한 공격으로 변하고 있으므로 개인적인 목적에 의해 정치, 사회 및 군사, 산업을 대상으로 하는 사이버 공격은 큰 문제가 된다. 해킹과 바이러스는 자동화, 지능화, 대중화, 분산화, 대규모화, 은닉화경향이 있다. 따라서 미래의 원전은 시스템 단위 및 네트워크 단위에서의 신뢰도가 무척 중요하다. 2009년 7월 발생한 DDOS 바이러스 역시 특정 사이트나 서비스를 대상으로 한 공격이었다.

미래원전의 사이버 보안 통합 인프라는 미들웨어 네트워크 단위, 에이전트 단위에서 능동적으로 사이버 테러를 차단하도록 그물망을 구성하고 있다. 만일 미들웨어 네트워크에서 보안망이 허물어진다면 에이전트가 그 기능을 백업하도록 촘촘히 구성된다. 이렇듯 미래의 원전에서는 사이버 보안은 설비의 부가적인 기능이 아니라 핵심요소 기능으로 부각된다. 또한 V3 백신 등과 같은 바이러스 차단 프로그램이나 방화벽 기능을 갖춘 소프트웨어를 보안 기능별로 갖추는 것이 아니라 해킹과 바이러스를 원천적으로 차단할 수 있는 통합 보안 체제를 갖추는 것도 미래원전의 특징이라 하겠다.

이러한 능동적인 보안체제를 갖추기 위해 네트워크 및 서비스 진화 동향에 따른 네트워크 보안 제어 프레임워크가 개발되어 사용된다. 또한 원전의 각종 인프라에 대한 유해정보 이동 가능성 및 경로 추적을 위한 통계적 분석 기법도 사용된다. 뿐만 아니라 네트워크가 서로 유기적으로 협력하도록 치밀한 계획과 액션플랜을 갖추고 있기도 하다.

"이제 컴퓨터 보안 분야에서는 게임은 끝났다. 앞으로 해커란 단어마저 사전에서 사라질 것이다."

미국의 매지크 테크놀로지사가 현존하는 어떤 기술로도 도청이 불가능한 세계최초로 상업용 양자암호기를 시중에 판매하기 시작하면서 이같은 전망이 나오기 시작했다. 이 회사의 양자암호기는 복제가 불가능한 낱개의 광자를 조합해 암호키로 만든 후 광케이블로 보내는 방식이다. 누군가 데이터 신호를 도청하려 들 경우 양자물리학의 원리에 따라 극히 예민한

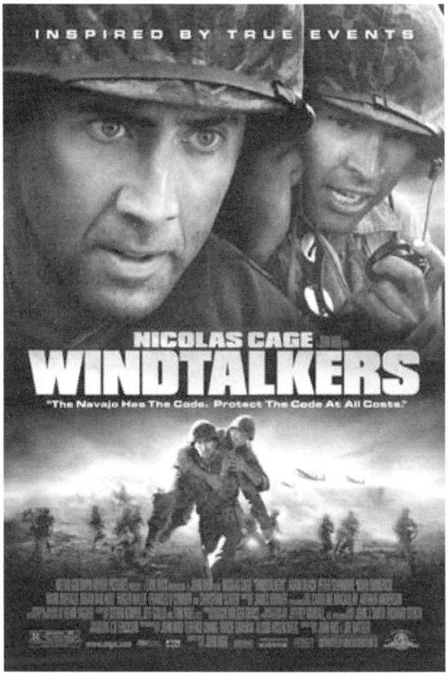

2차대전 당시 인디언 암호병의 이야기를 다룬 영화 '윈드토커'의 포스터. 당시 미군은 외부에 알려진 바 없는 나바호 인디언의 언어를 군용암호로 채택해 일본·독일군의 암호해독체계를 무력화시킨 바 있다.

광자로 구성된 암호조합은 반드시 깨지게 된다. 따라서 해킹시도는 금방 탄로나고 해킹으로 수집한 암호코드도 쓸모가 없어진다. 이 양자암호기는 '나바호'란 이름만큼이나 절대적인 보안성능을 갖고 있는 것으로 알려지고 있다.[117] 독일 지멘스사도 광양자로부터 발생시킨 난수로 데이터를 보호하는 양자 암호칩을 개발했다고 발표했다. 가까운 장래에는 모든 시스템에 절대적 신뢰도를 갖은 보안 장치들이 사용될 수 있을 것으로 보인다.

❁ 공통유형고장은 일어나지 않는다.

기존 시스템에서 공통유형고장은 '피할 수 없는 사실'로 인식되어 왔다. 일반적으로 하드웨어 고장이 시간에 걸쳐 무작위하게 분포된다는 사

117) etnews.com

실에 근거하여, 과거 아날로그 시스템의 경우에는 공통유형고장 문제가 크게 대두되지 않았으며, 심층방어 및 다양성 분석도 비공식적으로 사용되었다. 그러나 다중화 시스템에서는 동일한 결함으로 인해 고장이 발생할 가능성은 계속 존재한다. 시스템의 디지털화는 필연적으로 공통유형고장 문제를 일으킨다.

공통원인으로 인한 고장의 경우 결정적인 순간에 보호기능이 완전히 상실될 수 있다. 공통유형고장(CMF)의 주요 원인으로는 요건의 오류 또는 누락, 설계 결함, 제작 문제, 설치 결함, 적용 오류 및 품질관리 실패 등을 꼽을 수 있다. 그러므로 품질관리 업무를 철저히 수행한다면, 요건의 오류, 설계 결함 등의 원인에 의한 CMF는 크게 낮아질 수 있다. 하드웨어의 고장 메커니즘은 주로 시간에 따라 무작위하게 발생하기 때문에, 대부분의 CMF는 외견상 무작위 고장으로 인식되고 있다.

만일 공통유형 메커니즘이 작용하고, 특히 운전 및 환경조건이 유사할 경우에는 CMF 발생 가능성은 무시할 수 없을 정도로 존재한다. 현재 적용되고 있는 다양성 설계원칙[118]으로는 장비의 다양성, 기능의 다양성, 인적 다양성, 신호의 다양성 그리고 소프트웨어의 다양성이 제시되고 있다. 이중에서도 기능 다양성과 신호 다양성이 가장 효과적인 것으로 알려져 있다.

미래 원전에서도 공통유형고장을 줄이기 위해 기능 다양성과 신호 다양성 등의 개념을 유지한다. 다만 다중화 시스템을 서로 다른 다양한 방식으로 구성하는 현재의 방식은 사용하지 않는다. 대신 노심해석과 열유체 해석 그리고 안전해석을 통해 기능적인 다양성과 계통의 대체운전 개념을 부여하도록 한다.

❁ 안전성 강화를 위한 그 밖의 기술들

미래 원전에서는 각종 위험도를 종합적으로 분석할 수 있는 리스크 통

118) NUREG CR-6303

공통유형고장 사례 : 유압장치가 모두 고장 나 추락한 UA Flight 232

1989년 7월 18일 덴버에서 시카고로 향하던 UA 232 여객기가 엔진 고장으로 추락한 사고가 발생하였다. 사고는 수직 꼬리 날개 부근에 위치한 엔진의 폭발로 시작되었으며, 그로 인해 기체의 고도와 방향을 조정하는 모든 유압시스템이 완전히 무력화되었다.

DC 10 항공기는 안전을 위해 유압시스템이 3중화로 설계되었음에도 불구하고 동시에 불능상태에 빠진 원인은 다름 아닌 꼬리 날개의 작은 부분에 집중되어 설치된 유압배관이 엔진 폭발 시 떨어져 나온 금속 파편들에 의해 파손되었기 때문이었다. 유압시스템의 고장으로 인해 조종사는 좌, 우측 엔진 출력만을 조정하여 기체의 수평을 유지하고 비상착륙을 시도하였지만 결국 수시티 공항 활주로에 추락하였고 기체는 세 동강이 나고 말았다. 이 사고로 296명의 탑승객 중 111명이 사망하는 등 큰 인명사고를 냈다.

합 분석 소프트웨어 툴을 사용하고 신뢰도 DB를 구축하여 설비의 위험도를 관리한다.

원자력발전소 안전성과 신뢰도를 정확하게 평가하기 위해 각종 위험도를 종합적으로 분석하는 위험도 관리기술이 도입된다. 이 기술에는 원전의 다양한 기기 및 설비에 대한 신뢰도 데이터베이스가 활용된다. 과거 플랜트 데이터가 없어 일반 데이터를 사용한 결과, 계통 신뢰도나 설비 신뢰도 계산에 오류가 있었지만 원전 고유의 데이터가 확보되고 활용되는 미래에는 안전성 분석 결과의 정확도가 매우 높아진다.

원전안전에 있어 최악의 사태인 중대 사고를 예방하는 각종 관리전략이 시뮬레이션 환경으로 제작되어 운영된다. 이 관리전략은 중대 사고에 대비한 원자로 용기 파손 가능성 분석, 수소연소 가능성 분석을 실시간으로 시뮬레이션한다.

소프트웨어의 신뢰도를 정량적으로 평가한다.

원전 소프트웨어의 신뢰도를 어떻게 보장할 것인가

설비가 지능화 하고 디지털화 할수록 설비에서 차지하는 소프트웨어의 비중이 커진다. 설비의 디지털화 초기에는 간단한 제어알고리즘 정도가 사용되었으나, 통신과 네트워크 구성 그리고 건전성 평가를 위한 에이전트 등 설비에서 소프트웨어가 구현하는 기능의 비중은 끝없이 늘어나고 있기 때문이다. 그러나 설비의 하드웨어 측면의 신뢰도 분석에 관한 연구는 꾸준히 이어져 왔지만 소프트웨어에 대한 신뢰도 분석 연구는 상대적으로 취약한 편이다. 따라서 향후 디지털 설비의 사용에서 가장 중요한 것은 설비에 사용될 소프트웨어의 신뢰도를 어떻게 보장하느냐 하는 것이 될 것이다. 즉, 개발 과정을 거쳐 사용하도록 결정된 소프트웨어에 설비의 고장을 유발할 소프트웨어 결함이 어느 정도 존재하는가를 판단하는 과정이 중요한 관심사항이 되는 것이다.

항공업계의 자료에 의하면 한 시간의 비행을 통해 비행기의 결함을

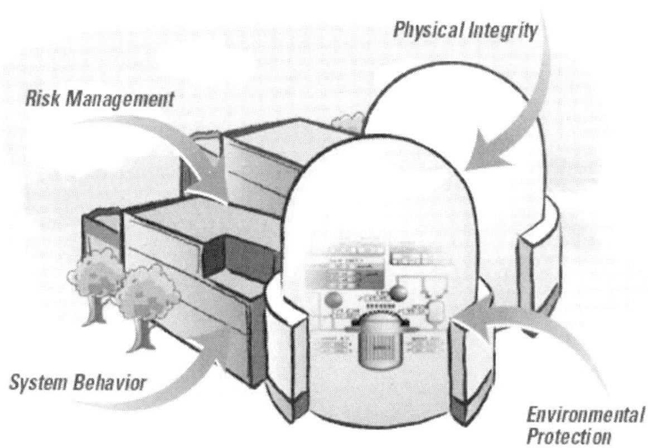

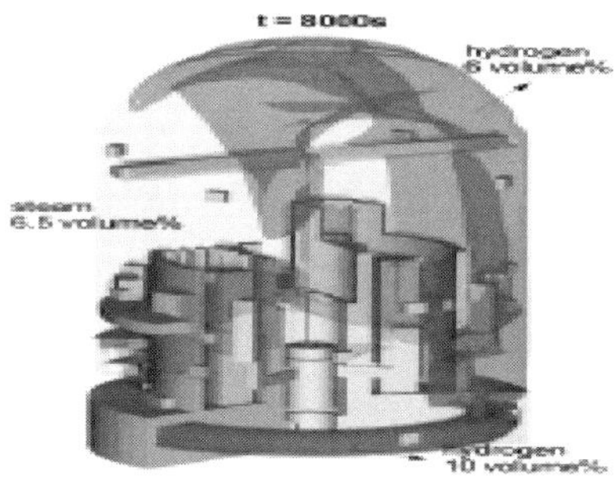

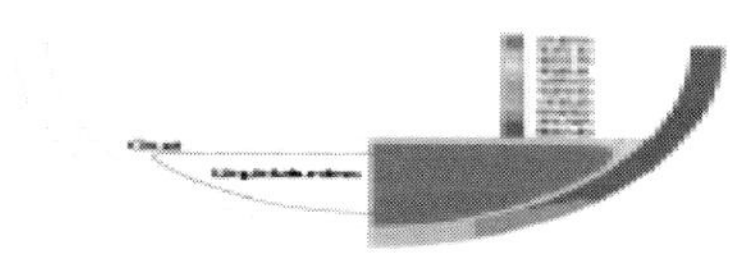

미래원전에는 최악의 사태인 중대사고를 예방하는 각종 관리전략이 시뮬레이션 환경으로 제작되어 운영된다. 중대사고에 대비한 원자로 용기 파손 가능성 분석, 수소연소 가능성 분석이 실시간으로 시뮬레이션된다.

-자료인용 : 원자력연구원

관찰할 확률은 10억분의 1이다. 바꾸어 말하면 한 번의 결함을 관찰하기 위하여 114,000년의 비행시간이 필요하다는 얘기다. 즉, 시스템의 결함을 시험을 통해 관찰하기 위해서는 시간과 운이 필요하고 정해진 시험을 성공적으로 끝낸다 하더라도 '이 시스템은 결함이 없이 완전하다'라는 것을 결코 보장할 수는 없다.

소프트웨어와 하드웨어로 이루어진 계통 신뢰도를 예측하는데는 계통의 비가용도 분석자료가 이용된다. 현재는 소프트웨어가 결점이 없다는 가정하에 신뢰도를 계산하고 있다. 그렇다면 현재의 수명주기 프로세스대로 잘 짜여진 소프트웨어는 정말 100% 무결함을 보장할 수 있는 것인가? 이는 소프트웨어 신뢰도의 정의만 살펴보아도 올바른 가정이 아니라는 것을 알 수 있다.

소프트웨어의 신뢰도의 정의 역시 하드웨어적인 신뢰도의 정의와 유사하게 나타낼 수 있다. '모든 프로그램이 일정 시간동안 주어진 기능을 성공적으로 수행할 확률'로 표현하는 것이다. 현재의 기술로는 아무리 소프트웨어를 검증하고 시험하여도 걸러지지 않는 오류가 존재하므로 발견되지 않은 오류가 소프트웨어의 수행 성공을 방해할 수도 있다는 것이다. 따라서 소프트웨어에 남아 있는 오류가 운전 중에 작동할 확률이 소프트웨어 신뢰도를 결정하게 된다.

소프트웨어의 결함을 찾아내고 제거하기 위한 시험은 과정도 쉽지 않고 결과도 장담할 수 없으므로 소프트웨어를 결함에 강인한 구조로 만들고자 하는 노력도 계속되어 왔다. 동일한 기능을 갖는 알고리즘을 서로 다른 언어로 작성하여 동시논리에 의해 선택적으로 기능하도록 함으로써 하나의 언어 버전에서 결함이 발생하더라도 나머지 언어 버전은 건전하게 작동하는 N-버전 프로그래밍과 같은 다양성을 부여하는 노력이 그것이다. 이 외에도 예측된 것과 동일한 형태의 결함이 발생할 경우 자동으로 그 결함을 복구하는 복구 알고리즘을 사전에 지정하는 방법도 사용되고 있다.

이와는 별도로 결함을 사전에 최대한 줄일 수 있도록 소프트웨어 개발 프로세스를 새로이 지정하고, 자동화된 환경에서 프로그램을 통합하며, 검증된 알고리즘 모듈에 대한 재 사용성을 부여하는 노력도 계속되고 있다. 정형 명세와 정형 검증 방법을 사용하는 것이 하나의 좋은 사례이다. 또한 소프트웨어를 함수나 기능별로 잘게 나누고 이를 정형적으로 표기하고

소프트웨어 오류 사례 1

2009년 6월 미국 워싱턴에서는 자동모드로 운전되던 지하철이 정차해 있던 기관차와 충돌하여 기관사가 죽고 많은 사상자가 발생하는 사고가 발생했다. 자동모드로 운전되는 지하철은 앞차가 정차해 있다면 당연히 정지해야 한다. 또는 운전원이 수동으로 정차시킬 수 있어야 한다. 하지만 이 열차는 정상속도로 역에 진입했고 충돌을 피하지 못했다. 재앙이 발생한 것이다. 조사결과 열차제어 소프트웨어에 이상이 있는 것으로 밝혀졌다. 운전원이 열차를 수동정지를 시키기 위해 비상 브레이크를 사망할 때까지 잡고 있었지만 재앙을 피하지는 못한 것으로 조사되었다.

소프트웨어 오류 사례 2

1996년 4월 프랑스에서 발생한 아리안 5호의 폭발사고는 소스 코드를 복사하여 사용하는 행위가 얼마나 큰 위험성을 내포하고 있는지를 보여준다. 5억 달러에 달하는 거금이 투입된 유럽의 상업용 우주선 아리안 5호는 발사된 지 37초 만에 제어 소프트웨어의 오동작으로 인해 그만 궤도를 벗어났으며, 결국 컴퓨터의 잘못된 고도계산으로 자동 폭발장치가 작동되고 말았다. 사고의 원인은 아리안 5호가 Ada로 작성된 아리안 4호의 일부 모듈을 그대로 재사용하여 발생한 것으로 판명되었다. 문제가 된 모듈은 작은 수인 16비트 정수 값을 처리할 때는 문제가 없었으나, 그 보다 큰 수인 64비트 부동소수 값을 처리할 때, 수치 오버플로우가 발생하였고, 이를 제대로 처리하지 못해 문제가 발생한 것이다. 아리안 5호의 폭발사고는 프로그래머의 부주의한 코드 재사용으로 인해 엄청난 재산상의 손해를 입은 사례로서, 이후 아리안 5호의 궤도이탈에 대한 문제를 해결하는데 1억 달러가 추가로 투입되었다.

작성한 후 시험을 통해 검증함으로써 작은 부분에서는 절대로 오류가 없다는 것을 보장하는 방법도 사용되고 있다. 이 명세들이 모여 커다란 프로그램으로 만들어지게 되면 오류가 발생하지 않는 단위들의 집합이 되는 셈이므로 역시 오류가 발생하지 않는다는 것을 보장할 수 있게 된다.

하지만 정형명세나 검증 방법으로 해결할 수 있는 소프트웨어의 결함 방지 부분은 일반적으로 전체 프로그램의 80% 정도[119]이므로 전체 프로그램에 대한 신뢰도 입증은 별도로 수행해야 한다. 특히 소프트웨어가 하드웨어의 특정 메모리 부분에 탑재되는 경우 오류가 이전 단계에서 발생하더라도 마스킹 효과에 의해 출력으로는 나타나지 않아, 자체 복구되는 사례도 보고되고 있다. 이와는 반대로 소프트웨어에 의해 정상적으로 구동된 프로그램의 결과값이 CPU나 메모리에 의해 바뀌는 오류 현상도 발생될 수 있으므로 소프트웨어의 거동은 상당히 복잡한 양상을 띠게 된다.

❁ 2050년 원전의 소프트웨어에도 결함은 존재한다.

원전에 사용되는 안전등급의 소프트웨어에 결함이 존재하여 작동 중에 고장이 발생할 경우 원전의 안전기능이 침해되어 심각한 결과를 초래할 수 있다. 따라서 원전과 같이 설비의 고장이 직접적인 인명과 재산의 피해를 초래할 경우에 대한 소프트웨어의 신뢰도 평가는 매우 중요한 요소이므로 일정한 기준 이상의 신뢰도가 보장되어야 사용이 허가된다.

그러나 소프트웨어의 신뢰성을 정성적으로 입증하는 기술은 발전해 왔지만 신뢰도를 정량적으로 평가하는 기술은 아직도 걸음마 단계라고 볼 수 있다. 2050년 원전에는 소프트웨어의 정량적 신뢰성 평가 기술이 확립되어 있을 것이다. 소프트웨어 신뢰도 성장모델은 개발과정에서 소프트웨어 신뢰도가 향상되는 과정을 정량적으로 평가하는 방법을 세시한 것으로, 2050년 원전의 모든 디지털 설비에는 이 모델이 광범위하게 사용될

119) Jean-Louis Camus, Bernard Dion, "Efficient Development of Airborne Software with Scade Suite, Esterel Technologies white-paper, 2003

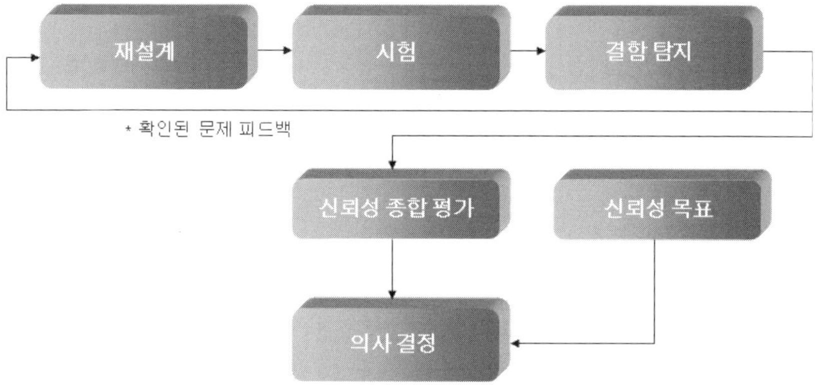

신뢰도 성장관리 모형은 시험을 통해 탐지된 결함을 해결하고 소프트웨어 수정 및 재시험을 거쳐 연속적으로 신뢰도를 종합평가하는 방법론으로 이 과정을 통해 소프트웨어의 신뢰도는 향상된다.

것으로 보인다.

이와 함께 실시간 시뮬레이션을 지원하는, 소프트웨어 수명주기 관리 방법론이 통합된 도구를 이용하여 소프트웨어를 개발하는 사례가 크게 증가할 것이다. 가장 획기적으로 변화하는 사항은 소프트웨어의 시험방법이 시뮬레이션 환경과 결합되어 아무리 긴 시험시간이 요구되더라도 가속시험이 가능해졌다는 것이다. 가속조건에서 관측된 데이터로부터 소프트웨어의 수명분포를 추정하고 사용조건에서의 수명을 단시간내에 추정할 수 있는 방법이 개발된다. 이 외에도 소프트웨어를 중요도 별로 차등화하여 중요도가 높은 소프트웨어에 대해서는 충분한 시험을 직접 실행토록 하고, 중요도가 높지 않는 것에 대해서는 모델링과 분석 방법을 통해 간접적으로 확인하는 방법도 도입될 것으로 보인다.

❁ 소프트웨어는 어떠한 결함 특성을 갖는가?

이 물음에 대해 완벽한 답을 할 수 있는 위대한 사람은 아직 나오지 않았다. 다만 다음의 세 가지 주장 정도가 많은 사람들에게 호응을 얻고 있을 뿐이다.

첫 번째 주장은 소프트웨어 프로그램 간에는 의존성이 없다는 것이다. 즉, 하나의 결함이 다른 결함의 존재와 발견확률에 영향을 주지 않는다는 것이다. 이러한 가정을 바탕으로 발견된 결함의 수를 이용하여 다른 결함의 발견확률을 무작위로 처리하는 통계적 예측방법이 연구되고 있다.

두 번째의 주장은 한 프로그램에 존재하는 결함의 수는 일정하므로 이에 따라 발견된 결함의 수가 많다면 남아있는 결함은 줄어들게 된다는 것이다. 한편, 발견된 결함의 수가 많으면 남아 있는 결함도 많다는 주장도 있는데, 이러한 내용은 표면적으로 보이는 것처럼 서로 배치되는 것이 아니다. 즉, 소프트웨어가 여러 개의 모듈로 구성되어 있을 경우, 시험을 통해 많은 결함이 발견된 모듈에 남아 있는 결함의 수도 더 많을 가능성이 있다는 것이다. 따라서 이러한 경우에는 결함이 많이 발생되는 모듈에 시험을 집중시키는 것도 좋은 결함 발견전략이 될 수 있다.

세 번째 주장은 발견될 가능성이 높은 결함이 먼저 발견되며, 이에 따라 결함 발견빈도는 시험이 진행될수록 점점 낮아지게 된다는 것이다. 이러한 주장을 뒷받침하기 위해서는 발견될 가능성이 높은 결함을 먼저 발견할 수 있도록 시험사례를 설계해야 하며, 따라서 결함발견을 위한 시험사례의 최적설계에 관한 연구가 선행되어야 한다. 즉 무작정 시간만 길게 하여 시험하기 보다는 결함을 쉽게, 그리고 많이 발견할 수 있도록 시험방법을 다양하게 적용해야 한다.

이 같은 주장의 결과로 다음과 같은 공통적인 소프트웨어 결함의 특성을 도출할 수 있다. 첫째, 발견된 결함의 수와 발견시간을 근거로 다음번 결함을 발견해낼 확률을 통계 처리하여 계산할 수 있다. 이를 시간 의존형 신뢰도 예측모델이라고 한다. 둘째, 시간 비의존적인 신뢰도 예측모델도 설정이 가능한데, 시험사례분석을 통해 프로그램에 인가될 입력상태에 따른 고장확률을 예측하는 것이다.

❁ 미래 원전에서는 소프트웨어 결함을 어떻게 감지하고 없앨 수 있을 것인가?

먼저 일반적으로 알려진 소프트웨어 실패곡선을 확인해보자. 이 곡선은

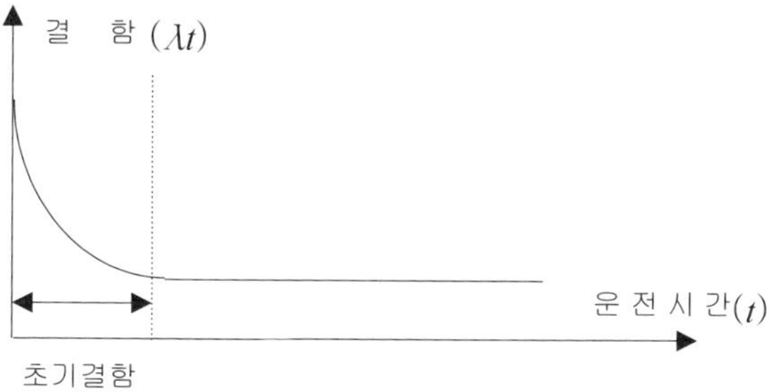

전형적인 소프트웨어 실패곡선은 초기결함 구간 이후에도 어느 정도의 결함은 잔존하는 특성을 보인다.

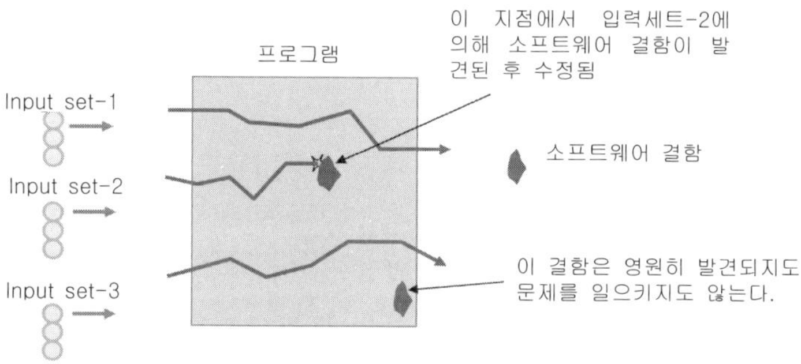

소프트웨어의 결함은 발견되어 수정되거나, 결함은 있지만 영원히 발견되지도 문제를 일으키지도 않는 특성도 지니고 있다.[120)]

개발 초기에 결함률이 최대가 되고 이후 각종 검증 시험이나 시운전 과정을 통해 결함률이 최저가 되는 시점 이후에는 결함률이 변동하지는 않는 특성을 보인다. 다만 초기결함 이후에도 결함률은 "0"이 되지는 않으며 어느 정도의 결함은 이 소프트웨어가 더 이상 사용되지 않을 때 까지도 계속 시스템 상에 남아 있게 되는 것이다.

일반적으로 제작이 완료된 소프트웨어 내의 결함의 수는 한정되어 있다. 모든 가능한 입력의 조합을 인가하여 시험을 수행하고 발견된 결함을 수정하여 재시험을 실시할 경우, 그 소프트웨어의 신뢰도는 '1'이 된다. 즉, 모든 시간에 대하여 주어진 기능을 성공적으로 수행할 수 있다는 것

120) 김성호, "안전등급 소프트웨어의 시험 전략", 2009

을 보증할 수 있게 되는 것이다. 모든 가능한 입력을 인가하여 발견하지 못한 결함이라면 운전 중에도 작동하지 않을 것을 것이므로 신뢰도에는 영향을 주지 않게 되는 것이다.

이러한 결함 특성을 좀 쉽게 설명해 보자. 영화 '터미네이터 3편'에는 인간의 지시를 받는 구형의 터미네이터 로봇이 최신의 미래기술로 만들어진 로봇에게 무지막지하게 얻어터지고 머리까지 빠져버리면서 이 구형 로봇을 제어하는 컴퓨터가 심각한 결함에 빠지는 장면이 나온다.

주인공 존 코너를 살려내는 것이 터미네이터 로봇의 미션! 하지만 제어 컴퓨터에 결함이 생긴 터미네이터 로봇은 오히려 주인공을 죽이려고 한다. 과연 미래의 로봇을 제어하는 컴퓨터에는 이러한 일이 실제로 발생될 수 있을 것인가?

현재까지 개발된 소프트웨어 신뢰도 시험방법론에 따르면 터미네이터 로봇의 컴퓨터가 결함에 빠지는 것은 충분히 가능할 것이다. 왜냐하면 터미네이터 로봇이 최신 로봇에게 얻어맞아 머리가 빠지는 상황에 대한 소프트웨어 시험은 절대로 수행되었을 리가 없기 때문이다. 산속을 지나다 새로운 길이 나타나게 될 때, 그 길 앞에 호랑이가 기다리는지 아리따운 여인이 기다리는지는 가봐야 하는 것이 아닐까? 가보지 않고 추측하는 길은 결함이 우글거리는 소굴이 된다.

❁ 소프트웨어 신뢰도의 정량적 예측

시험 중에 고장이력자료를 취득하여 소프트웨어의 신뢰도를 예측하는 것은 일반적으로 하드웨어의 고장률을 취득하여 신뢰도를 예측하는 절차와 동일하다. 즉, 수명분포를 구함으로써 확률적인 예측이 가능해진다.

소프트웨어의 신뢰도를 구하는 또 다른 방법은 statement 커버리지를 구하는 것[121)122)]이다. 전체 코드 중에서 시험을 마친 코드의 길이의 비를

121) Malaiya, Y., A.V. Mayrhauser, and P. Srimani, "An Examination of Fault Exposure Ratio", IEEE Transactions on Software Engineering, vol. 19, 1993

122) Malaiya, Y., N. Li, J. M. Bieman, R. Karcich, B. Skibbe, and S. T다, "Software Test Coverage and Reliability", Colorado State University, 1996 Ma

영화 터미네이터 3편 "기계의 역습"의 포스터

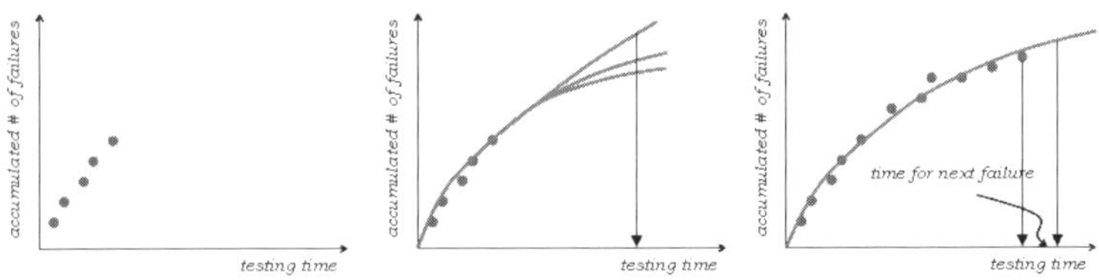

소프트웨어의 누적 결함은 시험시간이 경과함에 따라 특정한 분포를 갖는다. 따라서 분포함수를 구할 수 있다면 결함의 예측이 가능해 진다.

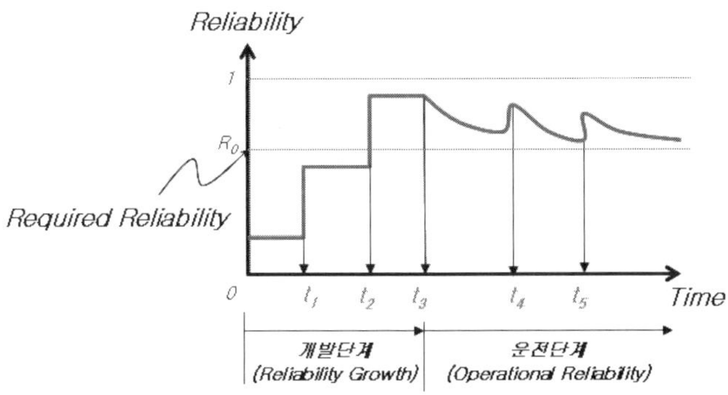

소프트웨어 성장 모형이 개발단계와 운전단계에서 사용되어 요구되는 신뢰도를 만족할 수 있도록 관리하는 개념도

이용하여 신뢰도를 얻는 방법이다. 이는 전체 프로그램에서 데이터 부분과 경로에 대한 커버리지가 고려가 되지 않는다는 문제점이 있다.

이외에도 결함의 강도를 구하여 신뢰도를 산출하는 방법도 제안되고 있는데 이는 n번째 수행 중에 고장에 노출될 비율을 사전에 결정하고, 여기에 소프트웨어에 남아 있는 결함의 수를 곱한 다음, 코드의 길이에 코드 라인당 평균 수행시간을 곱한 결과로 나눈 것이다[123].

❁ 시간 경과에 따른 소프트웨어 신뢰도 예측

시간의존형 신뢰도 예측모델을 사용하여 소프트웨어의 신뢰도를 구하기 위해서는 시험 및 고장이력 자료를 수집하고 고장모델을 설정한 다음 추가시험과 모델확정을 거쳐 고장을 예측해야 한다. 이 과정은 일반적인 하드웨어 결함률을 구하는 방법과 유사한 형태이다.

개발단계에서 목표 신뢰도 수준이 있을 경우, 소프트웨어 제작자는 이 수준을 맞추기 위해 다양한 형태의 시험을 여러 차례 실시하게 된다. 개발단계의 신뢰도 수준이 목표 이상 얻어진다면 이 소프트웨어는 출하되어 운영에 들어간다. 소프트웨어의 결함 분포형태를 지수분포라고 가정한다면 운전 단계에서도 일정수준 이상의 신뢰도를 유지하기 위해 주기적인 시험을 실시해야 한다. 주기적인 시험을 통해서만이 떨어지는 신뢰도를 다시 높일 수 있기 때문이다. 하지만 이 논리는 전형적인 소프트웨어 실패곡선의 가정과는 모순을 나타낸다. 여기에 소프트웨어의 신뢰도를 어떻게 얻을 것인가에 대한 딜레마가 있다.

❁ 소프트웨어의 중요도에 따라 차등 품질을 적용한다.

소프트웨어가 작동될 수 있는 모든 상황에 대해 완벽하게 시험을 실시하는 것은 불가능하다. 따라서 위험도 기반의 시험 기법을 이용하여 중요도도 높고 고장빈도도 높은 필수적인 항목에 대해서는 완벽에 가까운

123) Musa, J. D., A. Lannino, and K. Okumoto, "Software Reliability-Measurement, Prediction, Applications", McGraw-Hill, New York, 1987

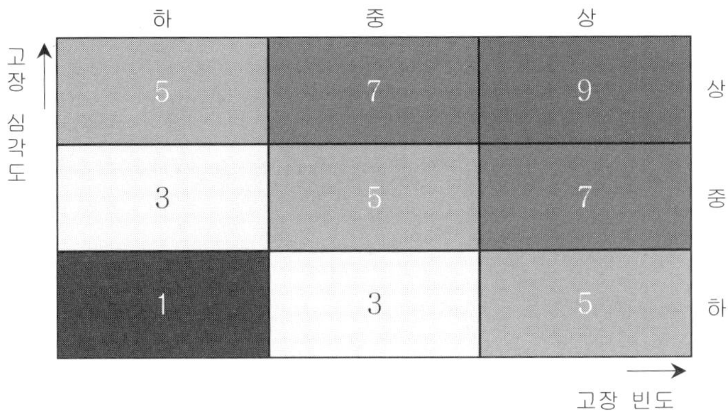

위험도기반 시험을 위해 사용하는 중요도 매트릭스(criticality matrix)의 예. 고장의 심각도와 고장 빈도가 높을수록 중요도는 높아진다.

Reliability	Confidence Level (%)			
	90	95	99	99.9
0.9	22	29	44	66
0.95	45	59	90	135
0.99	230	299	459	688
0.999	2,302	2,995	4,603	6,905

표는 신뢰 수준별, 신뢰도별로 요구되는 시험 케이스를 보여준다[124]. 높은 신뢰도가 요구될수록, 그리고 신뢰 수준이 높을수록 시험 사례가 급증하는 것을 알 수 있다.

시험을 실시하고 상대적으로 덜 중요한 부분에 대해서는 시험을 완화하는 방법론을 사용하는 것이 현실적이다.

현재의 중요도 분석 기법에서 고장 심각도는 전문가의 판단에 따라 변화될 수 있다. 이는 정성적인 전문가 분석이 중요도의 분석 결과에 크게 좌우되는 문제점이 있다는 것을 의미한다. 하지만 2050년의 원전에서는 고장 심각도 역시 정량적인 모델에 의해 수행할 것으로 보인다. 이에 따라 중요도 분석 결과의 정확도는 매우 높아질 것이다.

---

124) J. H. Poore, Harlan D. Mills, and David Mutchler, "Planning and Certifying Software System Reliability", IEEE Software, pp.88-99, Jan. 1993.

위험도 기반 시험은 결정론적인 안전해석 수행을 통해 예상운전의 과도사건과 가상사고 목록을 결정하고 시험 시나리오에 따른 시험 사례를 선정한다. 그 다음 명세를 분석하여 시험하거나 무작위 시험을 실시한다. 이 때 중요한 것은 시험이 실제 운전조건과 동일하거나 유사하도록 유도하는 것이다.

❁ 미래 원전에서는 소프트웨어 특유의 취약성이 해결된다.

소프트웨어를 사용하는 디지털 컴퓨터 기반 시스템이 적용됨에 따라, 공통유형고장 문제는 2050년 원전에도 큰 이슈가 된다. 특히 원자로의 안전을 보호하는 시스템에 있어, 어느 한 채널에서의 소프트웨어 결함은 다중화된 시스템의 다른 채널에도 동일하게 전파되기 때문이다. 이를 해결하기 위해 제작과정을 달리하거나, 적용 환경 또는 사용방법에 변화를 주어도 결함은 랜덤하게 나타난다. 미래원전에서는 이를 해결하기 위해 서로 다른 컴퓨터 시스템, 입력 경로의 차별화 그리고 다중 버전의 소프트웨어를 사용하여 이 문제를 해결한다. 어떻게 이러한 문제를 해결할 수 있는지 좀 더 자세히 알아보자.

▶ '다중 버전 프로그래밍'은 동일한 소프트웨어 사양서를 토대로 다수의 독립적인 프로그래머가 코드를 작성하는 것으로써 다양한 프로그래밍 언어가 사용되는 경우도 있다. 이 방식은 여러 가지 이유로 인해 많이 채택되지 않고 있다. 하지만 미래 원전에서는 정형화 기법을 기반으로 모든 소프트웨어의 모듈을 컴포넌트화 하여 사용하도록 하여 이 문제를 해결할 것이다.

▶ 더 중요한 것은 요건 단계에서의 결함이 시스템의 신뢰도에 가장 큰 영향을 주는 것으로 분석되고 있다는 것이다. 만일 요건이 잘못 작성되거나 소프트웨어 개발자에 의해 잘못 이해된다면, 소프트웨어 요건에 따른 문제가 발생한다. 많은 소프트웨어 고장사례는 요건상의 결함이 코딩 결함보다 훨씬 많은 문제를 일으킨 것으로 분석되고 있다. 따라서 미래 원전에서는 모든 요건은 자연어가 아닌 명확히 증명된 모델을 이용하여 작성하도록 규정한다. 또한 가상현실상에서 시뮬레이션을 통해 요건의 구현성이 완벽히 검증되므로 요건 결함을 제어하는 것이 가능해진다.

▶ 미래에는 소프트웨어 수명주기관리 방법론이 크게 발전하게 된다. 지난 20여 년 동안 운영소프트웨어를 개발하는 소프트웨어 전문개발조직의 능력은 크게 향상되었으며, 운영소

프트웨어에서 심각한 결함은 발견되지 않았다. 이는 '소프트웨어공학'기술을 도입한 덕택이었다. 미래원전에서 CASE 도구[125]는 소프트웨어 개발, 확인 및 검증, 그리고 소프트웨어 안전성 분석 방법이 모두 통합된 형태로 실용화될 뿐만 아니라 실시간 시뮬레이션 도구와 결합되어 시간과 비용을 절약하면서도 우수한 품질의 안전필수 소프트웨어를 쉽게 생산할 수 있도록 도와준다. 이를 통해, 기능적으로 다양한 안전계통의 각 부분을 독립된 설계자들이 별도로 설계하고 독립된 개발자들이 구현하던 인적 다양성 개념과 설계 다양성 개념이 통합되어 비용과 인력을 크게 절감할 수 있을 것이다.

▶ 잠재적인 소프트웨어 공통유형고장 문제를 해결하기 위해, 직접 시험을 실시하여 결함을 사전에 제거하는 방법도 활발히 적용될 것이다. 소프트웨어 시험을 통해 확인하여야 하는 시험사례가 너무 방대하여 실제 프로젝트에서 시험에 소요되는 기간을 확보하기가 현실적으로 쉽지 않은 현재와는 달리 미래에는 가속시험 방법론이 개발되고 실용화될 것이다.

인적 신뢰도가 보장된다.

하드웨어와 소프트웨어로 구성된 설비의 신뢰도 못지않게 중요하게 대두되고 있는 부분이 바로 인적 신뢰도이다. 인간은 본능적인 감각을 지니고 있지만 워낙 다양한 요소에 의해 영향을 받기 때문에 행동 패턴을 하나의 공식으로 만들 수는 없을 것이다. 전쟁터에서 온갖 역경을 이겨낸 역전의 용사라 할지라도 자기 자식이 아프다고 할 때는 어찌할 바를 모르고 허둥대는 것과 같이, 인간이란 특정한 상황에서는 제대로 된 판단을 해내지 못할 때가 있다. 인적 신뢰도는 이와 같은 특정 상황을 포함한 전 분야에서 원자력발전소의 운영을 담당하는 직원들의 신뢰도를 평가하는 기술이다.

원전의 자동화 수준이 최고의 수준에 도달하여 최소한의 인력만을 가지고 무인화에 가까운 수준으로 운전하는 2050년의 원전에서 인적 신뢰도는 더욱 중요한 문제가 된다. 왜냐하면 근무자가 대처해야 할 상황이란 언제나 특수한 상황이고 발생할 확률이 거의 '0'인 상황이기 때문이다. 발전소 근무자가 밤에 근무를 태만히 하여 잠을 자거나 졸고 있어도 원전의 위험도가 증가하는 상황이란 거의 발생하지 않도록 자동화되어 있

125) CASE : 소프트웨어 공학도구, Computer Aided Software Engineering

다. 하지만 중대사고 대처 능력만은 기계에 맡길 수는 없는 노릇이다.

잘 알려진 농담!

미래의 한 항공사의 입사 교육에서 교관이 말했다. "우리 회사의 비행기들은 모두 자동으로 움직입니다. 여러분들은 개 한 마리와 함께 탑승하게 됩니다. 여러분들은 세 시간에 한 번씩 개에게 먹이를 주면 됩니다." 한 신입조종사가 물었다. "그럼 개는 왜 필요한가요?" "여러분이 기계를 만지려고 하면 그 개가 물 겁니다."

인적 신뢰도도 이쯤 되면 농담 수준으로 전락되지 않을까? 하지만 기술 외적인 문제 즉, 대중으로부터의 신뢰도까지 고려한다면 단순한 농담으로 치부할 수는 없다. 아무리 설비가 자동화되고 위험도가 줄어든다고 해도 대중들의 막연한 불안감만은 미래원전에서도 완전히 해소할 수는 없을 것이기 때문이다.

❀ 인적수행도 평가척도[126)]

2050년 원전에서는 종래에 강조되었던 주제어실 운전원의 직무 중 상황의 감시라든가 데이터나 정보의 감시와 같은 직무가 에이전트 시스템에 의해 관리되고 자동화되는 반면, 상황의 이해와 평가, 상황진단, 의사결정, 대응계획 및 대응 수립과 같은 일련의 인지적인 과정은 여전히 강조될 것이다. 미래 원전에서도 '인적 엔지니어링 프로그램 검토 모델[127)]'에서 제시한 각 평가요소의 근간은 유지되면서, 에이전트 시스템의 지원을 통해 간편하고도 정확하게 인적 수행도를 결정하는 방법론이 개발될 것으로 보인다. 인적수행도 평가요소는 원전성능과 운전원 직무, 상황인식, 작업부하, 팀 협업도, 인체측성/생리학적 요소의 5개 항목으로 구성된다.

---

126) 하준수, 성풍현, "신형원전 주제어실 인적요소 검증을 위한 인적수행도 평가척도 개발", Journal of the Ergonomics Society of Korea, Vol. 25, No. 3, Aug. 2006 : 미래원전에서 인적신뢰도에 대한 요소들이 어떻게 검증될 것인가를 예측하기 위해 한국과학기술원 하준수박사와 성풍현교수가 개발한 신형원전의 인적수행도 평가척도를 중심으로 기술하였다.

127) O'Hara, J. M., et al., "Human Factor Engineering Program Review Model", NUREG-0711, Rev.2, 2004

인적 실수에 의한 항공기 추락사고

구소련 시절에 벌어진 일이다. 아에로플로트 항공사는 그 당시 프랑스의 최신 항공기인 A320을 도입했다. 과거 소련의 항공기는 기능위주로 설계되었기 때문에 새로운 프랑스 항공기를 탄 사람들은 호텔과 같은 안락함을 느꼈을 것이다. 이 여객기에는 기장의 아들과 딸이 타고 있었고, 우쭐해진 기장은 자신의 자녀들을 조종석으로 불러 들였다. 기장은 딸과 아들에게 차례로 자동모드로 운항중인 항공기의 조종간을 잡아보도록 허락했다. 아들이 조종간을 심하게 돌려가면서 장난을 치는 순간, 비행기의 자동운항모드가 수동모드로 바뀌었다. 그러나 기장이나 부기장은 이 사실을 인지하지 못했다. 왜냐하면 소련에서 제작된 비행기는 이러한 경우 경보 램프가 점등되는데 반해 불행히도 프랑스제 항공기에는 이 램프가 없었고 조종사들은 이러한 차이점에 대한 별도의 교육을 받지 못했기 때문이다. 항공기가 곤두박질치고 있다는 것을 알아차린 기장이 비행기를 급히 상승시켰지만 급기동으로 인해 양력을 잃어버린 비행기는 결국 차가운 시베리아에 추락하고 탑승객과 승무원 전원은 사망한다. 그 후 프랑스의 항공기에도 조종모드 변경 램프가 설치된다. 항공기의 기능적인 불완전성과 사고예방교육 부족이 불러온 무서운 결과이다.

바람방향에 비해 항공기의 기수가 너무 급격히 위로 들려지면 사진처럼 날개 위쪽의 공기 흐름이 떨어져 나가 버려 양력이 없어지고 결국 추락하고 만다.[128)]

128) www.emilitarynews.com에서 사진 인용

❀ 원전성능 및 운전원 직무

원전성능은 발전소 운전변수들을 관찰, 분석, 평가하여 측정될 수 있다. 명확한 데이터를 얻을 수 있기 때문에 객관적인 평가가 가능하나 오류가 존재하더라도 운전원의 능력이 탁월하거나 타 요인에 따라 발전소가 운전허용범위 내에서 운전될 수도 있기 때문에 다른 평가요소들과 함께 측정되어야 한다. 운전전문가가 선정한 5~7개 정도의 중요 공정변수들을 주평가 척도로 하여, 공정변수들이 운전 상/하한치 내에서 운전되는지를 확인하고 이 값이 초과되면 원전 성능이 실패한 것으로 평가하는 것이다. 이와 함께 불일치도 및 목표값 도달시간을 보조평가 척도로 사용하기도 한다.

사실, 미래원전은 자동모드 운전방식을 채택하고, 그룹 제어기가 모든 신호를 처리, 제어기능을 수행하므로 운전원이 수동으로 공정변수들을 관리하지는 않는다. 따라서 이 값이 상·하한치 내에서 운전되는지를 확인하는 것은 운전원의 인적수행도 평가에 큰 도움이 되지는 않는다. 특히 설계상의 오류는 미래원전에서도 완벽하게 회피할 수는 없을 것이므로 운전원에게 불필요한 업무를 부가할 수 있다. 그러므로 운전원의 직무 평가를 함으로써 원전성능 평가에서 발견되지 못한 설계오류를 발견할 수 있다고 가정하는 것이다.

원전 주제어실에서의 운전원 직무는 주변 환경으로부터의 상태감지, 정보의 수집, 상황평가, 대응계획, 대응실행 등과 같은 일련의 인지활동으로 요약될 수 있다. 이러한 인지활동이 올바르게 수행되는지 여부는 운전과정을 관찰하여 알아낼 수 있다. 따라서 운전원이 적절한 데이터와 정보를 감지하는가의 여부와 적절히 대응하는지 여부, 그리고 대응 순서가 적절한지를 관찰하여 평가를 진행한다.

운전전문가는 계층적이고 도식적인 형태의 최적 시나리오를 작성하고 최하층의 여러 가지 세부 직무들 중에서 안전한 운전을 위해서 필수적으로 수행되어야 하는 직무들을 선정한다. 운전전문가는 실험평가 시나리오가 수행되는 동안 운전행위를 관찰하여 이러한 필수직무들이 완료되었는지를

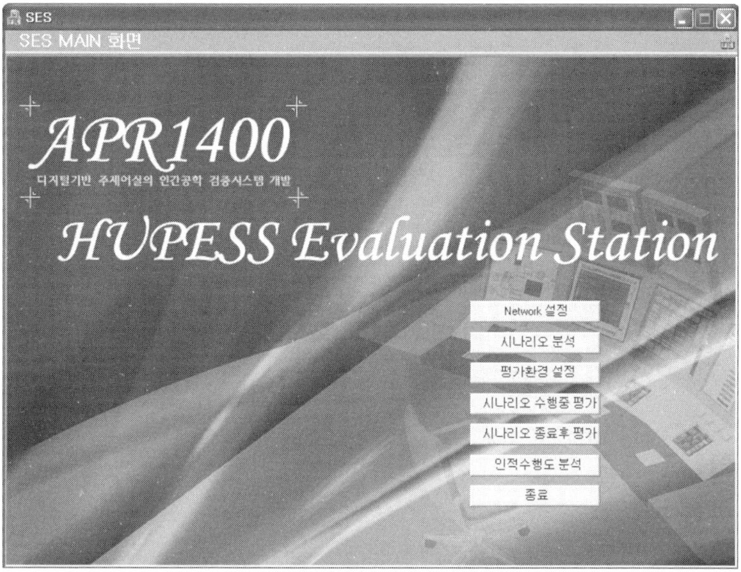

KAIST 성풍현 교수팀에서 개발한 신형원전 주제어실의 인간공학 검증시스템 메인 화면이다. 각 인적 수행도 평가척도를 이용하여 분석을 실시할 수 있다.

실시간으로 평가한다. 미래원전에서는 3차원 카메라를 이용하여 모든 상황을 녹화하고 운전원의 안구작동 추적결과, 뇌파 기록결과 등을 기록하여 분석에 사용한다. 만일 필수적인 직무가 완료되지 않았거나, 세부 직무들이 예상소요시간보다 초과된 경우는 실패로 간주한다. 모든 직무수행도는 세부 직무들 별로 가중치를 매겨 점수로 계산한다. 점수가 높으면 당연히 직무 수행도가 우수한 것으로 평가한다.

❁ 상황인식

상황인식이란 시간과 공간의 범주 안에서 주변 환경 요소들을 인지하고(1단계 상황인식), 그 요소들의 의미를 이해하고(2단계 상황인식) 환경 요소들의 상태를 예측하는 것(3단계 상황인식)으로 정의된다.[129] 미래원전

129) Ensley, M.R., Situation" Awareness Global Assessment Technique", Proceedings of the National Aerospace and Electronics Conference, IEEE, 1988b

에서도 주제어실은 원전의 상태를 감시하고, 정보를 입수하며 이를 해석하여 상황을 판단하거나 진단하고 결과적으로 의사결정을 하는 공간의 역할을 할 것이므로 상황의 인식이 매우 중요한 요소로 자리매김할 것이 틀림없다. 하지만 문제는 운전원이 상황을 어떻게 인지했는지를 알아내기가 매우 어렵다는 데에 있다.

만일 질의응답을 통해 상황인식을 평가할 때, 응답자가 자신이 인식한 상황을 실제와 다르게 과장하거나 자기 합리화를 시도할 경우, 공정한 평가를 하기 어렵게 된다. 이러한 문제점을 보완하고자 '주관적 평가방법'이 개발되어 사용된다. 주관적 평가란 상황인지, 의미이해, 미래예측에 대한 질문이 다수 포함된 평가로서, 마치 한편의 비디오게임과 같이 몰입환경에서 평가를 받게 되므로 과장하거나 자기 합리화를 할 수 없게 된다. 뿐만 아니라 특정 상황에 대해 운전원이 올바른 지점을 주시하는지, 응시하는 시간은 적절한지와 응시의 패턴을 분석함으로써 상황인식 평가의 공정성과 정확성 시비를 벗어나게 된다.

작업부하

작업부하란 운전원의 한정된 처리 능력 중에서 특정작업을 수행하는데 필요한 자원의 양으로 정의된다.[130] 정신적 작업부하가 클수록 더 많은 자원이 소요되며 만약 정신적 작업부하가 작업자의 한계를 넘어서면 인적실수가 유발되어 인적수행도가 저하될 수 있다. 비록 인공지능 기반의 에이전트가 적용되어 미래원전의 주제어실에서 처리해야할 정보의 양도 많이 줄어들고 운전원이 응시해야 할 표시정보도 대폭 통합되어 인지해야 할 정보가 현재의 20% 수준에 불과한, 안전성 관련 부분으로만 국한될 것이 예상되지만, 실제 근무인력이 줄어드는데 따른 운전원의 정신적 활동이 현재의 주제어실 근무자보다 적다고 할 수는 없다. 2050년 원전은 주간 근무는 운전조장 1명에 안전조장 1명이 휴머노이드 로봇의 지원하

130) O'Donnell and Eggemeier, "Workload Assessment Methodolgy", Handbook of Perception and Human Performance, John Wiley & Sons, 1986

에 업무를 수행하고, 야간 근무조는 인력이 두 배로 증원되는 형태가 될 것이다.

이들은 또한 2~4기의 원전을 한 제어실에서 관리할 뿐만 아니라 담당할 직무가 정신적 부담이 큰 안전계통의 비정상, 비상운전 등에 집중되므로 작업부하를 정확하게 평가하지 못할 경우, 원전 운영회사로서는 근무조당 인력을 증가시켜야 하는 문제에 봉착할 수 있다. 따라서 최소 근무자 체제로 발전소를 운영하기 위해서는 작업부하를 정확히 측정하는 것이 필수적이다.

사용될 평가기법으로는 먼저 분석적 방법이 있다. 수학적 모델링과 시뮬레이션 모델링을 통해 발전소 설계초기 단계에 평가하는 것으로, 설계 후반기에 필요한 설계 검증 방법으로는 적절하지 않다. 또 다른 방법인 주관적 방법은 설문조사와 면담을 통해 작업자가 느끼는 부하수준을 측정한다. 이 방법은 분석결과에 대한 신뢰성이 높고 적용이 쉬우며 직무에 독립적이기 때문에 새로운 시스템이나 새로운 직무 조건에 쉽게 적용이 가능하므로 널리 사용된다. 주관적 방법으로는 작업자의 자율신경계 또는 중추신경계의 생리적 변화를 평가하는데 주로 EEG[131] 또는 유발전위[132]와 같은 뇌파분석 기법이나 심장박동 분석, 안구동작 분석 등이 사용된다. 현재에도 뇌파를 분석하기 위해서는 많은 전극을 피실험자의 두피에 부착해야 하고, 유발전위를 측정하기 위해서는 다수의 자극을 주어야 하나 2050년 원전에서는 비침투적인 방법으로 간단하게 뇌파와 혈류, 그리고 유발전위를 측정하므로 운전원이 심리적 부담을 느끼지 않고 업무에 대한 작업부하량을 나타낼 수 있을 것이다.

과거 비행기 조종사를 대상으로 실시했던 심장박동률과 심장박동률 변동은 비행조작 및 비행단계별 난이도의 변화에 민감하게 작용함이 증명되어 널리 활용되고 있으며 피실험자의 신체적 또는 심리적 상태에 따라 측정결과가 변화되지 않도록 심리적 안정화 기술이 적용되어 측정의 정확

131) EEG : electroencephalogram

132) 유발전위 : evoked potential

도를 확보하고 있기도 하다.

안구동작 분석은 주로 안구의 깜박임 빈도와 응시 지속시간과 횟수, 동공반응 등을 척도로 이용한다. 안구의 깜빡임은 눈의 전체 또는 일부가 감겼음을 의미한다. 눈을 감고 있는 동안에는 시각적 정보의 입수가 불가능하므로 높은 수준의 시각적 주의가 필요할 때에는 깜박임 빈도 및 지속시간이 감소한다. 또한 일부 높은 수준의 각성이나 주의가 요구될 때 눈 깜박임의 빈도가 증가한다는 연구도 있으나 이는 집중 또는 주목을 해야 하는 시점을 나타내는 단서로 활용될 수 있다.

안구동작 분석은 미래원전에서 운전원이 사용하게 될 스마트안경을 이용하여 수행된다. 증강현실과 가상현실 모두를 지원하는 스마트안경 내부에는 안구동작을 연속적으로 측정할 수 있는 소형 카메라가 부착되어 있어 운전원에 대한 직접적인 개입 없이 분석 작업을 수행 할 수 있다.

안구 응시 역시 운전전의 인지적 작업부하를 측정하는데 유용하게 활용될 수 있다. 본 측정은 관심영역에 대한 응시 시간이 주 대상이 된다. 안구응시의 횟수가 많을수록 보다 많은 정보처리가 필요함을 의미하고 지속시간이 길수록 대상에 대한 이해에 보다 많은 시간을 소비함을 의미한다. 다시 말해 정신적인 작업부하가 높을수록 응시횟수와 지속시간이 증가한다는 것이다.

❀ 인체측정/생리학적 요소

현재 인체측정과 인체의 생리학적인 요소의 많은 부분은 주제어실 설계검증을 실시할 때 설계초기단계에서 주로 사용된다. 이 단계에서는 실제 운전환경에서만 관찰이 가능한 예상치 못한 인체측정이나 생리학적인 오류가 있는지를 확인하는데 초점이 맞춰진다. 예를 들어, 운진원이 여러 제어장치나 디스플레이장치, 워크스테이션, 또는 콘솔 등이 통합된 환경을 효과적으로 제어할 수 있는지를 확인하는 것이다. 이는 설계초기 단계에서 확인된 인체측정 및 생리학적 사항들을 검토하고 실제 검증시험 동안에 예기치 못한 오류 또는 특이사항이 발생하는지 관찰하여 평가하고 있다.

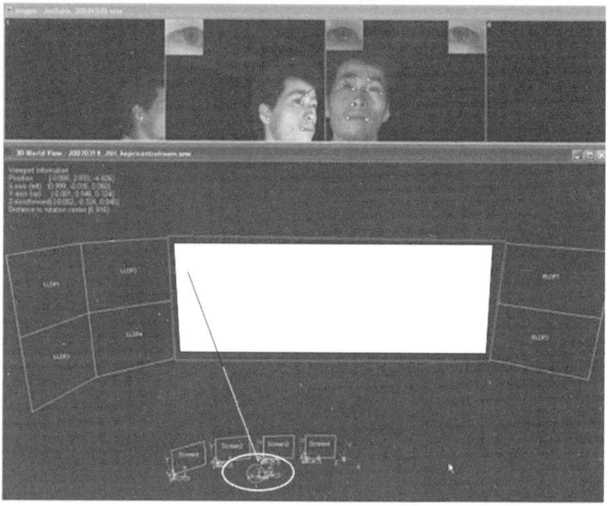

KAIST 성풍현교수팀이 세계 최초로 개발한 신형원전 주제어실 안구 응시 탐지 시스템이다. 원자력발전소의 제어반에서 근무하는 운전원의 눈 움직임을 계측할 수 있는 최초의 비접촉식 시스템이다. 5개의 적외선 카메라가 운전원의 눈동자를 촬영하여 움직임을 계측하는 원리를 이용한다. 미래원전에서는 운전원이 착용하는 스마트 안경에 부착된 3차원 카메라가 이 기능을 대체할 것이다.

운전원의 인체측정 및 생리학적 거동을 측정하기 위한 시뮬레이션 프로그램 실행 모습. 전력연구원 제공

15 자율운전과 자동화 기술

2050년의 한국은 세계에서 가장 빨리 인구가 줄어드는 나라다. 원자력발전소에서 일할 수 있는 젊은 층 인구 자체가 부족하므로 화려한 도심의 일자리를 마다하고 바닷가에 위치한 원자력발전소를 직장으로 삼으려는 사람은 더더욱 모자라게 된다. 여기에 방사선환경이라는 특수성까지 더해져 원자력발전소는 대표적인 3D 업종의 하나로 분류된다.

이러한 사회, 문화적인 흐름은 원자력계의 노력으로도 어찌할 수 없는 큰 물결이므로 미래의 원전을 위한 다양한 해결책이 모색된다. 아울러 여성인력의 기술직 진출이 그 어느 때보다도 늘어나게 되어 육체적인 활동을 줄일 수 있는 체제도 요구된다. 그 중 하나가 자율 운전이 가능한 원자력발전소 근무환경을 만드는 것이다. 현재에도 소규모 변전소의 자동화를 통해 무인화 운전을 하는 추세가 증가하고 있고, 유럽의 일부 화력발전소는 자율 운전체계를 도입하여 운영 중이라는 소식도 들린다. 바야흐로 발전소의 자율운전 시대가 온 것이다. 국내에서도 지역난방공사에서 운영하는 몇몇 열병합발전소가 자율운전을 위해 설비를 개량하고 있다.

자동화를 통해 자율운전이 이루어지면 변전소나 발전소를 관리하는 근무자가 필요 없어지는 것으로 오해할 수 있다. 하지만 변전소 무인화 사례에서 알 수 있듯이 바닷가에 위치한 발전소 근무 직원을 좀 더 근무환경이 좋은 지방 도시에서 근무하도록 하고 발전소는 원격지에서 정밀하게 감시, 진단하는 방법을 도입하는 것과 같은 근무형태로 바꾸는 것이야 말로 자율운전의 진정한 목적이다. 이러한 근무체계가 가능해 진 것은 바로

IT 로 대표되는 정보화, 지식화 기술이다.

자율운전이라고는 하지만 현장에서 근무하는 직원의 수가 과거에 비해 줄어드는 것일 뿐 발전소의 상태와 성능을 감시하고 진단하는 업무자체가 줄어드는 것은 아니다. 원전의 안전성과 신뢰성을 관리하는 업무는 강화하고 설비를 관리하는 정비인력과 관리인력은 전환 배치한다. 즉, 발전소 단위에서 정비계획을 수립하고 확인하던 직원이 지역발전본부에서 원격으로 근무하고 관리하는 형태로 바뀌게 되는 것이다.

자율운전을 위한 3중 안전체제

미래 원자력발전소의 자율운전 시스템은 에이전트 기반의 디지털제어기술과 초고속통신기술을 기반으로 국제적으로 통일된 기술 규격을 이용한다. 표준화 된 자율운전 규격은 원자력발전소의 제어계통 전체를 '디지털기반 네트워크'로 구성하도록 요구한다. 이 네트워크는 발전소 단위, 지역발전본부단위, 그리고 본사단위에서 동일한 발전소를 3중으로 감시하게 하여 발전소의 안전성과 신뢰성을 높이는데 목적이 있다.

디지털기반 네트워크 체제하에서, 원자력발전소(SCC)[133]의 수집된 운전과 정비에 관련된 정보는 지역발전본부(RCC)[134]로 실시간 전송되고 중요변수와 상황정보는 정비계획과 발전계획 수립을 위해 본사(NCC)[135]로 전송된다. 만일 발전소에서 불시정지나 사고가 발생하게 되면 RCC는 원격 케어를 통해 SCC에 직접 개입하고 NCC는 조치상황을 통제한다. SCC에 있는 스마트 현장기기는 멀티 에이전트 기반의 스마트 시스템으로 제작되어 있으므로 정해진 범위 내에서 자율적으로 운전할 수 있다. 이와 같이 첨단의 IT 기술과 인력의 공백을 메우는 로봇 기술을 적용하여 SCC는 최상의 안전도와 신뢰도를 갖게 된다.

133) SCC: Station Control Center
134) RCC: Regional Control Center
135) NCC: National Control Center

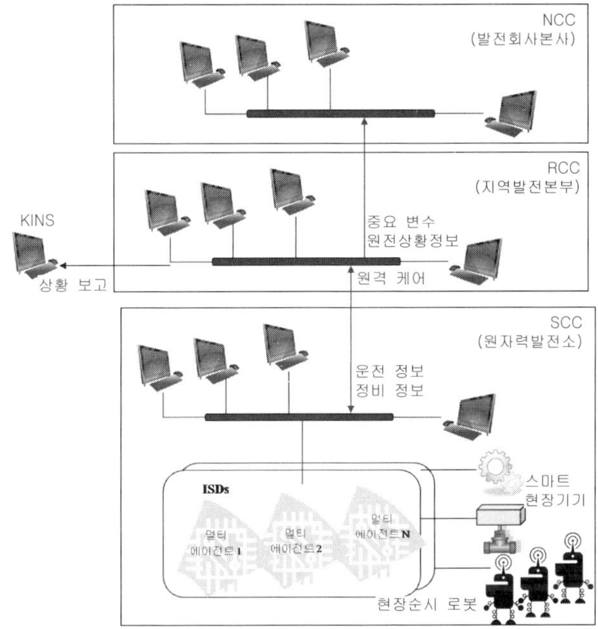

미래원전은 발전소 단위, 지역발전본부단위, 그리고 본사단위에서 동일한 발전소를 3중으로 감시하게 되므로 발전소의 안전성과 신뢰성은 오히려 증가한다.

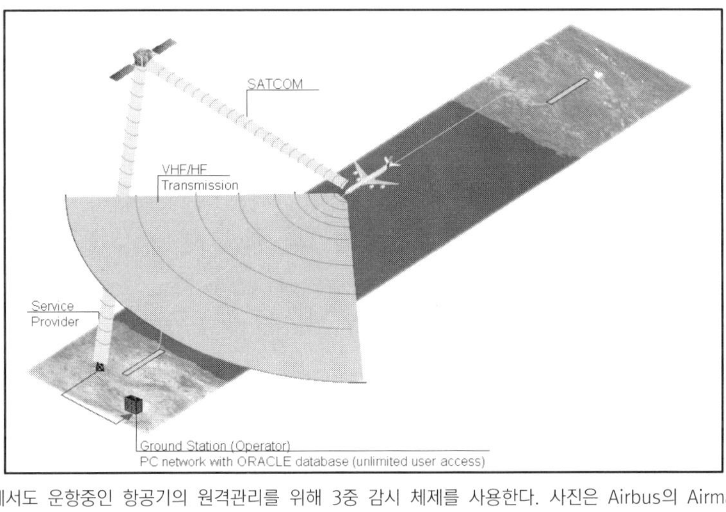

항공사에서도 운항중인 항공기의 원격관리를 위해 3중 감시 체제를 사용한다. 사진은 Airbus의 Airman 솔루션에 의해 항공기의 상태와 운전현황을 실시간으로 관리하는 모습.

❈ 자율운전 체계를 지원하는 멀티에이전트

원자력발전소가 자율운전시스템을 도입하는 2020년이 되면 원전의 제어와 보호는 멀티에이전트에 의존하게 된다. 에이전트는 원전의 운영 환경에 존재하는 다양한 계측, 제어, 감시, 영상과 소리 자원을 종합적으로 활용하여 기기 단위와 계통단위의 이상 상태를 예측하고 그 원인을 규명하고 대처한다.

1980~90년대에 붐을 일으켰던 전문가 시스템은 많은 한계점을 나타내어 불신을 받았었지만 미래에는 인간을 대신하여 능동적으로 임무를 수행하는 기능을 가진 에이전트가 광범위하게 사용된다. 에이전트는 자율성, 대화능력, 협동성, 판단력, 적응력, 신뢰성 등의 특성을 갖는다. 멀티에이전트는 비정상 상태와 과도 상태시에 인적 오류를 얼마나 줄이는가에 중점을 두고 개발된다. 또한 미래원전에 다양하게 도입된 진단, 교정 활동 등이, 사람의 힘에 의지하지 않고 관리되도록 한다. 마치 영화 '매트릭스'에서 주인공인 '네오'를 집요하게 추적하던 에이전트 '스미스'와 같이 에이전트는 고도의 지식체계를 이용한다. 물론 이를 가능하게 한 것은 실시간 고속 병렬처리가 가능한 컴퓨터 기술의 발달이다.

멀티에이전트가 갖는 또 하나의 장점은 제어 모델링과 분석과정 그리고 제어 결정 등을 원전의 각 운전 모드와 상태에 따라 자율적으로 결정한다는 것이다. 이에 따라 인적 실수가 줄어들고 최소 인력으로도 원전 운전이 가능해진다. 원전의 제어에 사용되는 멀티에이전트는 실시간 모델링 기술도 아울러 사용한다. 현재와 같이 하나의 단일 제어기 모델을 사용하는 것이 아니라 시스템의 동적 특성에 맞는 최적의 제어기 모델을 선택적으로 사용한다. 제어변수 역시 실시간으로 자동 튜닝되며 멀티 에이전트는 온톨로지 하에서 움직인다.

예를 들어 DCS 또는 PLC와 같은 제어시스템을 이용하여 수위를 맞추던 과거의 증기발생기 수위제어방식이 미래원전에서는 멀티에이전트로 통합된다. 증기발생기의 수위와 증기량, 주급수량의 3요소가 수위 제어에 이용되는 기본 원리는 동일하지만 증기발생기 운전과 관련이 있는 원자로 제어 에이전트와 연속적으로 통신하여 제어범위가 원자로계통에 영향이 미치는지 여부를 실시간으로 확인함으로써 설비의 안전성을 보증하고 플랜트의 과도상태를 방지한다는데 큰 차이점이 있다. 이와 함께 수위제어 에이전트는 현재의 원자로출력과 터빈 충동단 압력 등을 타 에이전트로부터 입력받아 제어모델을 최적화한다.

온톨로지는 멀티에이전트가 자율적 판단 범위를 벗어나지 않으면서 반복적인 업무를 안전하고도 최적의 상태로 수행하게 한다. 에이전트가 엉뚱한 짓을 하지 못하게 방지하는 것이다. 각 에이전트는 지정된 그룹의 타 에이전트로부터 연속적으로 상호 감시된다. 에이전트가 제어범위를 벗어나면 인접한 에이전트 그룹은 그 상황을 주제어실의 운전원에게 실시간으로 통보한다. 주제어실에 위치한 인공지능 컴퓨터는 내장된 지능형 운전 지원 모델을 이용하여 상황을 파악하고 단시간 내에 복구할 수 있는 방법을 찾아 원자로 및 발전소의 상태가 과도상태로 빠지지 않도록 한다.

원자로보호 에이전트는 제어 에이전트와 독립적인 기능을 갖는다. 인공지능 컴퓨터의 운전지원 모델이 상황을 복구하지 못하고 과도상태 제한치 이상으로 운전될 경우 자동으로 원자로를 정지하고 그 상황을 각 원격관리 및 지원 담당자에게 통보한다. 원자로보호 에이전트는 자동정지 기능 이외에도 무엇 때문에 원자로가 정지되었는지를 제어 에이전트와는 독립적으로 판단하고 결과를 운전원에게 알려준다.

❁ 멀티에이전트 기반의 스마트 기기(ISD)

원전의 모든 기기와 설비는 멀티에이전트 기반의 스마트 기기(ISD)[136]로 바뀌게 된다.

원자로, 냉각재펌프, 증기발생기, 터빈 등 주요한 계통설비를 제외한 대부분의 설비와 기기는 ISD화 되어 자율운전이 가능해진다. 또한 ISD에는 독립적인 보호와 제어, 감시가 가능하도록 스마트 센서 네트워크, 자

136) ISD : Intelligence Smart Device

동진단 및 보수 설비, 고성능의 실시간 자료통신 체계가 도입된다. ISD의 시스템 소프트웨어는 강인성을 갖도록 하기 위해 철저한 품질관리와 신뢰도 시험을 통과하도록 한다.

또한 ISD 기반의 기기들은 설비자산의 성능관리와 위험관리를 동시에 수행하도록 구성된다. ISD는 고장에 강인하며 자체 진단기능을 가지고 있다. 고장이 발생하면 자체 예비회로를 이용하여 자동으로 고장을 복구하거나 절체하는 기능도 제공한다. 이와 함께, 통신계통 역시 매우 간소화해져 신뢰성이 크게 향상 된다. 간소화된 통신 덕분에 고장정보나 긴급상황에 대한 정보를 상위시스템으로 효과적으로 전송하여 신속하게 대응하게 함으로써 고도의 계통 신뢰성도 확보할 수 있게 한다.

각 ISD는 전자기적으로 간섭을 받지 않는 통신 매체에 의해 결정론적인 통신 방식으로 중앙장치와 현장에 설치된 스마트 현장기기들을 연결한다. 또 현장기기들의 운전조건들은 중앙장치에서 일괄적으로 다운로드가 이루어지게 하여 신뢰성 있고 효율적인 운용이 가능하도록 한다.

❁ 스마트 현장 기기

스마트 기기는 Profibus나 Fieldbus 등의 통신 표준규격을 이용하여 ISD와 통신한다.

원자력발전소의 방사선 관리구역에서 스마트 트랜스미터를 사용하기 위해 가상사고시의 극한환경 조건에서 압력, 온도, 유량 등의 공정변수를 측정하는 센싱 부위와 전자회로에 대한 생존성 시험이 엄격히 가해진다. 환경시험과 신뢰도 시험과정을 거친 스마트 트랜스미터는 시스템의 안전성을 보장할 뿐만 아니라 자가교정 및 온라인 진단 기능이 추가되어 높은 신뢰도를 보인다.

이외에도 미래원전의 전력설비 관리기능을 수행하는 디지털보호계전기는 기존의 설비보호 기능 이외에 상태 및 성능과 효율을 감시할 수 있는 기능이 있으며 에너지 절감실적과 이산화탄소 저감률을 계산하는 기능까지 가지고 있다.

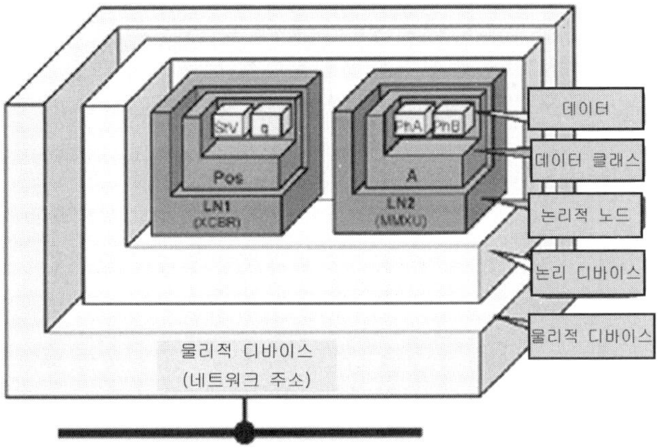

데이터 통신의 고유 안전성을 보장하기 위해 하나의 데이터 패킷 전송을 위해 논리적 안전장치로 둘러싸고 이를 다시 물리적 안전장치로 둘러싼 형태를 갖추도록 한다. 그림은 디지털 변전소를 위한 국제표준인 IEC-61850에서 요구하는 운영시스템의 계층화 사례이다.

❁ 자율 운전 제어센터(SCC, RCC, NCC)

자율운전을 하는 원전은 3중화된 제어센터에 의해 관리된다. SCC, RCC, NCC는 이러한 제어를 실시간으로 가능하게 하는 플랫폼 기술을 사용한다. 플랫폼의 중심에는 인공지능 컴퓨터가 자리한다.

발전소 운영중에 SCC로부터 수집되는 데이터와 헬스케어를 위해 보내지는 각종 정보는 그 양이 방대하므로 이 신호들을 선별하고 처리하는 초고속의 컴퓨팅 기술이 필요하다. 또한 계산된 결과로부터 실제의 정비원이나 운전원 액션을 요구하기 위한 의사결정논리가 아울러 요구된다. 이러한 연산은 분산 컴퓨팅 기술이나 양자 컴퓨터에 내장된 인공지능 기술을 이용하여 수행된다.

각 제어센터를 이어주는 것은 계층적 구조를 가진 데이터 통신망이다. 원전의 극한 환경에 부합하는 통신 미디어는 폭발적인 데이터 양을 트래픽없이 실시간으로 전송할 수 있도록 한다. 이와 함께 원전에 사용하는 유, 무선 통신 미디어는 사이버 테러에 완벽히 대응하는 원전 고유 프로토콜을 사용한다. 이 프로토콜은 양자 암호화를 기반으로 개발된다. 데이터 통신의 고유 안전성을 보장하기 위해 하나의 데이터 패킷을 논리적 안전장치로 둘러싸고 이를 다시 물리적 안전장치로 둘러싼 형태를 갖추어 전송 중에 데이터 손상을 방지하고 아울러 외부의 공격으로부터 안전함을 보장한다.

자율운전 구조의 장점은, 한 서브시스템에 고장이 발생하더라도 다른 서브시스템으로 백업 및 대체기능이 가능하여 고장의 전파가 차단되고 고장에 강인하다는 것이다. 중앙 통제 방식의 계층 구조에 비해 통신 체계를 포함한 부하를 분산하여 처리할 수 있으므로 강인성이 월등하다. 실시간 처리측면에서도 운전 및 제어의 응답성이 계층적 구조에 비해 빠르며 각 서브시스템이 독립적이고 평등하게 연결되므로 확장성이 뛰어난 장점이 있다.

또 하나의 장점으로는 문제가 생겼을 때라도 안전성을 보장한다는 점이다. 안전고장 구조가 바로 그것이다. 시스템 내부 또는 외부에서 문제가 생겼을 경우, 각 제어센터는 원전의 안전성이 확보되는 경로를 채택하여 최적의 제어를 수행하도록 조치한다.

❁ 현장순시 로봇

현장순시 로봇은 ISD와 연동된 자유 이동형 장치로서 원전 내의 원하는 위치로 이동하여 현장 정보와 각종 환경 정보를 ISD에 전송하고 관련 지령을 받아 액션을 수행한다. 순시용 로봇은 휴머노이드 로봇과 같이 2족 보행을 하는 형태와 트랙을 주행하는 형태로 구분된다. 이족 보행 로봇은 원전 내부를 순시하면서 내부의 영상정보와 음성정보, 각종 현장 계기의 지시값과 작업현장의 업무수행 과정 정보 등을 실시간으로 연속해서 SCC의 담당자에게 보고한다. 이 로봇은 또한 담당자의 액션 요구사항을 전송받아 밸브의 조작이나 방사선 계측과 같은 임무를 수행하는 기능도 있다. 이족 보행 로봇은 보수 작업 중에 발생할 수 있는 인적 오류를 획기적으로 감소시킬 수 있으며 센서로는 획득할 수 없었던 운전 내부 상황 정보를 획득할 수 있게 한다. 로봇은 인체의 5감을 모사한 각종 센싱

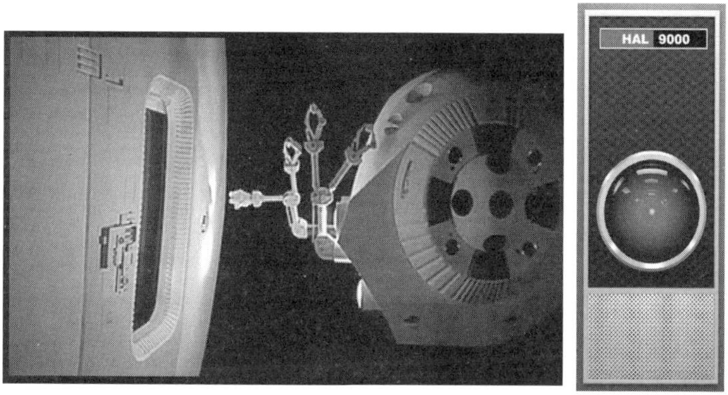

스텐리 큐블릭 감독은 2001 스페이스 오디세이에서 인공지능을 가진 컴퓨터 HAL-9000을 처음 등장시켰다.

기능 이외에도 인간과 같이 각종 진단 장비를 휴대하여 원전의 상태를 진단할 수 있다.

트랙주행 로봇은 정해진 경로를 따라 움직이면서 방사선 단층촬영장치와 같은, 이족 보행 로봇으로는 휴대할 수 없는 대형의 장비를 이용하여 원전의 기기와 설비들의 상태 정보를 ISD에 제공한다.

자율운전을 가능하게 하는 기술

인공지능 컴퓨터

인공지능 컴퓨터는 원전, 지역발전본부, 본사에 모두 설치된다. 하지만 각각의 기능은 설치위치에 따라 차이가 난다. 원전에 설치되는 인공지능 컴퓨터는 운전원의 액션을 전자적으로 검증하는 기능과 멀티에이전트 기반의 기기가 주어진 온톨로지를 벗어나는지를 실시간으로 관리하는 기능이 있다. 두 번째 기능은 원자로 감시, 리스크 분석, 신뢰도 분석 등 수집된 데이터를 이용하여 정보를 처리하는 것이다. 원전과 관련한 데이터를 실시간으로 연산 처리하여 원전의 안전성과 신뢰도가 항상 보증되도록 한다. 세 번째 기능은 가상현실을 이용한 발전소 모델의 실행결과와 현재의 공정값들을 동시에 비교하여 운전원을 지원하는 기능이다. 가상세계와 현실세계를 동시에 시스템 속에서 실행하고 비교하는 것이다. 이 기능은 발전소의 각종 상황을 가상현실과 연결하는 인간-기계 상호작용 기법과 가상현실에 몰입할 수 있게 하는 이머전 기법을 이용한다. 이외에도 발전소의 고전적인 각종 감시와 진단 기능은 현재와 같이 수행한다.

인공지능 이전의 컴퓨터가 단지 계산이나 자료저장과 같은 단순한 작업을 반복하는 수행능력을 가진데 비해, 인공지능은 인간이 지니고 있는 지능을 컴퓨터에 부여한다. 인공지능에 관련된 주요기법은 탐색, 지식표현, 도구, 추론과 학습 등이 있다.

인공지능은 의미론적인 시맨틱 웹 기술을 이용하여 멀티에이전트를 실시간으로 감시한다. 이 기술은 사람의 머리 속에 있는 언어를 컴퓨터 언어로 표현하고 이것을 컴퓨터가 사용할 수 있게 만든 것으로 특별히 분산환경을 갖춘 웹에 구현한 것을 말한다. 사람과 기계 사이에 진정한 커뮤니케이션이 가능하기 위해서는 사람이 이해하는 수준으로 기계도 언어를 이해할 수 있어야 한다. 사람들이 언어를 이해하는 방식을 보통 개념화라고 하는데, 사람들은 세상에 있는 각각의 사물이나 사건들을 경험하면서 이들 속에 들어있는 특징을 파악해서 언어로 개념화한다. 이렇듯 멀티에이전트는 사람이 갖고 있는 개념과 같은 것을 일종의 데이터베이스 형태로 가지고 있으며 이는 개념의 타입이나 사용상의 제약조건들을 명시적으로 정의한다.

인공지능 컴퓨터는 정보간의 관계를 추출하여 자동화되고 통합된 정보공유 체제를 만든다. 물론 에이전트가 전송하는 신호나 데이터를 전부 처리하여 업무가 바르게 처리되고 있는지를 파악할 수 도 있다. 하지만 막대한 량의 데이터를 실시간으로 처리하는 것은 2050년에도 어려운 일이다. 이러한 문제를 해결하고자 마치 인간이 언어와 행동을 파악하여 상대방의 의도를 알아차리듯 멀티에이전트의 활동 개념을 빠르게 파악하여 제한사항을 벗어나기 전에 적절한 수정이 가능하도록 한다.

인공지능의 두 번째 기능인 감시 및 분석은 현재의 컴퓨터도 수행하고 있는 것이다. 다만, 데이터 단위가 아닌 정보와 지식을 처리대상으로 하는 것이 현재와 다른 점이다. 이를 가능하게 하는 것이 의미론 지도와 상황인식 기술이다. 나무를 보기 전에 숲을 먼저 보는 것과 같이 의미론 지도에는 뇌의 신경 조직과 비슷한 작은 인공 네트워크가 숨어있다. 뿌리가 넓게 분포된 이 네트워크는 신경 조직과 비슷하게 수많은 정보를 동시에 분류하고 연관시키는 능력이 있기 때문에 모든 분석과정을 빠르게 진행할 수 있다.

발전소의 각종 상황을 가상현실과 연결하는 인간-기계 상호작용은 인간의 의사를 기계가 인식하게 하는 것과, 인간이 인지하는 물체에 대한 인식체계를 기계에 이식하는 것과 같으며 사용자가 가상세계에 뛰어들어 시스템의 일부분이 되는 것이다.

❁ 데이터 마이닝과 의사결정지원 기술

데이터마이닝은 많은 데이터 가운데 숨겨져 있는 유용한 상관관계를 발견하여 실행 가능한 정보를 추출해 내고 의사 결정에 이용하는 과정을 말한다. 의사결정지원 기술은 데이터를 분석하여 정보화하고 이를 분석하여 지식모델을 만든다. 의사결정 모델로는 통계 패키지, 시뮬레이션, 최적화모형 패키지 등을 사용한다. 지식의 구조화 및 가시화 모델도 에이전트의 업무처리 부하를 줄이는데 효율적으로 사용된다.

❁ 가상원전 기술

2050년 원전은 노심모델부터 보조계통의 모델까지 전발전소가 가상현실로 모델링되고 그 속에서 시뮬레이션이 가능해진다. 예를 들어 1%의 출력을 올렸을 때 반응도에 미치는 영향과 핵연료의 거동, 원자로압력용기의 응력분포와 피로해석 등이 3차원으로 계산되고 가시화 환경을 통해 디스플레이 되는 것이다. 아울러 과거의 운전이력을 이용하여 설비의 상태와 비교함으로써 통합적 건전성 평가까지도 가능하게 한다. 가상원전은 새로운 원전에 대한 설계검증용으로도 사용될 수 있다.

❁ 해킹과 바이러스로부터 자유로운 사이버 보안

미래원전의 자율운전 기술과 로봇기술은 고도의 무선통신에 의존할 수 밖에 없다. 시스템을 개발했던 사람들이 자신의 불만을 표출하는 수단으로 네트워크를 해킹하는 영화 '다이하드4'와 인공지능 컴퓨터가 스스로의 지능에 의해 인간을 통제하고 범죄를 저지르는 내용의 영화 '이글아이'는 컴퓨터의 사용이 일상화되고 무선통신에 의한 네트워크가 광범위하게 도입되는 미래에 사이버적인 보안이 얼마나 중요한지를 일깨운다.

물론 영화와 같은 상황이 발생할 확률은 매우 적겠지만 불특정 다수를 괴롭히는 바이러스를 유포하거나 정보를 해킹하는 행위는 이제 시스템 공격에서 네트워크와 서비스에 대한 공격으로 변하고 있으며 개인적 목적에서 정치, 사회, 산업적 목적으로 악화되고 있다. 컴퓨터 해킹과 바이러스의 유포는 자동화, 지능화, 대중화, 분산화, 대규모화, 은닉화경향이 있는 반면에 미래 원전에서는 시스템과 네트워크 레벨의 신뢰성 확보가 무엇보다 중요하다[137].

신뢰성 확보를 위한 노력 중 하나는 발전소 내, 발전소와 지역발전본부 간, 그리고 본사와의 통신 시 교환되는 정보의 보호를 위해 관련정보의 내용별로 표준화와 규격화를 이루는 것이다. 이와 함께 네트워크와 서비스 진화에 따른 네트워크 보안을 제어할 수 있는 수단이 필요하고 유해정보에 대한 통계적 분석을 통해 사전에 인지하는 것이 중요하다. 뿐만 아니라 네트워크간의 유기적 협력을 통한 범국가적인 대응체계의 구축도 요구된다.

❁ 운전과 정비 지원 로봇

원전의 주요기기를 순시점검하고 정비를 대행하는 원격 로봇을 개발하

---

137) 장종수, "글로벌 네트워크 보안제어기술" 정보보호 심포지움, 2002 자료를 참조하여 작성

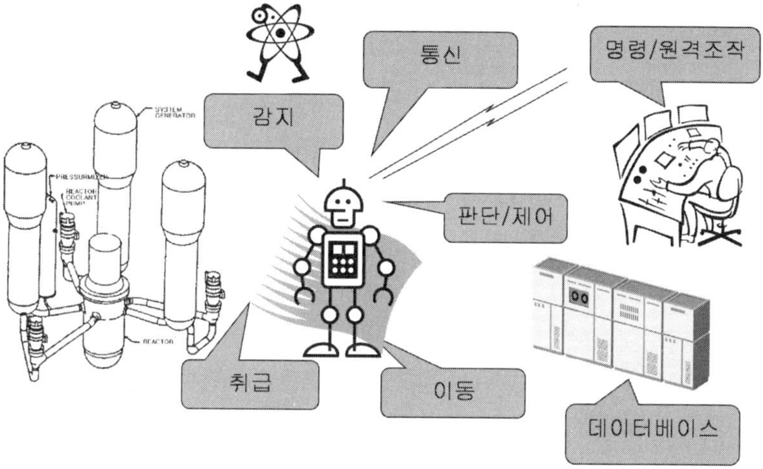

원전의 주요기기를 순시점검하고 정비를 대행하는 원격 로봇을 개발하기 위해 다양한 단위 기술이 연계된다.

기 위해서는 결함과 환경을 감지하고 용접기나 연마기를 취급하며 물속이나 배관 위를 이동하고 사람이나 다른 설비와의 통신을 통해 명령을 받는 기술이 필요하다. 이 외에도 원격조작이 가능해야 하고 자율적인 판단과 제어도 필요하며 운전감시나 보수에 대한 경험 자료를 활용할 수 있어야 하는 등 그야말로 각종 기술의 종합판과 같은 형태를 갖는다.

원자력발전소에서 사용되는 로봇은 이족 보행을 하는 휴머노이드 로봇과 무한궤도를 이용하여 정해진 트랙을 이동하는 지능형 로봇 그리고 차륜을 따라 이동하는 원격조작 로봇으로 나뉘어 배치 운용된다. 이러한 로봇의 기반 기술을 개발하기 위한 국내외의 노력도 계속되고 있다. 따라서 원전에서 필요한 로봇 기술의 대부분은 타 산업분야에서 연구 개발된 성과를 공유할 수 있을 것이다.

그렇지만, 원자력발전소의 고방사선 지역과 같은 극한환경에서 생존할 수 있는 로봇은 원자력 고유의 요구사항을 만족해야 한다. 원전에서 발생할 수 있는 가상의 사고 시 투입되어 피해를 최소화하기 위한 극한시설 유지보수용 인공지능 로봇은 자율적인 제어가 가능해야 하고 무엇보다도 동력원을 내장하거나 손쉽게 취득할 수 있도록 제작되어야 한다. 물론 방사선 환경과 높은 온도, 압력 하에서도 변형 없이 작동할 수 있어야 한다. 이와 함께 돌발적인 상황에서 주어진 활동을 수행하기 위해 동물의 감각기관과 같은 인식과 탐지 기능이 있어야 한다. 카메라를 이용하여 영상을 얻고 학습된 패턴을 따라가거나 음향이나 촉각, 후각, 심지어 감성을 인식하여 상황을 파악하고 자율적인 행동을 해야 한다. 이 로봇은 모터나 유압장치와 같은 엑츄에이터를 이용하여 주행하고 관절을 움직인다.

2050년의 로봇은 인간의 논리영역을 좌우하는 좌뇌의 인지와 연산, 그리고 행동을 대부분 묘사할 수 있도록 제작된다. 따라서 인간이 주입한 학습의 범위 내에서는 완벽한 행동을 수행할 수 있다. 이러한 학습이 가능한 것은 인간의 두뇌를 모방한 추론기능이 있기 때문이다. 이 인지 기능은 학습된 경로에 따라 자율적으로 판단하고 또한 새로운 지식을 획득하면서 스스로 진화를 한다. 새로운 기능을 스스로 연마하기도 한다.

거리와 방향, 고도와 같은 공간을 인식하고 장애물을 회피하거나 우회하는 경로계획도 스스로 세울 수 있다. 아울러 고장을 스스로 극복하는 기능도 추가된다.

미래의 로봇에 부여된 가장 큰 기능 중 하나는 인간의 자연언어와 몸짓과 같은 비언어를 판별하고 의사소통이 가능하다는 것이다. 음성을 인식하고 자세 및 표정을 파악하며 인간의 감성까지 인식한다. 돌발적인 장애물이 감지되면 자율적인 판단에 의해 회피하는 상태 파악과 인식기능까지 주어진다.

디지털 원전을 위한 운전 및 정비 지원 로봇 기술의 연계도는 다음과 같다. 로봇이 사용하는 공통기술로는 결함을 탐지하고, 정형화된 환경을 인식하는 기술과 유, 무선 통신 기술이 필요하다. 대상 설비의 검사와 보수이력을 담은 데이터베이스 역시 매우 중요하고 설비별로 요구되는 힘과 이에 따른 반향을 제어할 수 있는 기술도 필요하다.

검사와 보수용 로봇은 고방사선 구역인 원자로와 증기발생기, 그리고 원자로냉각재 계통 배관을 위한 로봇이 주로 활용될 것이고 원자로 및 관련계통을 해체하기 위한 로봇도 사용될 것이다.

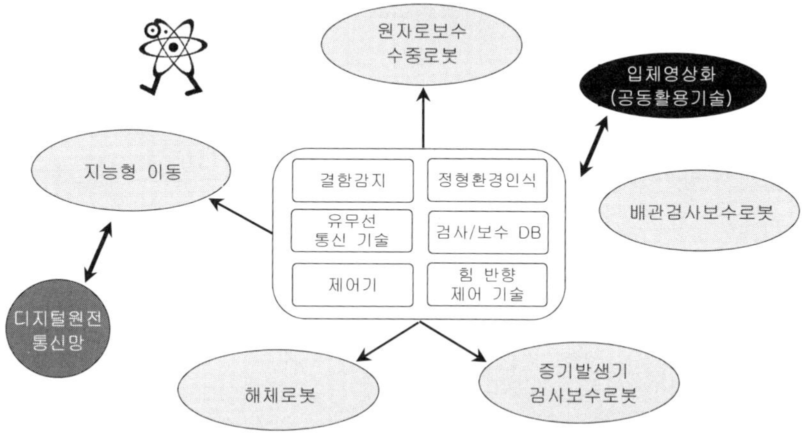

미래의 디지털 원전을 위한 운전 및 정비 지원 로봇 기술은 결함을 탐지하고, 정형화된 환경을 인식하는 기술과 유, 무선 통신 기술을 공통기술로 활용하여 원자로보수, 배관검사, 증기발생기 검사와 보수, 해체 등을 담당할 것이다. 이외에도 지능형 이동 에이전트를 이용하여 원전에 설치된 각종 계측기를 원격에서 보정하기도 한다.

❁ 원자로 보수용 수중로봇

원자로 상하부 헤드 관통관 및 노즐 용접부위는 주기적으로 결함의 생성 여부를 검사해야 한다. 특히 노심지지통(Core Support Barrel, CSB)을 인양하지 않은 상태에서 원자로 하부 이물질 검사와 제거가 가능한 장비는 정비기간 단축을 위한 핵심 기술 중의 하나이다. 초장주기 핵연료의 사용으로 6년마다 한 번씩 실시하는 정기보수 기간 중 CSB에 대한 검사, Hot leg 및 Cold leg 내부검사, Crossover leg 내부를 검사하고 이물질 제거와 보수까지 실시할 수 있는 초소형의 로봇이 활용된다. 이와 함께 원자로 내벽의 크래딩 부분에 대한 수중 자동 용접 기술 역시 사용된다.

❁ 증기발생기 진단 및 정비를 위한 로봇

미래 원전의 전열관을 검사하고 정비하는 경량 로봇이 본격적으로 활용된다. ROSA와 같은 증기발생기 검사 및 정비 로봇을 경량화 시키기 위한 노력이 계속되고 증기발생기 2차측의 튜브시트 상부는 침투형 센서를 이용한 검사 방법이 채택되어 상시 감시가 가능해지며 이물질의 제거와 세정을 위한 초소형 로봇이 활용된다.

❁ 배관검사 및 보수용 로봇

원전 주증기 배관의 내부와 보온재 포설 배관의 감육 검사를 위한 소형 로봇이 활용되고 소형 배관을 트랙처럼 주행하고 이물질을 제거하는 이동 로봇도 활용된다. 특히 보온재가 덮여있는 상태에서 실시간 배관 내부 검사가 가능하도록 하는 실시간 방사선 사진술이 이용되며 초고속 카메라와 열화상 카메라로 배관을 촬영하여 유체에 의한 진동과 내부 결함을 진단하는 자동 정밀 스캐닝 기술도 도입된다.

❁ 원자로 및 설비 해체용 로봇

원자력 시설 해체를 위한 대형 고체 폐기물의 절단과 체적 감소 및 표면 제거 기술을 사용하는 원격제어 로봇도 활용되며 원전설비 해체를 위해 방사선 환경 전용 다관절 로봇도 사용된다.

❁ 사용 후 핵연료 근접검사용 수중로봇

원전의 핵연료 취급지역은 사람이 작업하기 힘든 지역으로 로봇의 이용이 적극적으로 추천되는 분야이다. 이 수중로봇은 사용 후 핵연료 저장조 내에서 자유롭게 유영하면서 핵연료의 파손상태 등 이상 유무를 검사한다. 로봇의 수중 유영기술과 수중방수 기술, 원격 근접검사기술 그리고 수중 이물질 원격제거기술 등이 핵심이 된다.

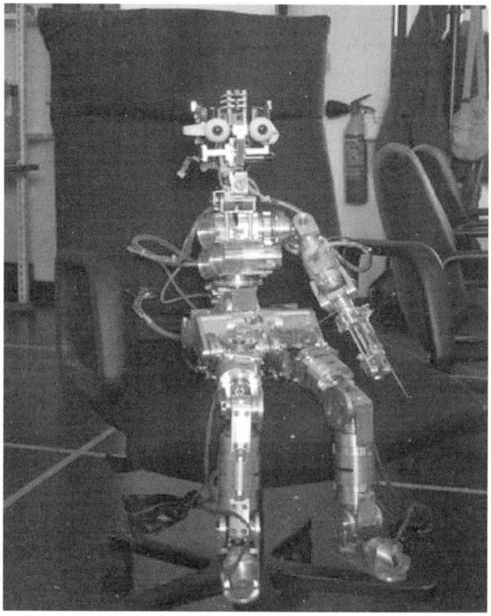

유럽 FP7의 인지로봇인 RobotCub

✿ 미래원전을 위한 로봇 응용기술

⊛ 인지로봇 기술

인지로봇은 최근의 인지과학적 연구 성과를 바탕으로 인간 혹은 생물체의 인지적 모형을 적극적으로 반영하는 로봇이라고 할 수 있다. 지능로봇의 대표적 척도는 로봇이 인간의 일상생활을 얼마나 따라할 수 있는가이다. 지능로봇은 인공지능(AI) 및 IT를 바탕으로 인지과학과의 적극적 융합을 통해 진보된다. 즉, 사람다운 지능을 갖는 로봇을 만드는 것이다. 이를 가능하게 하는 것이 바로 인지심리학이다. 인간의 지각과 주의, 학습과 언어, 추리 및 판단 그리고 문제해결, 의식 및 정서 처리를 모사하여 로봇이 따라하게 하는 것 그것이 바로 인지 로봇 기술의 핵심이다. 미래에는 인간의 전체적인 인지체계와 사회적 상호작용에 대한 이해를 바탕으로 로봇이 적절한 인지제어체계를 갖게 되므로 인간과 기계의 협동까지도 가능해진다.

❀ 뇌-기계 접속 기술[138)]

뇌파신호를 이용하여 기계를 제어하는 기술은, 뇌의 정보를 인식하기 위해 비침투적인 간접 BMI 기술과 침투적인 직접 BMI 기술을 사용한다. 직접 BMI 기술은 뇌 속에 미세전극을 이식하여 뇌의 운동정보를 실시간 해석하고 로봇을 자유롭게 제어하는 대표적인 기술이다. 간접 BMI는 센서를 이용하여, 뇌파를 두피 밖에서 측정해서 기계를 제어하는 전통적인 BMI기술과 최근에 연구되고 있는 근적외선 활용 BMI기술이 있다.

미래 원전에서는 비침투적인 간접 BMI를 이용한다. 이 기술은 인체가 발생하는 두뇌의 근적외선 지표 등을 스마트 안경의 귀걸이 부분에서 측정하는 것이다. 이를 통해 정비 로봇이나 운전지원 로봇을 제어하게 된다.

측정된 인간의 뇌파는 근거리 무선통신망에 의해 인공지능 컴퓨터로 보내진다. 인공지능 컴퓨터의 의사결정 에이전트는 이 뇌파가 요구하는 제어기능이 온톨로지의 제어범위 내에 있는지를 검증한다. 검증결과 이상이 없다고 결정되면 뇌파를 바로 로봇에게 전송하여 필요한 제어를 실시한다.

❀ 지능공간 인지통신 기술

지능공간 인지통신 기술은 데이터의 폭주 상황에서도 쉽고 자연스럽게 사용할 수 있도록 정보와 지식을 중심으로 운영하는 기술이다. 인간이 주위에 존재하는 수많은 정보를 처리하는 방식과 유사하게, 각각의 요소가 제공하는 정보를 상위의 문맥에 맞추어 통합적으로 해석하여 상황을 인식한다. 대표적인 인지통신 서비스로는 공간에 구애받지 않고 사람과 사람, 사람과 사물, 사물과 사물이 서로 상호 연결하는 오감형 통신과 개인의 생리적 정보, 이력, 선호도 등의 정보를 종합하여 현재 상황, 개인의 감성 등을 고려한 서비스를 제공하는 감성형 통신으로 구분된다.

---

138) 이 항목은 2009년 2월 KISTEP에서 출판한 '10대 미래유망기술'을 참조하여 작성하였다.

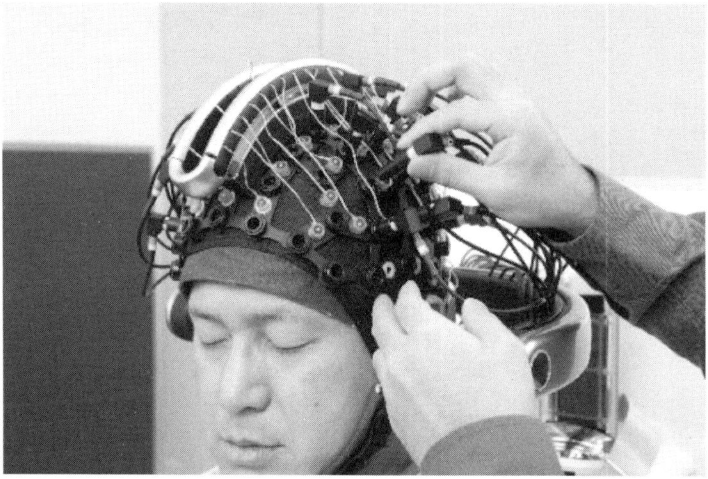

혼다가 개발한 BMI. 뇌파를 이용해 사람 뇌의 전기적 활동을 측정하고 근적외선으로 뇌속의 혈류를 감지해 데이터를 생성하여, 이를 제어 정보로 변환하는 방식을 이용한다. 이 정보로 혼다가 개발한 로봇 아시모를 조정한다.
출처 :누리웹& www.idg.com

❁ 트리튬을 이용한 로봇 전원 시스템

로봇의 실용화는 구동 매커니즘의 신뢰성과 내부 전원을 통한 완전 독립 가동 체계에 달려있다. 영화 터미네이터에서는 핵융합 원자로를 내장하여 영구전원을 공급받거나 나노기술을 이용한 수소반응 셀을 전원으로 이용한다. 하지만 이와 같은 기술이 2050년에 실용화되기는 힘들 것으로 보인다. 미국 국방부의 고등연구계획국(DARPA)은 로봇의 독립적 활동을 위해 최소 4시간에서 최대 24시간 이상의 가동시간을 충족시키도록 요구하고 있다. 하지만 이 정도의 요구사항도 자율 로봇을 걱정 없이 가동하기에는 턱없이 부족한 수준이다.

미래 원전의 로봇은 구동장치와 각종 센서, 통신장비 등을 내장할 것이므로 전원 소요가 클 것으로 예상된다. 따라서 극소 터빈발전기나 연료전지와 같은 새로운 동력원이 사용될 것이다. 가능성 있는 새로운 동력원의 하나가 바로 삼중수소를 이용한 배터리이다. 수소의 동위원소인 삼중수소는 베타붕괴 과정에서 전자를 방출하고 이 전자가 실리콘반도체에 흡수되어 전기를 생산한다. 현재의 기술로는 대량의 전력을 생산할 수 없지만 2050년 에는 활용이 가능한 배터리 중 하나가 될 것으로 보인다. 삼중수소 배터리의 수명은 수년에 이른다.

실시간 센싱기술

미국에서는 쥐의 두뇌에 전극(電極)을 심고 전기적인 신호를 보내 움직임을 조종하거나 원숭이의 두뇌에서 직접 운동 신호를 추출해 생각만으로 로봇 팔을 움직일 수 있도록 훈련시키는 연구가 활발히 진행되고 있다. 이들의 목표는 사람과 기계가 사실상 하나가 돼 생각만으로 기민하게 움직이는 장치의 개발이다.

문제는 이들 연구가 군사 목적에 활용될 수 있다는 것이다. 예를 들면 전투기 조종사의 신경회로가 그들이 다루는 장비의 실리콘 회로에 직접 연결돼 있다면 조종사는 앞의 카메라를 보고 판단하는 것만 가지고도 전투기를 움직여 공격을 할 수 있기 때문이다.

현재의 로봇기술은 어디까지 왔나?

혼다의 아시모(Asimo)는 휴머노이드 로봇의 대명사로 통한다. 아시모는 인간의 동작을 대부분 모사 할 수 있으며 그만큼 자유도가 높기 때문에 계단을 오르거나 내려갈 수 있다. 물론 장애물을 회피하고 스스로 중심을 잡을 수도 있으며 한발을 들어 공을 차기도 한다. KAIST에서 만든 휴머노이드 로봇 휴보2는 시속 3.6 Km로 달릴 수 있다.

현재의 휴머노이드 로봇은 최고시속 8 Km 이상의 빠른 보행속도로 움직이지만 무릎을 곧추세워 걷지는 못하므로 엉거주춤 걷는다. 무게 중심의 배분이 완벽하지 않은 탓이다. 두 로봇의 배터리 용량은 1시간 남짓이다.

휴머노이드 로봇의 대명사 '아시모'. 관절의 높은 자유도를 이용하여 계단도 오르거나 내려갈 수 있다. 시속 6 Km의 빠른 보행이 가능하다.

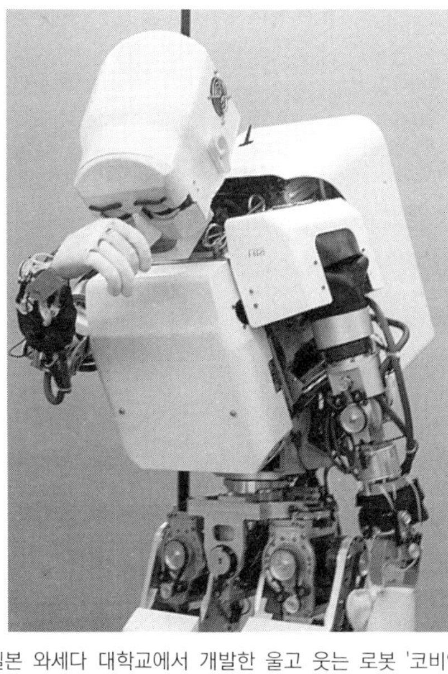

일본 와세다 대학교에서 개발한 울고 웃는 로봇 '코비안'.

독일 괴팅겐대학에서 개발한 세계에서 가장 빠른 이족(二足) 보행 로봇인 '런봇(RunBot)'의 큰 특징은 중앙컴퓨터의 제어과정을 줄였다는 점이다.

러시아의 생리학자 니콜라이 베른슈타인은 동물의 움직임은 대부분 뇌보다는 척수와 근육사이에서만 작동하는 신경회로인 지역회로에 좌우된다는 이론을 내세웠다. 사람이 걸음을 뗄 때마다 일일이 뇌의 명령을 따르게 되면 걸으면서 말을 하다가 발을 헛짚는 것과 같은 상황 발생 시 정확한 반응을 신속하게 할 수 없을 수도 있다는 것이다.

런봇은 발바닥과 관절에 있는 센서가 포착한 운동신호가 중앙컴퓨터로 가지 않고 일종의 지역회로에서 자율적으로 소화된다. 이 때문에 런봇이 보행로봇의 수준을 한 단계 높였다는 평가를 받고 있다. 중앙 컴퓨터는 언덕길을 오를 때처럼 환경이 급격히 바뀔 때만 관여한다. 사람이 길을 가다가 빙판길을 만나면 발걸음을 의식하게 되는 것과 마찬가지다. 반면 일본 혼다의 아시모는 중앙컴퓨터가 관절의 각도를 1000분의 1초마다 체크해 계산하면서 걷는다.[139)]

일본 와세다 대학교에서 개발한 '감정 표현 로봇'은 입술과 눈꺼풀, 손 등을 움직여 희로애락을 표현할 수 있다. 슬픔을 표현할 때면 손가락을 눈가에 대고 고개를 숙이고, 기쁨을 표현하도록 명령하면 눈과 입을 크게 열고 손을 높게 든다는 것. '코비안'이라는 이름의 이 로봇이 울고 웃을 수 있는 비결은 얼굴 부위에 장착된 정밀 모터 덕분이다.

영화 ‘스타워즈’에서 ‘루크 스카이워커’가 착용하고 있는 의수에서 착안하여 ‘Luke Arm'이라고 명명한 이 의수는 뇌파(뇌파) 소통기술을 이용하여 신경과 연결하지 않고 생각만으로 움직일 수 있다.

139) 조선일보, 2007. 12. 20자를 참조하여 작성하였음.

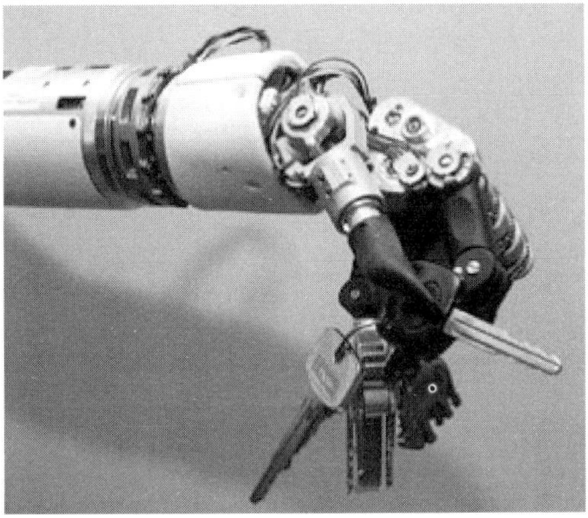

영화 스타워즈에서 '루크 스카이워커'가 착용하고 있는 의수에서 착안하여 'Luke Arm'이라고 명명된 의수의 모습.

부록 1. 미래 예측 개요

어떠한 미래예측 기술을 적용해야 원자력발전 기술의 2050년 예측결과가 수렴될 수 있을 것인가. 이에 대한 답을 얻기 위해 과학기술기획평가원(KISTEP)의 기술예측센터에서 작성한 미래 예측과 관련한 패러다임의 변화 곡선을 살펴보자.

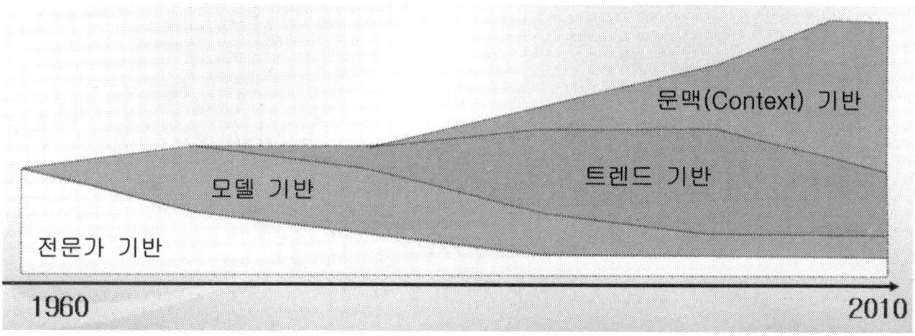

미래 예측관련 패러다임의 변화 곡선이다. 과거의 전문가를 통한 미래 예측에서 트렌드나 문맥 기반의 예측으로 다양화됨을 알 수 있다.

패러다임 / 내 용	전문가 기반	모델 기반	트렌드 기반	문맥 기반
가정	미래는 다양한 전문가의 의견수렴과 비교를 통해 예측가능	미래는 수학적 정밀성과 광범위한 자료수집을 통해 계산가능	시장 및 소비자의 트렌드를 이해함으로써 미래예측 가능	사회, 경제, 기술적인 요소들의 동적인 상호관계를 이해함으로써 미래를 만듦
관점	변화를 탐구	변화 계산	변화에 대응	변화의 유형을 이해하고 예상
결과물	델파이 분석, 로드맵, 시나리오	모델 및 매트릭스	트렌드 데이터베이스 감시 시스템	시나리오, 와일드카드, 액션 플랜, 혁신 아이디어

미래 예측 패러다임의 가정과 관점 그리고 결과물

❁ 미래 예측관련 패러다임의 변화[140]

과거에 미래예측을 한다는 것은 해당기술 분야의 전문가의 의견을 수렴하는 것을 의미했다. 시간이 흐르면서 모델기반과 트렌드 기반의 기술이 사용되었고 현재는 문맥을 기반으로 한 미래예측이 이전에 개발된 예측기술과 혼합되어 사용되고 있다. 시대의 변천에 따라 미래예측기술의 주류가 변하고 있는 것이다.

위의 표는 1960년대 이후 활용되고 있는 예측 패러다임을 가정과 관점, 그리고 결과물 중심으로 정리한 것이다. 전문가 의견을 모으면 미래를 예측할 수 있다는 가정이 꾸준히 명맥을 잇고 있는 가운데 시대의 변화에 따라 모델을 세워 과학적으로 분석하는 예측기법이 새롭게 도입되었으며 이 후 시장과 소비자의 트렌드 이해가 필요하다는 것으로 인식이 확산되면서 새로운 전환점을 맞는다. 현재는 사회, 경제, 기술적인 요소들의 동적인 상호관계를 이해하여 미래를 예측할 수 있다는 문맥기반이 대세로 자리매김하고 있다. 그러나 과거의 방법론이 완전히 없어지지 않고 있는 점만 보더라도 미래 예측은 하나의 방법론으로 명쾌히 해결할 수 있는 것은 아니며 예측의 목적과 결과의 사용처에 따라 각기 다른 방법론을 적용하고 있다.

❁ 미래 예측 방법론[141]

▶ 델파이 기법

이 기법은 여러 전문가를 대상으로 반복적인 설문을 통해 전문가들의 의견을 반복적으로 수집·교환함으로써 제시된 의견을 발전시켜 나기는 미래 예측 방법이다. 제시된 의견은 정리단계를 거쳐 다른 모든 전문가들에게 배포되고 이를 바탕으로 전문가 그룹은 각자의 의견을 제시한다. 이

140) 과학기술기획평가원(KISTEP) 기술예측센터, "해외의 미래유망기술 발굴 사례", 2006. 10월

141) 기획재정부 경제정책과 보도자료, 미래예측 역량 강화를 위한 추진체계 구축방안, 2008. 4. 18

처럼 되풀이 과정을 거치는 것이 델파이 기법의 주요한 특징이다. 미래 예측은 전문지식의 부족, 유사 상황 및 사례에 대한 정보의 부족 등으로 인해 어려움을 겪게 되는데, 이러한 상황에서 보다 나은 미래 예측을 하기 위한 주관적·직관적 방법으로 델파이 기법이 활용된다.

장점으로는 설문지를 통하여 의견을 조사하고 조정하기 때문에 불필요한 시간낭비를 막고 익명성의 보장으로 자유로운 의견 제시가 가능하며, 영향력 있는 소수에 의한 의사결정이 이루어지는 것을 막을 수 있다는 것이고, 단점으로는 단순한 의견수집에 그치는 경우가 많으며, 무엇보다 응답자 선정, 질문구조화, 정보해석 등 일련의 절차가 조사를 주관하는 조직의 시각에 좌우될 경우 결과의 객관성을 보장할 수 없다는 것이다.

▶ 트렌드(Trends) 분석

이 기법은 현재와 과거의 역사적 자료 또는 추세에 근거하여 미래 사회 변화의 모습을 투사하는 방법을 사용한다. 일련의 데이터에 연장선을 긋는 방법으로 추세를 예측할 수 있으며, 수학적·통계적인 방법을 사용하는 것이 특징이다. 트렌드 분석은 과거와 현재의 사례가 미래에도 유사하게 반복되어 나타날 것이라는 가정이 필요하다. 경제 성장, 인구 증감, 에너지 소비량 등을 예측하는데 주로 사용된다.

▶ 직관적 예측

이 기법은 주관적 판단에 입각해서 미래를 추측하는 방법과 자유롭게 토론하는 방법으로 나누어질 수 있다. 주관적 기법은, 예측자의 통찰력, 창조적 지각력, 내면의 숨은 지식 등 직관력으로부터 나온 주관적 판단에 기초하여 미래의 변화 모습을 예측한다. 예측의 결과는 예측자 자신의 목표, 가치, 신념, 선입견, 편견, 의도가 무의식적으로 표출되는 경우가 많다. 브레인스토밍으로 불리는 자유토론 기법은 각 분야의 전문가가 한자리에 모여 자유로운 토론을 주고받는 가운데 미래에 관한 전망을 종합해

내는 기법이다. 주로 연구 초기에 전반적인 상황을 조망하고 연구주제를 구체화하거나 과제를 추출하는 단계에서 널리 사용된다. 정해진 기간 동안 주기적 모임을 통해 주어진 주제의 미래전망에 대해 토론하고 전략을 수립하게 된다.

▶ 시나리오 기법

미래에 나타날 가능성이 있는 여러 가지 시나리오를 구상하여 각각의 전개 과정을 추정하는 기법으로 미래의 가상적 상황에 대한 단편적 예측이 아니라 복수의 미래를 예측하고 각각의 시나리오에서 나타날 문제점 등을 예상해 보는 방법이다.

이 기법은 미래에 갑작스러운 상황이 발생하였을 때 그 상황과 가장 유사한 시나리오를 채택하게 함으로써 이에 대응하는 전략을 바로 마련할 수 있는 장점이 있으나 시나리오를 3~4개로 줄이는 과정에서 임의성이 크게 개입될 여지가 많으며, 발생가능성이 높거나 중요한 시나리오는 아니지만 미래에 중요할 수도 있는 시나리오들이 무시될 수 있는 단점도 존재한다.

기획재정부의 미래예측 역량 강화 방안[142]에서는 시나리오 기법의 목적을 다음과 같이 설명한다.

"시나리오 기법의 목적은 '미래에는 어떤 일들이 일어날 것인가?', '이러 이러한 조건들이 만족된다면, 혹은 이러 이러한 사건들이 발생한다면 어떠한 일들이 일어날 것인가?'라는 질문에 답하는 것이다."

밀랜드 M. 레레[143]는 미래 가상 시나리오를 제시하는 방법을 다음과 같이 설명하고 있다.

"시나리오 플래닝(scenario planning)은 시시각각 변하는 환경에서 미래의 잠재 위험과 보상을 파악하는 데 도움이 되는 유용한 기법이다. 이

142) 기획재정부에서 발표한 '미래예측 역량 강화를 위한 추진체계 구축방안'에서 인용
143) 밀랜드 M. 레레, "미래 시장을 잡는 독점의 기술"

는 다음과 같은 단계를 거쳐 미래를 예측해보는 기법이다. 우선 앞으로 산업과 경쟁자와 고객의 역학구도에 영향을 미칠 수 있는 핵심적인 요소들을 쭉 나열해본다. 그 다음에 이러한 요소들이 상호작용하며 전개될 수 있는 다양한 방향을 생각해 본다. 그리고 마지막으로 이런 조건들로 미래가 전개될 경우 산업에 어떤 일이 일어날 수 있는지 묘사하는 시나리오를 작성한다."

❁ 미래 예측의 오류 발생원

요즈음 이용객이 없어 애를 먹고 있는 몇몇 지방 공항과, 민자 고속도로, 민자 지하철 등은 불과 몇 년 앞도 바라보지 못한 대표적인 사례로 꼽힌다. 물론 이와 같은 결과를 예측하고서도 정략적인 이해관계로 나랏돈을 축내는 사례에 대해서야 더 이상 할말이 없겠지만 정상적인 편익계산 결과에 큰 오류가 끼어들었다면 이는 매우 심각한 문제이다. 이런 경우에는 시시비비를 가리기에 앞서, 근본적인 원인을 철저히 파악하는 것이 무엇보다도 중요할 것이다.

미래 예측에서는 다음과 같은 문제점이 흔히 발생된다.

미래를 현재의 추세선을 직선적으로 연장하여 예측하는 경우와 정량적인 예측방법 결과를 맹신하는 경우이다. 아울러 광범위한 영역에서 새롭게 나타날 수 있는 응용 가능성을 무시하거나 초기 단계에 있는 기술혁신을 낮게 평가하는 경우 그리고 새로운 기술이 빠르게 확산될 것이라고 평가하는 경우이다. 가장 오류를 범하기 쉬운 사례는 미래에 개발될 기술이 바로 실용화되어 적용될 것이라는 예측이다.

이외에도 숫자로 나타난 결과만을 지나치게 신뢰하여, 정성적인 결과로도 충분하거나 정량화할 수 없는 자료를 예측에서 배제할 경우에도 예측 정확도를 떨어뜨릴 수 있다.

❁ 미래 예측을 위한 고려사항

어떠한 모델이든 오류를 내포하고 있다. 대통령 선거 결과를 예측하기 위해 선거장 출구조사를 시행하는 방송사의 경우에도 통계 전문회사를 동원하여 각종 분석을 통해 결과를 예측하지만 가끔 오차가 크게 발생하는 것을 보면, 예측이라는 것이 얼마나 힘든 것인가를 알 수 있다. 하지만 거시적인 예측결과를 제시하고 미시적인 관점에서 단기 지표를 이용하여 지속적인 수정을 가한다면 최종적인 예측결과의 신뢰도는 크게 향상될 수 있을 것이다.

미래를 예측하기 위한 방법론을 선택할 때에는 먼저 사회와 문화의 현재 상황을 심도 있게 고려해야 한다. 아울러 미래 유망 기술을 어떠한 방법을 통해 예상할 것인가에 대한 검토가 필요하다. 정량적인 자료와 정성적인 자료가 혼재된 상태에서 올바른 예측 방향을 잡으려면 그 시간 축을 5년, 10년, 50년 등 비교적 여러 단계로 나누어, 각각의 시점에서 예측을 먼저 시행 한 후에 모아진 예측 결과 간의 상관관계를 분석하여 예측결과를 얻는 방법도 사용될 수 있다.

부록 2. 2050년의 사회, 문화적 변화 분석

본 사회, 문화적 변화 예측은 국내외 전문 미래학자들과 예측기관들이 발표한 내용 중에서, 원자력발전 기술의 미래에 영향을 미칠 것으로 예상되는 요인들을 뽑아 정리한 것이다.

❁ 사회 구조의 변화와 개인주의화

▶ 고용제도의 변화

2050년 사회, 문화의 변화 중 가장 클 것으로 예상되는 사항은 전 세계적으로 국가권력에 의한 시장 개입이 약화되고 세계화, 자유화의 기치 아래 시장이 완전 개방된다는 것이다. 이렇게 되면 현재와 같은 종신 고용제도가 해체되고 노동시장이 유연화 되며 공기업 대부분이 민영화됨으로써 세계적인 경쟁체제 속에 돌입할 것으로 보인다.

공기업 선진화와 금융권을 중심으로 한 구조조정에 의해 민간 제조설비투자를 위한 대출이 감소되어 신규설비 투자가 뚝 떨어지고 있는 현재의 상황은 우리나라를 더 이상 제조업 강국의 지위에 있지 못하도록 할 것이다. 또한 정보통신부를 해체함으로 인해 IT 강국의 위상과 이에 걸맞는 R&D 투자가 급감하는 것 또한 미래에는 현재와 같은 IT 강국 위상은 갖지 못하리라는 것을 알게 하여준다.

국회에서 통과를 추진하고 있는 복수노조 허용과 노조전임자 급여의 회사지급 제도가 철회되면, 노조도 과거와 같은 쟁위 중심의 의사표현에서 경영층과의 상생협력의 동반자적 자세를 견지하지 않을 수 없을 것이다. 이렇게 되면 노동조합의 저항이 있기는 하겠지만 정리해고제가 관철되면서 인원감축과 연봉제로 대표되는 임금체계가 전 사업장에 도입될 것이다.

▶ 조직과 인간관계의 변화

현재의 기업조직은 각 개인이 할 일을 비교적 명확하게 설정하고 있기 때문에 현재의 자기 위치뿐만 아니라 장래의 자기 위치 변화도 대략 예견할 수 있다. 따라서 직장에 대한 충성도도 비교적 높고 직장을 중심으로 장기적인 인생 계획도 구상한다.

그러나 기업조직은 급속도로 변하고 있다. 세분화하는 시장에서 새로운 기회를 포착하기 위해 기업은 뛰어난 적응능력을 갖추어야 한다. 임금노동자들 역시 유동적인 직무를 성실히 수행할 것을 요구받고 있으며 이 과정에서 위계체제가 깨지고 심지어 직능 자체가 없어져 버리기도 한다.

신기술을 유연하게 받아들이는 기업은 기업 내에 중심과 주변을 엄격히 나누면서 목적을 설정하고 명령을 내릴 뿐 집행에는 직접 관여하지 않고, 집행은 주변 노동자 팀에게 맡긴다. 때로는 여러 팀을 만들어 경쟁을 시키며 성공한 팀에게는 보상을 주고 실패한 팀에게는 제재를 가한다. 중심과 주변의 관계는 종주국과 식민지의 관계라 할 수 있다. 이러한 기업조직은 기업과 피고용자 사이에 불신을 조장시키고 전통적인 피고용자 사이의 연대감이 사라지게 한다. 또한 피고용자들의 장래에 대한 불안감이 늘어난다. 이 과정에서 피고용자의 노동윤리가 없어지게 된다.[144] 최근 각 기업마다 "윤리경영"을 강조하고 있는 것 역시 조직과 인간관계의 변화에 따른 부정적 효과를 줄여보고자 하는 노력의 하나일 것이다.

▶ 사유화된 유토피아(프리바토피아)

사유화된 유토피아'라는 뜻의 합성어 '프리바토피아[145]란 말은 "민주주의에 반하는 맥월드 문화"라는 글에서 벤자민 바버가 처음 사용했다.[146]

144) 한겨레신문, 해외시각, 2000. 7. 21

145) 프리바토피아 (Privatopia) : Private 과 Utopia의 합성어이다.

146) http://blog.naver.com/3sang4?Redirect=Log&logNo=40051358776

바버 교수는 맥도널드, 맥킨토시, MTV, 마이크로 소프트 등을 통해 인간이 도달하게 되는 테크노피아를 일컬어 '맥월드'라 부른다.[147] 바버에 의하면 미국문화는 민주주의에 적대적이기보다는 무관심하며, 사람들을 연대시키는 게 아니라, 소비자라는 새로운 인종으로 분류한다는 것이다. 이러한 맥월드 문화 속에서 모든 사람들은 잠재적인 고객으로만 의미를 갖고 있으므로 사유화의 유토피아는 사회주의가 꿈꾸던 공유화의 유토피아만큼이나 불합리한 환상에 불가하다는 것이다.

그러나 지극히 개인적이지만 세상과 단절되지 않는 세상의 중심이 되는 나만의 세계를 추구하는 사람들은 저마다 자신만의 사적이고 독립적인 유토피아를 구축하며 자가출판족(自家出版族)과 같은 행위를 통해서 적극적으로 자신을 표현하기도 한다. 이러한 개개인들이 모여 생각지도 못한 어마어마한 사회적인 영향력과 힘을 가지기도 하는데, 혼자만의 세상이 강하면 강할수록 네트워크를 통해 관계를 맺고 함께하고자 하는 현상이 두드러지게 나타난다. 하지만 이는 과거 부정적으로만 생각했던 개인화 현상과는 다르다고 볼 수 있다.[148]

▶ 가상현실을 통한 제 2의 삶 영위

영화에서나 보던 가상현실이 우리의 현실 속으로 빠르게 들어오고 있다. 이미 1980~90년대부터 군사부문과 주요 장치산업 등에서는 가상현실을 활용하고 있었다. 일반 소비자들도 게임의 형태로 초기적 형태의 가상현실을 체험해 왔다. 최근에는 세컨드 라이프(Second Life)라는 서비스가 언론의 주목을 받으면서 가상현실에 대한 기업과 소비자들의 관심이 증가하는 상황이다.

왜 지금 가상현실인가. 기업, 소비자, 언론 등 각계에서 가상 현실에 관심을 모으는 이유는 무엇일까? 그것은 가상현실이 현실세계를 기대 이상으로 빠르게 닮아가고 있기 때문이다. 기술의 향상과 소비자들의 인식

147) 벤자민 R. 바버, "지하드 대 맥월드", 문화디자인

148) 디지털 포털 jungle, http://magazine..jungle.co.kr

변화, 다양한 가치 창출 및 비즈니스 가능성 등으로 가상현실의 진화속도가 빨라지고 있는 것이다.

먼저 기술 발전에 따라 시각적, 물리적으로 현실과 유사한 환경을 구현하는 것이 가능해졌다. CPU와 그래픽 처리 기술의 발달, 저장용량의 확대, 유무선 대역폭 향상 등에 따라 개인용 컴퓨터에서도 현실과 유사한 3D배경 및 인물을 구현할 수 있게 되었다. 또한 이러한 기능들을 구현하기 위한 비용들이 빠르게 하락하면서 보다 넓은 사용자층에 접근하는 것이 용이해지고 있다.

다음으로 소비자들이 웹 2.0이라는 인터넷 패러다임의 변화를 경험하면서 웹 활용에 대한 학습효과가 증가했다는 점도 중요하다. 이는 가상현실 세계의 사회적 네트워크 형성을 보다 쉽게 만든 요인이다. Business Week도 가상현실을 통한 상호작용의 용이성 때문에 가상현실이 현실과 유사해지고 있다는 점을 주목해야 한다고 전한바 있다. 나아가 가상현실은 풍부한 사용자 경험을 제공할 것이다. 기존 웹의 문자, 그림 등 2D 정보를 통한 상호작용을 넘어, 3D 그래픽과 실제와 같은 움직임 등 총체적인 경험을 통한 상호작용을 가능케 하기 때문이다. 기존 웹에서는 추상적 경험이 주된 반면, 가상현실에서는 보다 구체적, 직접적, 직관적 형태의 경험이 가능하기 때문에 가상현실의 활용은 지속적으로 증가할 전망이다.

더욱 중요한 것은 가상현실의 사회·경제활동이 현실과 유사하게 전개되고 있다는 점이다.

가상현실이 새로운 웹의 형태로 주목 받고 있는 상황에서 수익창출의 가능성이 엿보이기 때문이다. 시장조사기관 가트너의 부사장 스티브 클레이한스는 "가장 큰 시장 기회는 사용자들이 컴퓨터를 활용하는 방식이 변화할 때 나타난다"고 하였다. 웹 2.0으로의 패러다임 변화가 구글과 같은 새로운 기업의 탄생과 롱테일, 매쉬업 등 새로운 경제를 탄생시킨 것 이상으로, 가상현실 패러다임은 더 많은 혁신과 비즈니스의 기회를 가져올 것으로 예상된다.

▶ 정보화 기술발달로 1인 회사, 1인 매체, 1인 권력시대 도래

다니엘 핑크[149]는, 스스로 자기 시간을 설정하는 프리에이전트, 즉 단독으로 활동하는 전문가, 프리랜서, 독립된 계약자, 컨설턴트, 수백만 명의 다른 자유업자들이 노동력의 중심인 나라를 묘사한다.

바야흐로 21세기는 그런 왕성한 콘텐츠 제작자들인, '나'의 천국이다. '나'는 또 올드 미디어의 관점에서는 '여러분(You)'의 시대다. 미국 시사주간지 타임은 2006년 올해의 인물로 'You'를 꼽았다. 타임지는 오마이뉴스, 유튜브, 마이스페이스, 아마존, 워키피디아 등 세계적인 UCC[150] 기반 사이트에서 활동하는 'You'를 소개했다.

'You'가 단순히 세상을 바꾸는 것에서 멈추지 않고 세상이 변화하는 방식까지 바꿔놓을 것이란 전망까지 하면서. 1인 미디어 시대의 위력을 실감케 하는 평가다. 1인 미디어는 과거 콘텐츠 소비자였던 이용자가 콘텐츠 생산자로서 역전한 미디어 환경의 변화를 단적으로 웅변한다.

1인 미디어는 UCC의 주인공인 '나'의 위상을 압축적으로 설명하는 말이다. 20세기 매스미디어는 통속적이고 거대한 담론들을 다루면서 정작 콘텐츠를 소비하는 '나'에는 주목하지 않았다. 그러나 모두가 미디어가 될 수 있는 쌍방향 플랫폼에서 '나'는 세계의 중심이다. 즉, 오늘날 미디어 산업은 '나'가 없이는 콘텐츠 수급이 불가능한 상황이다.[151]

제롬 글렌, 유엔미래포럼 회장은, "권력이라는 것은 사람들을 움직일 수 있는 힘이다. 금융위기로 인해 국가와 같은 조직의 역할은 더욱 줄어들고 1인 미디어와 같은 개인의 힘이 새롭게 부각될 것이다."라고 말한다. 그는 또한 "위키피디아 같은 인터넷 '집단지성'이 사회를 움직이는 진정한 권력으로 부상하고 있다. 한국도 새로운 시대에는 국가의 지성과 지식 정보를 끌어올리는 일에 중점을 두어야 한다. 집단 지성을 키우기 위해서는 다방면에 걸친 전문가들과 일반인이 광범위하게 참여하는 것이 필

149) 다니엘 핑크, "프리에이전트의 시대", 에코리브르

150) UCC(User Created Contents) : 사용자 제작콘텐츠

151) 주간한국 2007. 1. 29

요하다"고 강조한다.[152)]

전문가들은 한국의 촛불시위가, 똑똑하고 권력화한 개인 (스마트몹[153)])의 출연을 잘 보여주었다고 말한다.

❁ 인간관계의 변화

▶ 고령화가 가장 빨리 진행되는 한국

프랑스의 미래학자 자크 아탈리는 미래의 세계 인구와 관련하여 다음과 같이 예측하고 있다. "모든 문제는 인구 폭발에서 시작할 것이다. 특별한 재앙이 없다면 2050년에 지구의 인구는 95억명에 이를 것이다. 이는 오늘날에 비해서 30억 명이 늘어난 숫자다. 선진국 국민의 평균 수명은 100세에 접근할 것이다. 출생률은 아마도 극도로 낮은 수치에서 맴돌 것이다. 결과적으로 인류는 늙어 갈 것이다."[154)]

미래학자이며 발명가인 레이 커즈와일(Ray Kurzweil)은, "15년만 기다리면 기대수명이 늘어나는 속도가 나이를 먹는 속도보다 더 빨라질 것이다. 그리고 한 걸음 더 나아간다."[155)] 라고 인간의 불로장생(?)을 예측하기도 한다.

고령화가 세계에서 가장 빨리 진행되는 나라가 한국이다. 노인인구는 2000년에 7.2%로 고령화 사회에 진입한 이후, 2018년에 14.4%로 고령사회에 들어서고, 2026년에 20.0%로 초 고령사회에 진입하게 된다. 2050년에는 이 숫자가 34.4%로 세계의 최고령국가가 될 전망이다. 2050년은 55세 이상이 인구의 절반이라고 한다.

▶ 가족 형태와 동거 형태 변화

가족의 구조와 동거형태가 변하고 있다. 산업사회를 거쳐 정보화 사회

152) 제롬 글렌, 유엔미래포럼 회장, 주간조선, 2008년 11월 17일자 인터뷰 기사
153) smart mob ; 미국의 H.라인골드가 2002년 10월 출간한 저서 '스마트몹(Smart Mobs)'에서 처음 소개
154) 자크 아탈리, "미래의 물결", 위즈덤하우스
155) 뉴욕타임즈 기사, Ultimate Thinking Machine, 2008. 6. 3

가 되면서 핵가족이 해체되고 있다. 1인가구가 급격히 늘고 이혼가정 편부모가정 조손가정도 늘고 있다. 자녀와 별거하고 혼자사는 노인단독세대가 벌써 절반에 이르고 있고, 앞으로 출산율의 저하로 그 비율은 서양 선진국 수준까지 갈 것으로 보인다. 가족의 부양기능도 바뀌고 있다. 핵가족은 자녀양육에 치중하는 쪽으로 변하고 있고, 노인을 부양하는 것은 점점 어려워지고 있다. 앞에서도 잠시 소개를 하였지만 국민 1인당 노인 1명을 부양해야 하는 상황이 올 것이라는 예상 자료가 나와 있다. 전통적 가족문화가 변화하여 가족이 노인을 부양하기가 어려워지고 있고, 한편 노인을 보호하는 가족의 수발부담이 커지면서 노인에 대한 사회적 보호서비스의 필요성은 점차 커져갈 것으로 예견되고 있다.[156]

▶ 여성파워 성장으로 여성우위 시대 도래

미래에는 여성의 역할이 더욱더 커질 것이다. 3000년의 농경시대, 200년의 산업시대를 거쳐 우리는 정보화시대에 서 있다. 정보화시대에는 정보서비스를 판다. 정보서비스는 정밀하고 정확하고 부드럽다. 특히 후기 정보화시대에 도래하는 나노 바이오시대와 의식기술시대와 같은 드림 소사이어티는 남성의 힘이 아니라 여성성이 필요하다. 선진국의 국민 70%가 서비스산업에 종사하고 있고 미국은 이미 2005년에 88%가 서비스산업에 종사한다.

미래사회에서 각광받는 직업을 보면 대부분 인간을 관리하는 것들이다. 2006년 퓨처리스트지의 발표에 의하면, 직종 관리사, 체질·체력 관리사, 의료관리사, 발명 관리자, 우주항공 관리사, 사회혜택 관리사, 발표홍보 경험관리사, 비행기 기술자, 해저호텔 관리사, 해저호텔 엔지니어, 개인맞춤오락 관리사, 탐험 관리사, 영향력 관리사, 직장OB팀 관리사, 교육경험디자인관리사, 트랜스휴먼 디자인 기술자 등의 일자리가 늘어난다고 한다. 인간을 관리하는 것은 남성보다는 여성의 섬세함과 감성적인 접근이 필요한 분야이다. 카렌 멀로니[157]에 의하면, 서비스업종에 종사하는

156) 유엔미래포럼. http://www.korea2050.net

여성의 경우 남성보다 스트레스를 적게 받고 효율적이기 때문에 섬세한 성격의 여성이 경영자로 나서기에도 용이하다고 한다.

여성의 구매력이 높아짐에 따라 자동차 산업에서도 여성의 편리성을 강조한 특별 모델의 자동차를 출시하기 시작하였고, 금융 서비스 등에서도 여성고객을 위한 상품을 출시하고 있기도 하다. 정부부처 역시 여성들의 목소리가 높아졌고 여성을 위한 조직이 활성화 되고, 아울러 네트워크화 하고 있다. 현재까지의 사회구조가 남성에 의한 남성을 위한 구조였다면, 이제는 각계각층에서 여성에 대한 고려와 여성의 안목이 반영되고 있다. 바야흐로 여성시대인 것이다.[158]

▶ 인간 관계의 상품화

제러미 리프킨[159]은 접속의 시대는 한마디로 모든 인간 경험의 상품화가 가속화되는 시대라고 말한다. 그는 비즈니스 위크의 〈기술의 역설〉을 다음과 같이 전재한다. "독창성, 기민성, 순발력만으로 통하던 시대는 끝났다. 기술의 원가가 제로로 곤두박질치는 경제에서 가치를 새롭게 정의할 수 있어야만 살아남는다. 머지않아 이런 급락은 거의 모든 하드웨어와 소프트웨어의 가치를 헐값으로 만들 것이다. 그렇다면, 가치라는 것은 처음 개발한 제품을 무료로 제공하는 한이 있더라도 고객과 장기적 관계를 맺을 수 있을 때만 창출될 수 있다." 즉, 인간관계가 상품화된다는 것이다.

그는 또, "마케팅 전문가들은 불연속적 시장 거래의 비중이 줄어들고 클라이언트와 평생에 걸친 안정적 관계가 더 중시되는 상황, 다시 말해서 제품 지향에서 접속 지향으로 바뀌는 환경에서 얻을 수 있는 장점을 강조하기 위해 '평생 가치'라는 표현을 쓴다. 정보과학에서는 새로운 기술을 이제는 '관계기술'이라고 불러야 한다며 정보 기술 대신 'R 기술'이란 말

157) Karen Moloney, 영국 멀로니 마인드연구소 소장

158) 유엔미래포럼, '여성이 뜬다', 2006. 9. 28, www.korea2050.net

159) 제러미 리프킨, "소유의 종말", 민음사

을 쓰자고 제안하는 사람까지 있다. MIT 슬론 경영 대학원 협동과학센터 마이클 슈레이지는 '우리는 기술이 정보를 관리하는 수단이라는 생각을 버리고 관계의 매개물이라는 쪽으로 과감한 의식 전환을 해야 한다'고 주장한다. 프랑스 경제학자 알베르 브레상은 'R-기술'은 새로운 기술을 묘사하는 적절한 용어라고 말한다. 여기서 처리되는 것은 물질로 이루어진 상품이 아니라 관계이기 때문이다."라고 말한다.

뉴욕 주립대학에서 사회학을 가르치는 제임스 룰은 개인에게는 다음과 같은 권리가 있다고 역설한다.

"자기 자신에 관한 정보를 상업적으로 판매하거나 교환할 수 있는 권리를 유보, 판매, 양도할 수 있는 권리를 갖는다. 개인 정보의 공표에 동의한 모든 사람은 자료에 대한 권리를 보유한 법적 주체하고 볼 수 있으며 이 법적 주체는 고객의 법적 이익을 대변한다. 회원 명단을 판매하거나 거래하는 기관은 관련 당사자에게 로열티를 지급해야 할 법적 의무를 갖는다."

고객이 시장인 사회가 된 것이다.

❁ 지식과 문화생산의 시대

▶ 문화 생산 시대의 도래

덴마크 코펜하겐미래학연구소는 21세기는 '필요 위주의 정보'에서 '이야기 주도의 상상력'으로의 변화가 기업에 큰 영향을 가져올 것이라 내다보았다.

롤프 예센은 "다음에 도래할 사회는 드림 소사이어티[160]이다. 기업, 지역사회, 개인이 데이터나 정보가 아니라 이야기를 바탕으로 성공하게 되는 새로운 사회이다. 앞으로 21세기 후에는 우리의 '쿠텐베르크시대'는 끝나고 이미지가 드림 소사이어티의 주요 매체가 될 가능성이 매우 높다. 마이크로소프트의 사장인 빌 게이츠는 '코비스(Corbis)'라는 그의 프로젝

160) 롤프 예센, "드림 소사이어티", 한국능률협회

트를 통해서 범세계적인 이미지 도서관을 만들고 있다. 코비스 프로젝트는 책이 갖는 제약을 뛰어넘어 인터넷을 통해 접속할 수 있다. 이 프로젝트는 디지털화된 그림들의 세계를 만들려는 것이며 21세기의 필요를 충족시키는 데 그 목적이 있다."라고 말한다.

제리미 리프킨[161]도, "산업 생산 시대가 가고 문화 생산시대가 오고 있다. 앞으로 각광을 받을 사업은 예전처럼 상품과 서비스를 파는 사업이 아니라 다양하고 광범위한 문화적 체험을 파는 사업이 될 것이다."라고 전망한다.

그는, "음반업계, 예술계, 텔레비전, 라디오를 아우르는 문화산업은 물리적 제품이나 서비스가 아니라 경험을 상품화하고 포장하고 마케팅한다. (중략) 문화산업이 재화로 쌓아두고 거래하는 것은, 현실을 모방한 세계와 의식을 고양시키는 세계로 잠시 접속할 수 있는 권리이다. 물건과 서비스를 상품화하던 것에서 경험 자체를 상품화하는 단계로 변모하는 글로벌 경제에서 이것은 더없이 이상적인 모델이다."

독립영화로 제작되어 상업적으로도 성공을 거둔, '워낭소리'의 제작자인 고영재씨는 민주 정책포럼의 주제 강연에서 상상력과 이미지가 산업이 되는 영화의 특성을 다음과 같이 말한다. "영화는 산업이자 문화이며 예술이다. 이에는 공공성이 기본에 깔리는 것이다." 그는 또, '1인 콘텐츠' 하이퍼 자본주의의 대표 격인 독립영화의 성격을 다음과 같이 정의한다. "독립영화가 상업영화를 흉내 낼 필요는 없다고 봐요. 상상력과 뭔가 계획하고 실천에 옮기는 것이 중요하다고 보거든요."[162]

▶ 접속의 관계가 지배하는 시간 중심의 사이버 스페이스

미디어 역사학자이며 평론가인 조슈어 마이로위츠는 전자 미디어는 근본적으로 우리의 '역사적 지리' 감각을 뒤흔들어 놓는다고 주장한다. '우리가 누구이며 사회적으로 어떤 위치에 있는가는 우리가 물리적으로 어떤

161) 제리미 리프킨, "소유의 종말", 민음사

162) http://blog.daum.net/songcine81/13741713 songcine가 만난사람에서 일부 인용

위치에 있는가에 좌우되지 않는다'고 그는 말한다. 사이버스페이스는 이 말이 딱 들어맞는 세계이다. 그 곳에서는 어떤 지리적 준거점도 없는 상태에서 점점 많은 시간을 관계의 뒤얽힘 속에서 보내는 사람이 늘어나고 있다.

우리가 의식하는 생활의 상당 부분은 겉에서 보기에는 접속 관계가 지배하는 시간 중심의 세계로 들어섰지만 우리 본능의 더 원초적인 부분은 아직도 여기에 저항감을 느끼며 땅과 영토라는 관념에 뿌리를 박고 있다. 전자 네트워크의 세계에서도 대지는 우리의 가장 근본적인 연결 고리다. 영토는 단순한 사회적 관습을 넘어서는 의미를 갖는다. 그것은 존재의 상태이기도 하다.

경제는 거대한 공장에서 거대한 극장으로 탈바꿈하고 있다. 상업 활동을 묘사하는데 동원되는 이미지와 비유도 글로벌 경제에서 문화상품이 부상하는 현실에 발맞추어 달라지고 있다. 경영 컨설턴트 조지프 파인과 제임스 길모어는 '체험 경제'라는 책에서 연극적 비유를 한층 심도 있게 밀고 나가 새로운 문화 생산의 시대에는 기업의 전 조직을 공연 예술을 전범으로 삼아 뜯어 고쳐야한다고 주장한다.

물리적 자원을 가공, 변형하는데 주력하던 경직된 시대는 지나갔다. 탈근대163)는 느낌과 태도가 불가분의 관계를 맺는 시대이다. 이성적이고 분석적인 사유가 지배하는 의식은 의심받고 성적 욕망, 몽상, 환영에 이끌리는 무의식이 전면에 나서서 사실상의 현실, 아니 정확하게 말자면, 하이퍼 현실이 된다.

요즘 세대를 지배하는 것은 공간이 아니라 시간이다. 끊임없이 변하는 인간관계와 활동의 그물망으로 이루어진 더 복잡하고 상호의존적이며 시간이 비중이 늘어나는 세계에 그들은 깊숙이 몸담고 있다. 이 탈근대 세계의 최종 단계에 이르면 자아는 관계의 단계 속으로 모습을 감춘다. 우리는 더 이상 주체로서 존재하지 않고 '복수 네트워크들의 단말기'로서 존재한다. 관계를 지향하는 새로운 성격은 사람들이 얽혀있는 네트워크처

163) 탈근대 : 포스트모더니즘(post-modernism)으로 명칭하며 근대에 대한 비판으로 시작된 하나의 흐름

럼 유동적이고 일시적이다. 탈근대 시대가 낳은 처음 세대에서는 심리학에서 말하는 '다중 인격'을 가진 젊은이들이 나타나고 있다고 지적하는 이들도 있다.164)

▶ 지식기반 서비스 사회의 도래

드러커 등 세계적인 석학들이 예견 한 바와 같이 지식기반 사회의 세계적 확산이 가속화되고 사회 모든 분야의 근본적인 작동 메커니즘이 변화하고 있다. 지식기반 사회에서의 국가경쟁력의 개념과 원동력이 달라지고 있다는 점은 이제 누구도 부정하지 못하는 명제가 되고 있다.

지식기반 사회의 국가경쟁력 향상을 위해서는 사회 각 구성요소의 역할과 기능에 대한 변화가 어떻게 되어야 하고 이들의 작동이 원활히 될 수 있도록 뒷받침하는 국가의 조정자적· 촉매자적 역할이 어떻게 되어야 할 것인지가 매우 중요하다.

지식기반 사회의 또 다른 특징은 개방화의 가속화와 함께 국제 협력의 중요성이 증대된다는 점이다. 유럽에서 추진하고 있는, 지식기반사회에 대비한 국제적 협력과 각 분야의 전문가들을 연계한 싱크탱크 형성과 공동작업들은 우리에게 시사하는 바가 크다.165)

국가과학기술위원회 역시 미래 6대 신기술 분야를 작성하면서, "세계경제시장은 부와 성장의 원천이 노동자원 자본 등 물질적 자원에서 지식정보 과학기술 등 비물질적 자원으로 변화하는 추세를 보이고 있다. 이를 위한 부가가치 영역은 유형의 제품생산 중심에서 무형의 지식, 정보, 서비스 창출 및 유통 중심으로 이동하고 있는 추세다."라고 국내외 과학기술 환경 변화를 전망한다.

이에 따라 지식기반 산업의 비중 확대 및 지식 격차의 확대가 더욱 커질 가능성이 높다. 결국 지식기반 경제구조를 만들어 내지 못하면 세계시장에서 국가의 경쟁력이 낙후될 수밖에 없는 절박한 실정이다. 선진국

---

164) 제레미 리프킨, "소유의 종말", 민음사

165) 김성태, 성균관대 국정관리대학원 교수 http://blog.naver.com/hongjig?Redirect=Log&logNo=140014001437

들은 1990년대 중반에 이미 지식기반산업이 전체 부가가치의 50%를 넘어섰고, R&D투자의 40~60%를 첨단기술 산업에 집중하고 있다. 세계적인 경제 석학들은 향후 국가간의 지식격차가 빈부격차보다 더욱 심각한 문제로 대두할 것이라고 전망한다.

❁ 자본주의 세계 개편

▶ 2.5차 산업의 발현

2004년, IBM은 2위 업체인 마쓰시타보다 미국 특허를 68퍼센트나 더 많이 획득하였다. 기술 혁신으로 IBM은 물리적인 제품의 품질 개선을 이루었다. 더욱 중요한 사실은 그해 특허를 관리하여 12억 달러를 벌어들일 수 있는, 판매 가능한 지적 재산을 내놓은 것이다. 이는 2004년 IBM 순이익의 15퍼센트에 해당하며, IBM의 주력 제품은 이제 물리적 제품이 아니라 서비스와 지식이 되었다.[166]

스칸디아 AF사의 지적 자본 담당인 레이프 에드빈손 이사는 대부분의 기업은 지적 자본과 물리적 자본·금융 자본의 비율이 5대 1에서 16대 1 사이일 것이라고 추정한다[167].

기업간 전자상거래 규모는 2003년 이미 연간 1조 4,000억 달러를 넘었으며, 이를 전 세계 일인당 규모로 환산하면 230달러에 가깝다. 이 수치는 앞으로도 증가할 것이며 전체 상거래에서 차지하는 비중 역시 증가할 것으로 보인다.

▶ 보험 시장의 성장

많은 미래 학자들이 예측하는 바와 같이 앞으로 정부의 기능은 약해지고 보험회사의 기능은 강화된다고 한다. 2006년, 미국에서 재산에 관한 보험(손해보험)과 생명에 관한 보험(생명보험)을 합한 보험금의 총액은 미

166) 엘빈 토플러, "부의 미래", 청림출판
167) 제레미 리프킨, "소유의 종말", 민음사

국 GDP의 10퍼센트에 달했으며 액수로는 2조5천만 달러에 해당한다. 이는 2조 달러에 달하는 에너지 부분 총액보다 훨씬 크다. 점점 더 많은 사람들이 위험에 대비하기 위해 민간 보험회사 상품을 선택할 것이며, 따라서 민간 보험 회사들은 국가의 사회보장 제도보다 점점 더 큰 위력을 갖게 될 것이다.168)

국내 기간산업의 설비 부문의 집적된 위험의 양이 점점 거대화 되고 있는 가운데 최근의 사고 유형도 순수 기계적 결함과 함께, 유지 보수와 관련한 관리자의 부주의, 무관심으로 인한 사고가 점증하고 있다. 따라서 보험회사의 주요 관심사도 계약자들이 현장에서 설비관련 안전관리를 얼마나 체계적이고 합리적으로 하고 있느냐에 모아지게 되는 건 지극히 자연스런 결과라고 판단된다. 따라서 계약자 편에서 이와 같은 내부 안전관리 운용체계에 대한 객관적 정보를 제공해 줄 수 있다면 보험료 절감은 당연한 부가적 수익이 될 수 있을 것이다.

이러한 활동을 통해 MB(Machinery Breakdown; 기관 기계 파손)부문의 보험료를 5% 정도는 절감할 수 있을 것이고, 향후 시스템의 운용 경험의 집적과 문제점 개선 실적을 입증할 수 있는 데이터가 제공된다면 모두 10%의 보험료 절감은 충분히 이룰 수 있다고 생각된다. 아울러, MB부문 이외에도 PD(Property Damage; 기관기계설비를 제외한 건물, 동산 등의 화재손 등)나 Liability(배상책임손해)부문, BI(Business Interruption; 기업휴지손해)부문에 대하여도 별도의 보험료 절감을 기대할 수 있을 것으로 예측된다.169)

▶ 경제축의 이동

자크 아탈리의 예측에 의하면 중국은 2025년에 세계 제 2의 경제 세력이 될 것이며, 2040년이 되면 미국의 GNP를 넘어서게 될 것으로 전망하고 있으며, 인구 면에서는 인도가 2025년에 세계에서 가장 많은 14억

168) 쟈크 아탈리, "미래의 물결", 위즈덤하우스

169) 롯데손해보험㈜ 신채널영업본부장과의 협의내용임

의 나라가 될 것이고 GNP 역시 세계 3위가 될 것으로 보인다고 예측한다.

"세계는 아시아가 지배할 것이다. 세계 무역의 3분의 2는 태평양을 사이에 두고 이루어질 것이다. 지금으로부터 20년 정도만 지나면, 아시아의 생산량은 전 세계 생산량의 절반을 넘어설 것이다. 경제적으로 아시아 쪽으로 흘러 갈수 있지만 인터넷에서는 영어를 공용으로 사용하므로 미국의 힘은 약해지지 않을 것 같다 그리고 앞으로 인도의 인구증가로 인하여 2050년에 15억이 넘을 것이며 인도는 인터넷 지식 기반으로 성장하므로 앞으로 더욱더 많이 성장할 것이다. 인터넷 및 공개된 매체를 통하여 많은 정보들이 공개될 것 이다."

그는 "한국이 2025년까지 1인당 총생산량에서 지금보다 2배로 증가할 것이고, 기술력과 문화적 역동성이 세계를 놀라게 할 것이다."라고 전망한다.170)

▶ 네트워크 경제

학자 마누엘 카스텔스는 새로운 글로벌 네트워크 경제에서 다섯 가지의 중요한 네트워크 유형을 확인한다. 첫째는 설계 활동에서 부품 제조에 이르기까지 다양한 범위의 투입 요소들에 대해서 기업들이 하청 관계로 엮이는 공급자 네트워크이다. 둘째는 생산시설, 자금 인력을 공유하여 상품과 서비스의 품목을 확대하고 시장을 넓히며 선행투자에 따르는 위험요인을 줄이는 생산자 네트워크이다. 셋째는 제조업체, 도매업자, 유통 경로, 소매상, 최종 사용자를 연결하는 소비자 네트워크이다. 넷째는 주어진 분야에서 업계의 선두주자가 확립한 기술적 표준으로 가급적 많은 기업을 끌어들이는 일반적 의미의 연합체이다. 다섯째는 기업들이 연구개발부문에서 가치 있는 지식과 기술을 공유하는 기술 협력 네트워크이다.

아웃소싱이 가장 큰 영향을 끼친 분야는 누가 뭐래도 제조업이다. 물

170) 자크 아탈리, "미래의 물결", 위즈덤 하우스

리적 자본을 얼마나 많이 소유하고 있느냐가 성공의 척도였던 제조업에서도 자본주의의 법칙이 근본적으로 달라졌다. 불과 10년도 못되어 세계 굴지의 제조업체들이 공장과 부동산을 처분하여 생산을 외부 하청업체에 맡기고 디자인실과 유통 본부로 탈바꿈하는데 성공했다. 새로운 대규모 하청업체들은 전 세계적으로 공장을 두고 공급 네트워크를 관리하는 제조업체의 노릇을 실질적으로 하고 있다.

부와 성공을 물리적 자본의 소유만으로 측정하던 경제에서, 눈에 안 보이는 지적 자본의 형태로 된 아이디어를 얼마나 잘 관리하고 있는가가 성공을 가늠하는 경제로 바뀌면서 기존의 회계방식도 흔들리고 있다. 아이디어와 재능은 수량화하기 어려우므로 기업에 대한 판단은 점점 주관화되고 그만큼 위험 부담이 커질 가능성이 높다. 머크 앤드 컴퍼니의 최고 재무 책임자 주디 르윈트는 '회계 시스템은 현실을 잘 포착하지 못한다'고 잘라 말한다. 이에 대하여 윌리엄 데이비도는 '정보 시대의 회계사들은 기존 시스템을 고수하면서 진실을 왜곡할 것이냐, 보이지 않는 것을 측정하는 위험성을 감수하고라도 새로운 시스템을 개발할 것이냐 하는 어려운 과제를 앞에 두고 있다'고 지적한다.

'자료를 즉시 공유할 수 있고 중요한 결정을 신속하게 내릴 수 있다'는 점에서 네트워크 중심의 사무 환경은 생산성을 20-30퍼센트 향상시킬 것으로 전망한다. 2050년이 되면 성인 인구의 불과 5퍼센트만으로도 기존의 산업 영역을 차질 없이 운영하고 관리할 수 있을 것이다. 사람을 거의 찾아볼 수 없는 농장과 공장, 사무실을 어느 나라에서나 흔히 볼 수 있을 것이다.171)

인터넷은 네트워크들의 네트워크이다. 제임스 글레이크172)에 따르면, "소유라는 관념에서 이제 겨우 벗어나려는 사회에서 사람들이 가장 이해하기 어려운 부분은 인터넷이 사물도 아니고 실체도 아니고 조직도 아니라는 것이다. 인터넷은 누구의 소유도 아니다. 인터넷을 운영하는 사람은

---

171) 제레미 리프킨, "소유의 종말", 민음사

172) 제임스 글레이크(James Gleick), 소유의 종말에서 재전재

없다. 그저 만인의 컴퓨터를 연결한 것, 그것이 인터넷이다."

▶ 더욱 짧아진 제품 수명주기

오늘날의 지식은 전달되기도 전에 무용지식이 되어 버린다. 주제의 범위도 끊임없이 확장되고, 지식의 출처도 급증하고 있다. 전 세계 어떤 지역이건 가리지 않는다. 제품뿐만 아니라 전체 시장도 변화에 따라 관계가 강화되고 서로 영향을 미친다.173)

선 마이크로시스템스에서 생산되는 지식의 20퍼센트는 1년도 못 가서 무용지물이 된다.174) 휴렛팩커드의 컴퓨터 시스템 조직 본부장 빔 롤런츠에 따르면, 이 회사 매출의 대부분은 1년 전에는 존재하지도 않았던 제품에서 나온다. 21세기의 앞서가는 기업들은 할리우드 조직 모델을 빠르게 도입하고 있다.

하버드 경영 대학원의 존 카오는 최고 경영자에게 할리우드 네트워크 모델을 장기 전략 계획의 일부로 받아들이라고 촉구한다. 인텔 회장을 역임한 앤디 그로브는 소프트웨어 산업을 감독, 배우, 음악가, 작가, 기술자, 자본주가 잠시 모여 새로운 작품을 창조하는 극장에 비유한다. 하버드 경영 대학원의 존 카오는 최고 경영자에게 할리우드 네트워크 모델을 장기 전략 계획의 일부로 받아들이라고 촉구한다. "여러분은 지금의 할리우드 영화사처럼 행동할 필요가 있다."175)

제품주기는 모든 산업에서 줄어들고 있다. 미래에 60년 또는 100년의 수명주기를 가진 원자력발전소를 건설하고 운영하려면 짧아진 제품 수명주기에 맞는 전략이 선행되어야 한다. 구조물은 100년, 설비는 20년, 전자기기는 10년 등으로 수명을 분류하고 전략을 세워 건설을 추진해야 한다는 얘기다. 또한 예비품을 원활히 조달하고, 급격히 변화하는 체제에도 손쉽게 대처할 수 있도록 해야 원전의 경제성과 태양열 발전과 같은 다

173) 엘빈토플러 "부의 미래", 청림출판

174) 존 마코프(John Markoff), 소유의 종말에서 재전재

175) 제리미 리프킨, "소유의 종말", 민음사

른 에너지원과의 경쟁에서 이길 수 있다. 1킬로그램 남짓 되는 광섬유가 1톤의 구리보다 더 많은 전송 능력을 발휘하는 시대가 아닌가!

▶ 시간의 자원화

미카엘 엔데의 소설 모모는 '시간을 훔치는 도둑과, 그 도둑이 훔쳐간 시간을 찾아 주는 한 소녀에 대한 이상한 이야기' 라는 소개로 시작한다. 이 소설의 핵심주제는 바로 시간이다. 시간은 미래의 희귀자원이 된다.

미래에 가볼 것도 없이 현재 이 시간에도, 처리해야할 일은 너무 많지만 시간이 한정되어 쩔쩔매는 많은 사람들이 있다. 육아와 사회생활을 동시에 수행해야 하는 워킹 맘의 경우, 이 시간 부족을 육아나 가사 도우미에 의존하게 되는 것도 시간의 거래 행위로 볼 수 있다. 이러한 추세가 더욱 부각되는 미래에는 시간이 가장 값지고 희귀한 자원 중 하나가 될 것으로 예측된다.

티머시 맥(Timothy Mack) 세계미래회의 회장은, "미래엔 한정된 시간 안에 경험해야 할 것이 너무 많아 먹는 것과 보는 것 등 경험한 단위에 투자하는 시간이 점점 짧아진다."고 말했다. 그래서 앞으로 시간이 돈보다 값진 자원이 되는 '시간 부족의 사회'가 올 것이라고 예언했다.[176]

인터넷 사용자들은 이제 한 페이지를 다운로드하는데 8초 이상 걸리면 사이트를 떠나 버린다고 한다. 미국의 TV 방송 화면은 3.5초 마다 변한다. 초스피드의 시대에 돌입한 것이다.

제레미 리프킨은, "새로운 자본주의에서는 물질의 차원보다는 시간의 차원이 훨씬 중요하다. 장소와 물건을 상품화하고 그것을 시장에서 거래하는 것이 아니라 이제 우리는 서로의 시간과 식견에 접속할 수 있는 권리를 확보하고 필요한 것을 빌린다."[177]고 말한다.

---

176) 조선일보 미래학자 연쇄 인터뷰, 2007. 1. 15

177) 제레미 리프킨, "소유의 종말" 민음사

▶ 서비스 경제의 탄생

"지위의 근원은 이제 물건을 만드는 능력이 아니라 단순히 물건을 구입하는 능력에 있게 되었다. 사람들은 더 이상 가족, 친구, 이웃, 동네, 웃어른, 아이 같은 형태의 사회 조직에 의존하지 않고, 대부분 시장으로 간다. 단순히 의식주를 해결하기 위해서만이 아니라 오락, 놀이, 편안함을 찾아서, 아이, 노인, 병자, 장애자를 보살피기 위해서 시장에 간다. 머지않아 물질과 서비스에 대한 욕구만이 아니라 감정의 굴곡까지도 시장이라는 회로를 거치게 되었다."고 브레이버먼은 지적한다.

현재 제조업 분야의 총 마진은 보통 30퍼센트에 미달하지만 서비스 관련 활동의 총 마진은 50퍼센트를 웃돌 때가 많다.

▶ 쉬지 않는 보충 교육

7년마다 지식의 양은 두 배로 증가하고 있으며, 이 속도는 점점 빨라져서 2030년이면 72일 마다 지식의 양이 두 배로 증가하게 될 것이다. 이렇게 되면 자연히 이 수 많은 정보와 지식을 익히고 소화시킴으로써 '고용 가능한' 상태를 유지하는 데 필요한 시간도 늘어나게 된다.

지식은 오늘날보다 더 확실한 자산으로 가능하지만, 끊임없이 계속되는 혁신으로 인하여 지식의 변화 속도 또한 엄청나게 빨라질 것이다. 기본 교육은 변함없이 가장 중요한 요소로 작용할 테지만, '고용 가능한'인재가 되기 위해서는 쉬지 않고 보충교육을 받아 스스로를 업그레이드시키는 일이 필수적이다.

현역에서 은퇴하는 연령은, 육체적으로 고통스럽지 않으며 타인에게나 위험이 되지 않는 일을 하는 사람들에게는 70세까지 연장될 수도 있다. 최고 연장자들은 후견인이나 지식의 전수자 또는 교육자로 기능하게 될 것이다.[178]

▶ 세계화의 진전과 무한경쟁의 심화

178) 쟈크 아탈리, "미래의 물결", 위즈덤하우스

전 세계적으로 하나의 생산 소비체계, 국경 없는 무한 경쟁이 가속화됨에 따라 산업경쟁력을 제고하기 위한 다양한 R&D, 생산방식이 출현하고 있다. 다품종 소량 또는 맞춤 생산방식, 유연 생산시스템, 제4세대 R&D의 출현, R&D에 있어 기업간 전략적 제휴 등이 바로 그것이다.

또한 개방화 세계화에 부응하기 위해 과학기술의 국제화와 함께 글로벌 네트워킹 연구개발 체제로의 전환이 급속하게 진행되고 있다. 국경을 뛰어넘는 국제간 전략적 제휴는 1990년 3천 건에서 1999년 6만 건으로 크게 증가했다. 과학기술의 진보를 위한 국가 연합의 글로벌 네트워킹 연구개발 진행으로 핵융합, 지진, 우주개발 등 세계적 차원의 거대과학 프로그램이 활발하게 추진되고 있다. 이런 대형 프로젝트 역시 과학기술 개발을 주도하는 국가간에서 이뤄지는 것이고 보면 기술력이 뒤지는 국가는 결국 연합할 수 없는 구조이며, 이 결과 국가간의 기술개발 결과물은 더욱 차이를 나타내게 되는 것이다.

여기에 지구적 차원의 문제 해결에 능동적으로 대응하는 책임 있는 지구경제 사회의 일원으로서 역할 수행이 중요하게 부각되고 있다. 환경오염, 기후변화 등 지구적 차원의 문제 해결, 국제표준 설정 등에 적극 참여하여 국제사회에 공헌하는 과학기술의 역할이 강조되고 있다. 과학기술의 역할이 단순한 산업구조에 그치는 것이 아니라 전세계에서 한 국가의 위상을 정립하는 요인으로까지 작용하게 되었다.

▶ 신기술의 등장과 기술간 융합에 따른 기술진보의 가속화

21세기 과학기술의 발전과 경제사회 변혁을 주도할 정보기술(IT), 생명공학기술(BT), 나노기술(NT), 환경기술(ET) 등 신기술의 등장은 정치, 경제, 사회, 문화 등 모든 영역에 광범위한 파급효과가 예상되고 있다. 특히 디지털 기술의 발전에 힘입은 정보처리능력의 확대로 연구개발 기간이 단축되고, 연구 생산성이 비약적으로 증대했다.

기술 분야간 융합으로 신기술 신산업이 탄생하고 기술 발전은 더욱 가

속화되는 추세다. 생체정보처리(정보+생명), 지능형 MEMS(정보+생명+재료), 메카트로닉스(정보+기계), 생체친화성재료기술(생명+재료) 등 다양한 형태의 융합기술 및 복합기술이 발생한 것이다.

그러나 과학기술의 급속한 발전은 인류에게 새로운 희망과 함께 정보격차, 개인정보의 유출, 생명윤리 등 사회적 법적 윤리적 문제를 야기할 가능성이 상존하며, 이와 관련된 과학기술정책 결정과정에 국민들의 참여 욕구가 가시화되는 실정이다.

❁ 에너지 환경의 변화

▶ 유엔 기후변화 협약 '발리 로드맵' 채택

'발리 로드맵'의 내용에 따라, 주요 선진국들은 2009년 12월 덴마크 코펜하겐에서 열리는 15차 기후변화협약 당사국 총회에서 협상을 통해 구체적인 온실가스 감축 목표를 결정할 예정이다.

우리나라도 향후 10년동안 4%의 '온실가스'를 감축할 예정이다. 세계 이산화탄소 배출량 1위인 미국이 이번 회담의 막판까지 버틴 것은, 결국 경제적 문제가 컸다. 석탄과 석유 같은 화석연료를 주로 사용하는 경제구조 때문에 선불리 온실가스를 줄이겠다고 장담할 수 없었던 것. 반면 EU 가입국들은 풍력(덴마크), 원자력(프랑스) 등 에너지 공급원을 다양화하고, 독일은 에너지 효율적 산업 구조를 갖추는 식으로 오래전부터 대비해왔다. 영국의 경우 제조업에서 금융으로 경제구조를 개편하고 있다.

우리나라도 미국과 비슷한 처지다. 온실가스 주범인 화력발전이 전체 60%를 넘는 여건상, 기업들에게 에너지를 조금 쓰라고 강요하지 않는다면 온실가스를 줄이기는 쉽지 않은 형편이다. 에너지경제연구원 분석에 따르면 온실가스를 5년 동안 평균 5% 줄이려면 매년 국민총생산(GNP)이 0.5% 감소한다. 결국 대체에너지 개발, 에너지 고효율 생산 방식 등 다양한 온실가스 감축 대책이 수립되지 않는 한 국가경제가 휘청거릴 수 있는 상황이다.

▶ 세계 에너지 총 에너지 수요 증가[179]

세계 총 에너지 수요는 2025년까지 2001년 실적대비 약 54% 늘어날 것으로 예상되며, 연평균 증가율 1.8%로 전망되었다. 이 같은 수요 증가율 전망치는 2003년도 보다 0.1%p 낮아진 수준이다. 한편 에너지 소비 증가에 따라서 2025년 CO2 배출량도 약 371억 톤(탄소 톤)으로 전망되었는데 이는 1990년 탄소배출량 대비 약 72%나 증가된 수준이다. 세계 에너지 수요 증가의 주된 요인으로는 예년과 마찬가지로 개도국에서의 경제발전에 따른 에너지 수요 증가를 지적하고 있다.

2025년까지 세계 에너지 총수요 증가에서 차지하는 아시아 지역의 점유율은 약 40%이고, 개도국 증가분에서의 점유율은 약 69%이다. 중남미 지역의 경우, 작년 이 지역에서 정치와 경제의 불확실성 증가로 인하여 에너지 수요 증가율이 2003년 전망치 2.6%보다 낮아진 2.4%로 전망되었다.

에너지원별로는 2003년 보고서에서의 전망 추세가 그대로 연장되고 있다. 천연가스와 신재생 에너지의 소비증가 추세가 2010년 이후 더욱 확대되는 가운데 석탄은 증가율 둔화 추세가 지속되고 원자력은 2015년 이후 조금씩 감소추세로 돌아설 전망이다.

석유는 2001년~2025년의 기간 동안에도 여전히 주종 에너지로서의 위치를 유지할 것으로 보인다. 세계 여러 국가에서 발전용 연료를 석유에서 천연가스나 다른 에너지원으로의 대체가 예상됨에도 불구하고, 총 에너지 가운데 석유의 비중은 2001년 약 39%에서 2025년에는 38% 정도로 약간만 줄어들 전망이다. 에너지 수요 증가율이 높은 수송부문에서 휘발유 등 석유제품에 대한 높은 점유율은 2025년까지에도 그대로 이어질 전망이다. 지금까지는 선진국이 개도국 보다 석유소비를 많이 하였지만 전망 기간 동안 그 격차는 상당히 좁혀질 것으로 예상된다. 2001년 개도

179) 박영숙, 제롬 글렌, 테드 고든, “유엔 미래보고서”, 교보문고

국의 석유소비량은 선진국의 약 64% 수준이지만 2025년에는 86% 수준에 이를 전망이다. 선진국의 경우, 석유 소비 증가는 주로 운송 분야에 집중될 전망인데 반하여 개도국은 수송부문을 포함한 모든 부문에서 석유 소비가 늘어날 전망이기 때문이다.

현재 국제에너지기구(IEA, International Energy Association) 가입 국가들의 단위 GDP당 에너지 필요량은 1973년에 비해 33% 감소하였다. 그럼에도 불구하고 전 세계적인 에너지 수요는 2002년에서 2030년 사이에 60% 증가할 것으로 전망되고 있으며, 2030년까지 에너지 수요 충족을 위한 새로운 투자로 매년 약 5,680억 달러가 필요할 것으로 전망된다.

밀레니엄 프로젝트 국제패널(Millennium Project International panel)은 2025년 까지 현재의 화석연료와 경쟁 가능한 가격 선에서 기초 전력량을 충당하기 위해 비핵분열 및 비화석 연료원의 상업화에 대한 재정의 확보가, 보다 나은 미래를 위한 과학기술 분야의 중요한 목표의 하나라고 분석하였다.

부록 3. 미래 예측관련 국내외 연구기관 현황[180]

❁ 국내 연구기관

한국미래학회[http://www.koreafuture.net/]

1968년 설립된 조직으로 학계와 정계, 관계, 업계, 문화계 등 각 방면에 걸친 지성들이 한국의 현재 진단과 미래를 예측하고 바람직한 미래를 구상한다.

미래전략연구원[http://www.kifs.org/]

2001년 설립되었고 미래의 흐름을 읽고 그 대응전략을 제시하는 네트워크형 민간 씽크탱크로 전문연구자, 정책결정자, 언론인 등이 참여하고 있다.

(사)미래포럼[http://www.meerae.org/]

2004년 설립되었고 오피니언 리더가 모여 미래세대의 터전인 가정과 사회가 더불어 발전하는 방안을 연구하고 토론하며 실천하는 모임이다.

미래한국리포트[http://future.sbs.co.kr]

2004년 시작된 SBS 방송국의 연중기획 프로그램으로 한국이 추구해야 할 미래비전과 행동 강령 및 선진한국을 향한 국가적 의제를 제시한다.

(사)유엔미래포럼[http://www.korea2050.net/]

2005년 설립된 기획재정부 소관 사단법인으로 미래의 한국을 전망하며 미래 국가성장동력 산업 발굴을 위한 연구 및 국제미래학회를 운영한다.

---

180) 기획재정부 경제정책과 보도자료, 미래예측 역량 강화를 위한 추진체계 구축방안, 2008. 4. 18

KISDI 미래전략연구실[http://www.kisdi.re.kr/]

2006년 설립되었고 IT의 급속한 확산에 따른 우리사회 미래 변화방향을 파악하고 미래한국 건설에 대비하는 국가전략 수립을 위한 연구를 진행한다.

(사)국가미래정책포럼[http://www.koreafuture.org/]

2007년 설립된 기획재정부 소관의 사단법인으로 미래 국가정책 비전 및 대안 제시, 미래예측 전문가 네트워크 구축, 미래예측 방법론 등을 연구한다.

❀ 국외 연구기관

미국: National Intelligence Council (국가정보위원회)

[http://www.dni.gov/nic/NIC_about.html]

1973년 설립되었고 광범위한 네트워크를 바탕으로 지구촌 미래 트렌드 파악을 위한 해외 각종 정보수집·분석과 중·장기 국가발전전략을 연구한다.

스웨덴 : Institute for Futures Studies (미래연구원)

[http://www.framtidsstudier.se/]

1987년 설립된, 정부지원을 받는 독립연구기관으로 미래 연구 및 장기 분석을 통해 미래 기회요인과 도전요인을 파악하고 이를 공론화한다.

핀란드 : The Committee for the Future (미래위원회)

[http://www.eduskunta.fi/fakta/vk/tuv/fc.htm]

1993년 설립되었고 정부 각 부처와 긴밀한 관계를 유지하며 정책수립 과정에 장기적 비전 제시 및 미래예측연구를 통해 얻은 종합정보를 제공한다.

영국 : The Strategy Unit (미래전략처)

[http://www.cabinetoffice.gov.uk/strategy/]

2002년 설립된 수상직속기관으로 국가장기발전전략 및 각 부처 전략 수립 지원과 고난도 사회이슈에 대한 해법 제시 및 미래전략보고서 발간 등의 활동을 한다.

호주 : Australia 2020 Summit(2020 호주 미래최고회의)

[http://www.australia2020.gov.au/]

2008년 설립되었고 경제, 사회, 문화, 환경 등 10개 분야에 대한 국가 미래 장기전략 수립을 위해 천여명의 각계 전문가들이 모여 연구·토론한다.

OECD : International Futures Programme(국제미래연구)

[http://www.oecd.org/]

1990년 설립되었고 장기적 시각에서 미래 경제·사회 분야의 주요 추세와 장기 주요 이슈들에 대한 분석을 통해 정책의사 결정자들을 지원한다.

UN : The Millennium Project (새천년 프로젝트)

[http://www.millennium-project.org/]

2002년 설립되었고 국제기구, 관계, 학계 등에 종사하는 전문가 싱크탱크로 구성된 미래연구기관으로 국가미래지수 및 미래연구방법론 등을 연구한다.

| 맺으면서 |

지난 30년간 우리는 미국으로 대표되는 원자력 선진국의 기술을 모방하기에 바빴다. 그리하여 원자력 기술자립 95%를 자랑하는 요즈음 우리에겐 새로운 딜레마가 생겼다. 따라갈 것인가? 아니면 주도적으로 나아갈 것인가? 우리 원자력계는 아직도 이 딜레마를 헤쳐 나가지 못하고 있는 것 같다. 하지만 문제를 인식한다는 것은 우리의 역량 자체가 커졌음을 반증한다. 어린 시절에는 보이지 않았던 세상의 움직임이 나이가 들어가면서 차츰 보이기 시작하고 느껴지는 것과 같이, 우리의 기술이 발전하고 경험이 쌓여 무르익어 가면서 우리의 기술수준과 선진국의 한계가 보이기 시작한다.

한 가지 분명한 것은 혁신을 선택하는 것은 선두주자에겐 무척 어려운 선택이라는 것이다. 디지털 카메라를 맨 처음 개발한 코닥이 필름 시장의 위축을 두려워하다가 결국 디지털 카메라 시장까지도 후발주자에게 빼앗겼고, 일본의 소니 역시 2차전지 사업을 확산하지 못하고 삼성과 LG에게 시장선점을 허용하였듯, 웨스팅하우스나 아레바와 같은 선두주자가 기존 원전의 체계와 방식을 획기적으로 혁신하기 위한 선택은 하지 못할 것이다.

여기에 우리의 기회가 있다. 하지만 국내 원자력계에서 이 기회를 살리기 위한 노력은 그리 많지 않은 것 같다. 과거의 습성대로 선진국의 우수기술을 답습하거나 도입하는 일만이 반복되고 있을 뿐이다.

이제 기업의 생존을 위한 기술예측은 선택이 아닌 필수가 되고 있다. 세계 각국은 미래 유망기술 발굴을 위해 공공과 민간을 가리지 않고 다양한 형태의 활동을 진행하고 있으며 미래 유망기술 발굴을 위해 다양한 방법론을 내놓고 있다.

아직 늦지 않았다. 미래를 정확히 설정하고 그 미래를 이루기 위해 매진하자. 원자력 미래기술을 듬뿍 담은 새로운 개념의 원자력발전소를 시장에 내놓자. 그리하여 새로운 월드 베스트를 만들자. 조선, 반도체, 철강 등의 산업들이 그러했듯이 말이다.

영화 '에비에이터'에서 '하워드 휴즈'가 반복하던 마지막 대사가 생각난다.

'The wave of the future'

그는 우리에게 이렇게 묻고 있다. 엄청난 미래의 물결이 당신들을 향해 몰려오고 있는데, 그대들은 무엇을 하고 있는가!

미래 원전기술

20010년 1월 20일 초판 인쇄

20010년 1월 25일 인쇄 발행

저　　자　정재천, 백주현

발 행 인　송기수

발 행 처　도서출판 GS인터비전

편 집 처　도서출판 GS인터비전

표　　지　이윤영

인 쇄 처　선우문화사

등록번호　제 2008 - 27호

I S B N　978-89-93668-37-7 (92550)

주　소　서울 중랑구 묵동 신도브래뉴 1차 102동 1301호

전　화　02-976-7898, 0707-720-7898

팩　스　02-6468-7898

E-Mail　gsinter7@chol.com

정 가　16,000원